破解深度学习

基础篇 模型算法与实现

瞿炜 李力 杨洁 ◎ 著

U0382411

人 民 邮 电 出 版 社

北 京

图书在版编目（CIP）数据

破解深度学习. 基础篇：模型算法与实现 / 瞿炜，
李力，杨洁著. -- 北京：人民邮电出版社，2024. 10.
ISBN 978-7-115-64619-4

Ⅰ. TP181

中国国家版本馆 CIP 数据核字第 2024781U6V 号

内 容 提 要

本书旨在采用一种符合读者认知角度且能提升其学习效率的方式来讲解深度学习背后的基础知识。

本书总计 9 章，深入浅出地介绍了深度学习的理论与算法基础，从理论到实战全方位展开。前三章旨在帮助读者快速入门，介绍了必要的数学概念和必备工具的用法。后六章沿着深度学习的发展脉络，从最简单的多层感知机开始，讲解了深度神经网络的基本原理、常见挑战、优化算法，以及三大典型模型（基础卷积神经网络、基础循环神经网络和注意力神经网络）。

本书系统全面，深入浅出，且辅以生活中的案例进行类比，以此降低学习难度，帮助读者迅速掌握深度学习的基础知识。本书适合有志于投身人工智能领域的人员阅读，也适合作为高等院校人工智能专业的教学用书。

◆ 著　　　　瞿　炜　李　力　杨　洁

责任编辑　吴晋瑜

责任印制　王　郁　胡　南

◆ 人民邮电出版社出版发行　　北京市丰台区成寿寺路 11 号

邮编　100164　　电子邮件　315@ptpress.com.cn

网址　https://www.ptpress.com.cn

临西县阅读时光印刷有限公司印刷

◆ 开本：800×1000　1/16

印张：17.5　　　　　　　　2024 年 10 月第 1 版

字数：396 千字　　　　　　2024 年 10 月河北第 1 次印刷

定价：109.80 元

读者服务热线：(010)81055410　印装质量热线：(010)81055316
反盗版热线：(010)81055315
广告经营许可证：京东市监广登字 20170147 号

作者简介

瞿炜，美国伊利诺伊大学人工智能博士，哈佛大学、京都大学客座教授；前中国科学院大学教授、模式识别国家重点实验室客座研究员；国家部委特聘专家、重点实验室学术委员会委员；知名国际期刊编委，多个顶级学术期刊审稿人及国际学术会议委员。

在人工智能业界拥有二十余年的技术积累和实践经验，曾先后在互联网、医疗、安防、教育等行业的多家世界 500 强企业担任高管。他是授业解惑科技有限公司的创始人，以及多家人工智能、金融公司的联合创始人，还是一名天使投资人。

凭借多年的专业积淀和卓越的行业洞察力，瞿炜博士近年来致力于人工智能教育事业的发展。作为知名教育博主，他擅长用通俗易懂的表达方式结合直观生动的模型动画，讲述复杂的人工智能理论与算法；创作的人工智能系列视频和课程在 B 站（账号：梗直哥、）/ 知乎 / 公众号 / 视频号（账号：梗直哥、）等平台深受学生们的欢迎和认可，累计访问量超数千万人次。

李力，人工智能专家，长期致力于计算机视觉和强化学习领域的研究与实践。曾在多家顶尖科技企业担任资深算法工程师，拥有十余年行业经验，具备丰富的技术能力和深厚的理论知识。在他的职业生涯中，李力参与并领导了众多深度学习和强化学习的核心技术项目，有效地应用先进模型解决图像识别、目标检测、自然语言处理、机器人研发等多个领域的实际问题。

杨洁，人工智能和自然语言处理领域资深应用专家，在自然语言理解、基于知识的智能服务、跨模态语言智能、智能问答系统等技术领域具有深厚的实战背景。她曾在教育、医疗等行业的知名企业担任关键职位，拥有十年以上的行业管理经验，成功领导并实施了多个创新项目，擅长引领团队将复杂的理论转化为实际应用，解决行业中的关键问题。

前　言

过去十年，我们见证了深度学习的蓬勃发展，见证了深度学习在自然语言处理、计算机视觉、多模态内容生成、自动驾驶等方向取得的巨大成功，见证了深度学习如何逐渐成为人工智能最热门的领域之一。当前，越来越多的学习者投身于深度学习技术领域，力图提升自己的专业技能，增强自己在就业市场上的竞争力，变成市场上最为抢手的人才。

但是，如何在短时间内快速入门并掌握深度学习，是很多读者的困惑——晦涩难懂的数学知识、复杂的算法、烦琐的编程……深度学习虽然让无数读者心怀向往，却也让不少人望而生畏，深感沮丧：时间没少花，却收效甚微。

目前，大多数深度学习的图书某种程度上是在"端着"讲，习惯于从专家视角出发，而没有充分考虑初学者的认知程度，这导致读者阅之如看天书，食之如嚼蜡。再者，即使是专业人士，面对领域内的最新进展，也往往苦于找不到难度适宜又系统全面的教材，只能求助于英文学术论文、技术文章和视频网站，由此浪费了大量时间和精力。我们始终觉得，真正的学习不应该让学习者倍感煎熬，而应该是一件让人愉悦且能带来成就感的事情。深度学习之所以能把人劝退，往往是教者不擅教、学者又不会学导致的。

说了这么多，你肯定好奇，本书有什么与众不同呢？在过去的几年里，我们一直在思考如何才能更好地教授深度学习这门课程。为此，我们在 AI 教育领域进行了积极的探索和创新，积累了一些经验，并赢得了业界和用户的高度认可。这套书[1]就是我们在深度学习领域的探索和实践成果，它最主要的特色有两个："只说人话"和"突出实战"。具体而言，本书在如下方面有所侧重并作了差异化处理。

- **内容重构、全面细致**

我们根据 ACM 和 IEEE 最新版人工智能体系的 111 个知识点，参考各类优秀资料，对深度学习理论进行了全面梳理，力求用一套书囊括从 20 世纪 90 年代到目前为止的几乎所有主流模型，让读者一套书在手，就能够建立有关深度学习的全局知识框架，而不用再"东奔西走"。对

1　共两册，即《破解深度学习（基础篇）：模型算法与实现》和《破解深度学习（核心篇）：模型算法与实现》。

于算法的讲解，我们不会只局限于算法自身，而会从全局视角分析其中的内在联系和区别。我们会将知识点掰开揉碎讲清楚，充分剖析重点和难点，尽可能地为读者降低学习难度。

- **算法与代码紧密结合**

这套书在引入任何新概念时，都辅之以简单易懂、贴近生活的示例，以期帮助读者降低理解难度，进而知道为什么要学习这个算法，数学公式怎么好记，以及在实际问题中怎么应用。此外，针对多数初学者"一听就会，一写就废"的情况，我们竭力提供详尽的"保姆式"教程，由简及繁，让读者敢动手，会动手，易上手。这套书配有交互式、可视化源代码示例及详尽的说明文档（以 Jupyter Notebook 的形式提供），提供了所有模型的完整实现，可供读者在真实数据上运行，还能亲自动手修改，方便获得直观体验。

- **形式生动，只为让你懂**

看过梗直哥视频的读者都知道，形式生动是我们的特点。很多时候，一图胜千言，而动画比静图更容易让人理解。为此，我们将秉持这一优势和特点，力求让读者彻底学懂！越是复杂的概念，我们越是要把它讲解得深入浅出。

除此之外，为保证学习效果，我们还提供了在线课程和直播课程，把内容知识点切分成 10 ～ 20 分钟一节，共有百节之多；通过在线答疑、直播串讲等交流形式，增强互动感，加快读者的学习速度，提升学习效果。同时，还有学员讨论群，由专业老师随时解决读者的个性化问题，充分做到因材施教。

我们通过这套书对深度学习庞杂的知识点进行了细致梳理，以期带着读者从不同维度鸟瞰深度学习的世界。在这套书中，我们专门针对深度学习领域抽象难懂的知识点，利用作者丰富的行业积淀和独特的领域视角，结合日常生活中的实例，将这些高深的内容用简明、有趣的方式呈现，打破认知障碍，帮助读者轻松消化。同时，突出应用为先、实战为重的特点，为每个模型提供详尽完整的"手搓"代码和调库代码，由易到难层层递进。此外，这套书突破了传统图书单一的文字教学模式，采用图文、动画和视频相结合的方式，使深度学习的原理和应用场景更加直观和生动。

相信这套书能够打破读者对深度学习"学不会，入门难，不见效"的看法，帮助他们破解学习难题，快速掌握相关知识。

读者对象

这套书针对不同的读者群体（初学者、有一定经验的读者和经验丰富的读者），提供了对应的教学内容和方法，旨在帮助各种背景和认知水平的读者更有效地学习、掌握深度学习技术，并应对实际挑战。

- **初学者群体**

针对尚未涉足深度学习领域或经验较少的读者，如学生、转行者或独立学习者，这套书从深度学习的基本概念出发，采用通俗易懂的文字和实例，帮助读者迅速入门。同时，这套书梳理了必要的数学、计算机以及统计学基础知识，并推荐相应的参考资料与工具，以便读者自我学习和巩固知识。书中内容设计由浅入深，确保读者能够按部就班地领略深度学习的精髓。

- **中级群体**

针对已具备深度学习基础，并且有一定实践经验的读者，比如从业者或者正在攻读相关硕士或博士学位的学生读者，这套书提供了更加深入的理论和技术讲解，整合了最新的研究进展和实践案例，确保你始终走在领域前沿并能更好地应对实际挑战。这套书重点讲解深度神经网络的核心理念、优化算法和模型设计技巧，同时详细讲解了当下热门的深度学习框架与工具，以期帮助读者更好地设计、实现和部署深度学习模型。

- **高级群体**

对已有深度学习相关领域研究或工作经验，并对前沿研究和技术保持高度关注的读者，比如研究生、博士后或者专业人士，这套书提供了深入的理论和技术分析，帮助读者深入挖掘深度学习的内核及其固有规律。同时，为了方便读者深入研究和探索，我们还提供了相关论文引用和代码示例。

套书特色

- **"只说人话"，破解难题**

深度学习常常因概念深奥、公式难懂、算法晦涩而著称，与其他图书只侧重知识传授而忽视读者的认知程度不同，这套书致力于将这些高深内容转换为通俗易懂的"人话"。在我们深厚的行业经验和独特的领域洞察基础上，这套书结合日常生活案例，采用一个个清晰而有趣的视角，帮读者突破理解的壁垒，真正实现知识的尽情消化和良好吸收。

- **贴合应用，突出实战**

相比其他深度学习教材，这套书将算法与代码紧密结合，力求手把手教读者用深度学习的方法解决实际问题。这套书大部分章节提供了 Jupyter Notebook 的源代码，以及所有模型的完整实现，可供读者在真实数据上运行，更可亲自动手修改，方便获得直观上的体验，进而真正帮助读者掌握深度学习的核心算法，提升实际问题的解决能力。

- **图文视频，三位一体**

有别于其他图书单一的说教式文字描述，这套书不只局限于传统纸质图书的形式，特别注重配图、动画和视频，以更直观的方式展现模型的原理和应用场景。这种立体多维度的教学方式能够让读者更加深入、轻松地理解深度学习。

- **多元互动，个性辅导**

这套书有配套的 GitHub 专栏课程和视频课程（收费），可满足不同读者的需求和学习习惯。同时，有专业的答疑团队与读者进行互动交流，解答读者疑问和提供技术支持，能够针对读者个性化的问题和困难，提供更加有针对性的辅导，加快读者学习进程，真正实现因材施教。

本书组织结构

本书侧重于深度学习基础知识和原理的讲解，力求用深入浅出的语言、图例、动画等多种生动的形式让初学者更加容易入门。本书总计 9 章，内容分别如下。

- **第 1 章　欢迎来到深度学习的世界**——本章主要介绍深度学习的基本概念和应用领域，包括神经网络原理和发展历程，深度学习在计算机视觉、自然语言处理、语音识别等领域的应用。通过本章的学习，读者可以初步理解深度学习的核心理念和实践领域，为之后的学习奠定坚实的基础。

- **第 2 章　必要的数学预备知识**——本章以新颖的视角，高效地带读者回顾深度学习所需的数学知识，包括线性代数、微积分、概率论等。本章内容可以帮助读者在温习中更加了解它们在深度学习中的应用，为后续章节的学习做好准备。

- **第 3 章　环境安装和工具使用**——本章主要介绍与深度学习环境相关的 Python 安装、深度学习框架 PyTorch 的安装和使用，以及 Jupyter Notebook 等实用工具的操作方法。通过本章，读者可以掌握深度学习环境的搭建和必备工具的使用，为后续的学习实践打下良好基础。

- **第 4 章　深度神经网络：误差倒查分解**——本章主要介绍深度神经网络的核心原理和常见的网络结构，包括多层感知机、前向和反向传播、回归和分类问题等。本章可让读者对神经网络的本质，也就是误差倒查分解有深入的理解，确保为接下来的学习铺好路。

- **第 5 章　常见挑战及对策：一切为了泛化能力**——本章主要介绍神经网络训练过程中的常见问题，比如过拟合和欠拟合，以及相应的正则化解决方案。通过本章的学习，读者会对什么是泛化能力有更加清楚的认识和思考。

- **第 6 章　梯度下降算法及变体：高效求解模型参数**——本章讲解最优化理论与深度学习的关系，在此基础上全面回顾各种优化算法的发展历程，并用统一的框架让读者高屋建瓴地理解它们内在的关系，从而对如何高效求解模型参数加深认知。

- **第 7 章　基础卷积神经网络：图像处理利器**——本章将专注于基础卷积神经网络的介绍，从图像卷积、卷积层、池化层到具体的代码实现，帮助读者快速熟悉这个图像处理利器。

- **第 8 章　基础循环神经网络：为序列数据而生**——本章以序列数据为主要讨论对象，详细介绍基础循环神经网络模型的方方面面。

- **第 9 章　注意力神经网络：赋予模型认知能力**——本章将会详细介绍注意力机制的原理和常见的注意力机制模型 Transformer。通过本章学习，读者可以了解注意力机制的发展历程、核心思想和应用场景，深刻认知除 CNN、RNN 之外这第三类神经网络的奥秘。

资源与支持

资源获取

本书提供如下资源：

- 本书源代码和彩图文件；
- 本书思维导图；
- 异步社区 7 天 VIP 会员。

要获得以上资源，读者可以扫描下方二维码，根据指引领取。

提交勘误

作者和编辑尽最大努力来确保书中内容的准确性，但难免会存在疏漏。欢迎读者将发现的问题反馈给我们，帮助我们提升图书的质量。

当读者发现错误时，请登录异步社区（https://www.epubit.com），按书名搜索，进入本书页面，单击"发表勘误"，输入勘误信息，单击"提交勘误"按钮即可（见右图）。本书的作者和编辑会对读者提交的勘误进行审核，确认并接受后，将赠予读者异步社区的 100 积分。积分可用于在异步

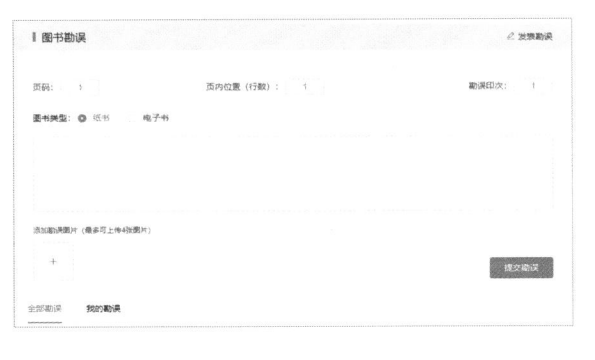

社区兑换优惠券、样书或奖品。

与我们联系

我们的联系邮箱是 wujinyu@ptpress.com.cn。

如果读者对本书有任何疑问或建议，请发送邮件给我们，并请在邮件标题中注明本书书名，以便我们更高效地做出反馈。

如果读者有兴趣出版图书、录制教学视频，或者参与图书翻译、技术审校等工作，可以发邮件给我们。

如果读者所在的学校、培训机构或企业，想批量购买本书或异步社区出版的其他图书，也可以发邮件给我们。

如果读者在网上发现有针对异步社区出品图书的各种形式的盗版行为，包括对图书全部或部分内容的非授权传播，请将怀疑有侵权行为的链接发邮件给我们。这一举动是对作者权益的保护，也是我们持续为广大读者提供有价值的内容的动力之源。

关于异步社区和异步图书

"异步社区"（www.epubit.com）是由人民邮电出版社创办的 IT 专业图书社区，于 2015 年 8 月上线运营，致力于优质内容的出版和分享，为读者提供高品质的学习内容，为作译者提供专业的出版服务，实现作者与读者在线交流互动，以及传统出版与数字出版的融合发展。

"异步图书"是异步社区策划出版的精品 IT 图书的品牌，依托于人民邮电出版社在计算机图书领域多年来的发展与积淀。异步图书面向 IT 行业以及各行业使用 IT 技术的用户。

目　　录

第1章

欢迎来到深度学习的世界

在开始正式介绍之前，我们先来解释大家可能会有的一些疑问，比如什么是深度学习、深度学习主要涉及哪些内容，以及深度学习能干什么？

1.1 什么是深度学习

深度学习（deep learning，DL），其核心就是"深"。这个"深"主要体现在模型结构上。对于了解神经网络的读者来说很好理解，就是将神经网络的隐藏层加深。对于不太了解的读者来说，可以简单理解为"三思而后行"。浅层神经网络只包含一层隐藏层，相当于瞬时反应，比如人的条件反射。深度神经网络则是让隐藏层变得更多，相当于深度熟虑以后再做出反应，如图 1-1 所示。

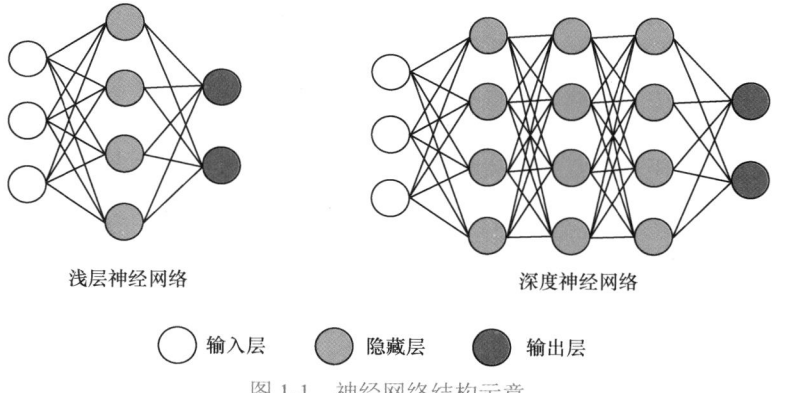

浅层神经网络   深度神经网络

◯ 输入层   ⬤ 隐藏层   ⬤ 输出层

图 1-1 神经网络结构示意

在上面这类神经网络的隐藏层中，前一层节点和后一层的每个节点之间都有连接，因此被称为"全连接网络"。它是基础神经网络，除此之外还有很多变体，我们将在后续章节中一一介绍。更深的网络结构意味着更多的参数、更大的模型，也意味着更高的算力需求。近些年深度学习的火热离不开算力的爆发式增长。从 GPU 到 TPU，从单机单卡训练到分布式并行式训练，随着计算机硬件性能的提升，深度学习的效果越来越接近人类水平，甚至在某些领域已经超越了人类的平均水平。

那么，问题来了，深度神经网络的本质是什么？你有没有思考过这个本源问题呢？

理论上可以证明：一个多隐藏层神经网络能以任意精度逼近任意给定的连续函数。这也被称为全局逼近定理（universal approximation theory[1]），其中 Universal 有人翻译为"万能"，充分表明了它的强大。通过两个不同的视觉表示来说明多层神经网络作为函数逼近器的能力，更加形象化地说明了全局逼近定理的概念，如图 1-2 所示。

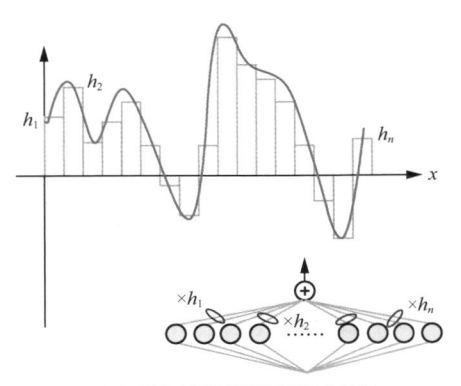

（a）函数映射变换　　　　　　　　（b）叠加简单函数逼近复杂函数

图 1-2　函数映射变换和叠加简单函数逼近复杂函数示意

图 1-2（a）展示了从输入空间到函数映射空间的变换。左侧的正方形网格表示输入空间，其中每个小方格可以看作输入向量的一个成分。右侧的扭曲网格展示了一个高维空间，原本线性独立的网格被映射成复杂的曲面，代表神经网络通过激活函数和权重的调整所进行的非线性变换。s_k 表示输入层元素或者特征向量的分量。ξ_k 是映射后的空间中与 s_k 相对应的点。

图 1-2（b）上侧展示了如何通过叠加多个简单函数来逼近一个复杂的连续函数。其中不同高度的矩形条被用来构造出一条近似的曲线。这些矩形条可以看作激活函数的加权输出，神经网络通过调整权重 h_n（矩形的宽度和高度）来最小化预测和实际输出之间的差异。下侧的模型是对应的神经网络实现，输入乘以权重 h_n 再相加产生输出。

从另一个角度看，深度神经网络强大的本质还在于，它能通过隐藏层神经元的非线性空间变换，使原本非线性不易区分的数据在新的特征空间中变为线性可区分。如图 1-3 所示，左侧的平面上有两条曲线（蓝色和红色），代表二维空间中的两类数据分布。它们在原始特征空间中是不可区分的，但通过一系列变换被映射到新的特征空间后，两种颜色的数据分布可以通过一个超平面来分隔。而实现这种变换的秘诀就在于激活函数（如 Sigmoid 函数）的使用。关于这里的数学证明和代码实现，我们在后续章节中都会讲到。

总体来说，全局逼近定理的重要性在于，它为使用神经网络来解决各种各样的非线性和高

1　universal approximation theory 也译作"通用近似定理"，从语义上看，"通用近似定理"要比"全局逼近定理"更贴近原意。为了与"术语在线"保持一致，这里采取了"全局逼近定理"的译文，请读者知悉。——作者注

维问题提供了理论基础，证明了其在各种领域应用的可能性。然而，定理本身并不保证找到这样的近似解是容易的，也不保证学习过程的效率和收敛性，这些都是实际应用中的挑战。

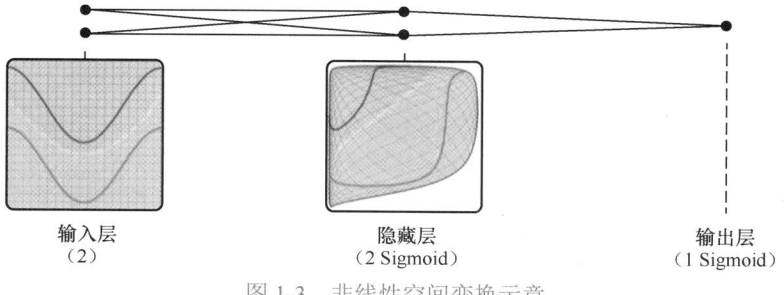

输入层   隐藏层   输出层
（2）   （2 Sigmoid）   （1 Sigmoid）

图 1-3 非线性空间变换示意

  本书第 2 章将带领大家快速回顾必要的数学知识，第 3 章介绍动手编程所需的环境搭建。在此基础上，第 4 章将详细介绍深度神经网络的基本原理，第 5 章讲述常见的问题和对策，第 6 章介绍求解模型参数的各种梯度下降算法及其变体。许多初学者常见的疑问是，深度神经网络是如何解决实际问题的？正则化为什么有助于缓解过拟合问题？到底选择哪种优化算法最好？学完这些章节后，你都会找到答案，对深度神经网络的理解也将上升一个层次，不仅能知其然，还能知其所以然。

1.2 主要核心模型

  面对不同的数据和应用领域，深度学习在基础网络结构之上演变出了各种专用模型，它们的主要差异体现在网络结构。其中主流的模型包括三类：卷积神经网络、循环神经网络和注意力神经网络。这三类模型各有特点，分别完成不同的任务。就好像有的人观察力强，可以当侦探；有的人表达力强，适合当老师；有的人战略眼光长远，适合当领导。本书将在后文以及《破解深度学习（核心篇）：模型算法与实现》中详细介绍这三大类深度模型及其各种典型变体。

1.2.1 卷积神经网络

  卷积神经网络（convolution neural network，CNN）是人脸识别、自动驾驶汽车等大多数计算机视觉应用的支柱。它就像个侦探，拿着放大镜对图像进行逐行扫描。2012 年，多伦多大学研究人员在著名的 ImageNet 挑战赛中使用基于 CNN 的模型（AlexNet），以 16.4% 的错误率获胜，受到学术界和业界的关注，由此引发了人工智能（AI）新的热潮。典型 CNN 结构示意及其发展时间线如图 1-4 所示。

  第 7 章将从全连接层的局限开始讲起，详细介绍图像卷积、卷积层、池化层等网络结构技术细节和代码实现，使读者对 CNN 有全面深入的了解。在《破解深度学习（核心篇）：模型算法与实现》中，我们会沿着时间线，详细介绍从 20 世纪末到现在主流的 CNN 变体，包括 AlexNet、VGG、GoogLeNet、ResNet、DenseNet 等模型。

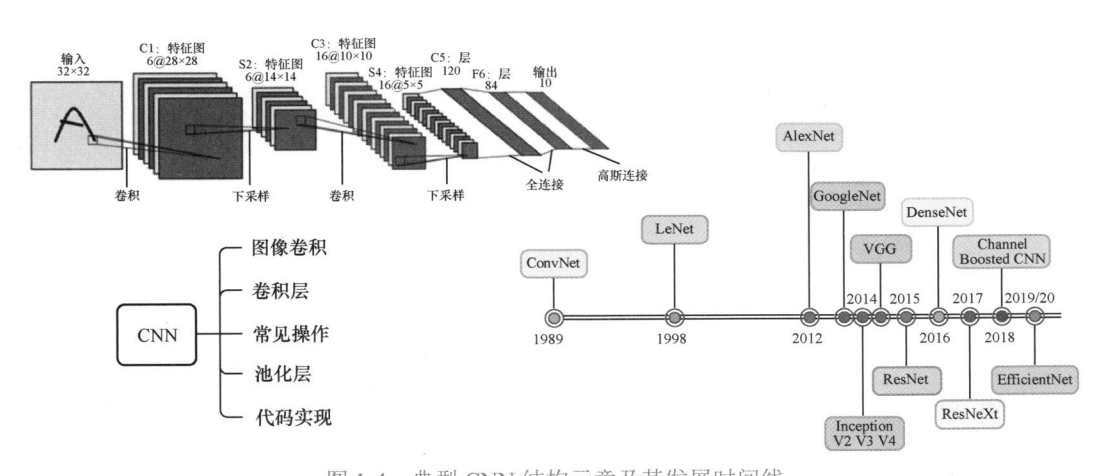

图 1-4　典型 CNN 结构示意及其发展时间线

1.2.2　循环神经网络

如同 CNN 专门用于处理图像这种二维数据信息，循环神经网络（recurrent neural network，RNN）是用于处理序列信息（比如股票价格、声音序列、文字序列等）的一种特殊结构的神经网络。它包含了记忆单元，能够根据历史信息推断当前信息。关于如何训练序列神经网络以及如何解决长期依赖问题，在第 8 章将提供详细解答。

除了经典的 RNN，我们将在《破解深度学习（核心篇）：模型算法与实现》介绍深度 RNN、双向 RNN、门控循环单元（GRU）、长短期记忆网络（LSTM）、编解码器网络等更加复杂的序列数据处理模型。典型 RNN 结构示意及其主要复杂序列模型如图 1-5 所示。

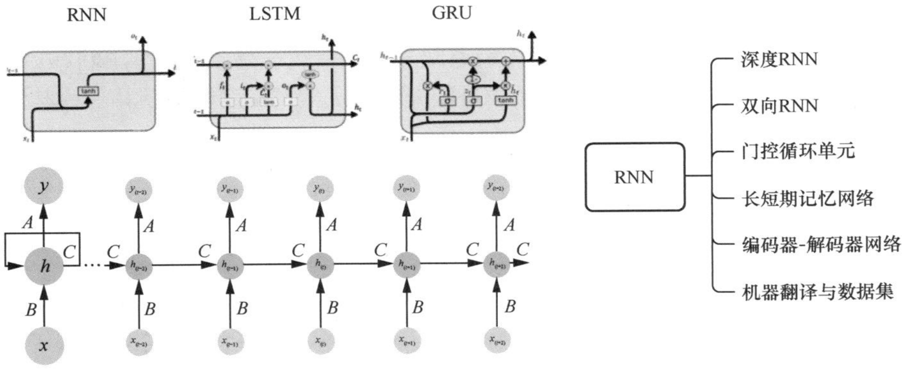

图 1-5　典型 RNN 结构示意及其主要复杂序列模型

1.2.3　注意力机制

2014 年，注意力机制（attention mechanism，AM）首次应用于时间序列数据分析，引发了人们对其在序列处理上应用的广泛兴趣。

2017 年，"Attention Is All You Need"这篇具有里程碑意义的论文发布，标志着自注意力机制的兴起，伴随而来的是 Transformer 模型的诞生。该模型迅速在深度学习领域确立了其领先地位，并激励了一系列后续模型的开发。

2022 年年末，基于注意力机制的 Transformer 网络衍生出广受欢迎的 ChatGPT。在第 9 章中，我们将深入探讨注意力机制的原理、自注意力机制、多头注意力等核心概念，并指导读者构建自己的 Transformer 网络。

在《破解深度学习（核心篇）：模型算法与实现》中，我们将介绍更多新的研究成果，包括 BERT、GPT 等系列模型以及它们在自然语言处理（NLP）和计算机视觉等领域的变体。在学完这些内容之后，你将会对预训练大模型的奥秘有进一步的认识。注意力机制示意及其发展时间线如图 1-6 所示。

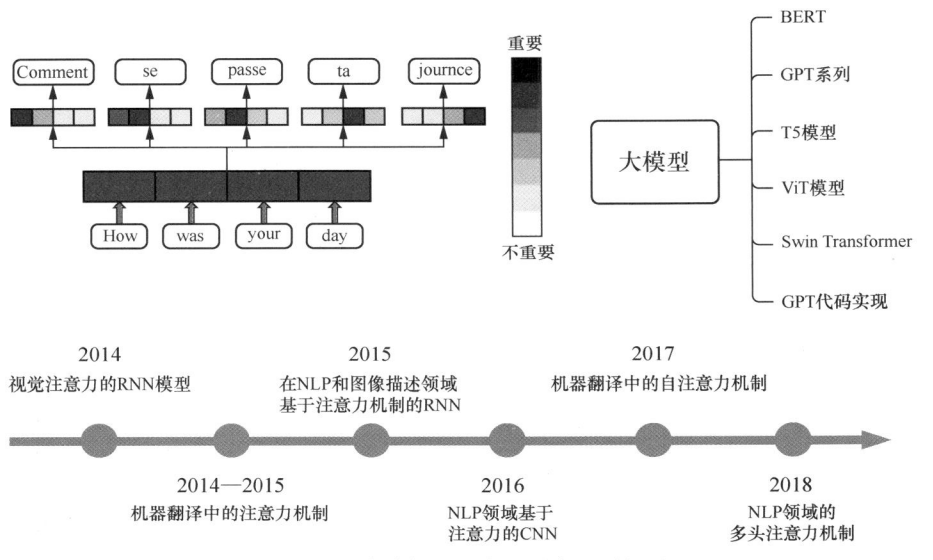

图 1-6　注意力机制示意及其发展时间线

1.2.4　深度生成模型

从 CNN 到 RNN，再到 Attention，都是深度学习核心的网络结构和入门必备的基础。接下来，我们将介绍深度学习的进阶内容"深度生成模型"。如果说前面三大类基础模型是组件，深度生成模型就是它们的组合体，代表着人工智能领域的前沿发展方向，并在图像、音频、文本等生成式人工智能（AIGC）领域得到了广泛应用。

在《破解深度学习（核心篇）：模型算法与实现》中，从蒙特卡洛方法和变分推断，到变分自编码器（VAE）、卷积生成网络、生成对抗网络（GAN），再到最新的扩散模型，我们会逐一讲解，实现全覆盖式的介绍。GAN 和 VAE 的结构示意如图 1-7 所示。

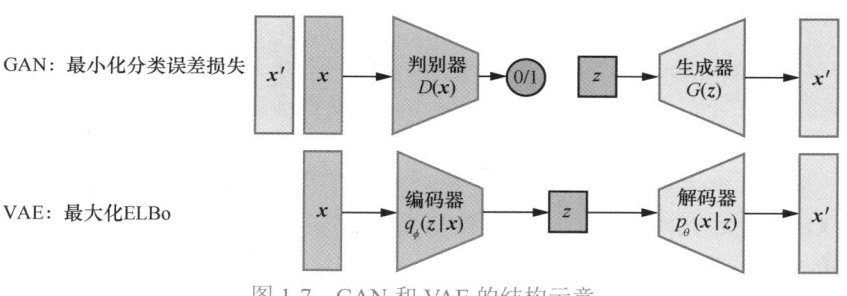

图 1-7 GAN 和 VAE 的结构示意

1.2.5 小结

在本节中，我们探讨了深度学习中的几种核心网络结构，例如卷积神经网络、循环神经网络和注意力机制。每种网络结构都有其特定的应用场景和优势。CNN 在图像处理领域表现出色；RNN 擅长处理序列数据；注意力机制，尤其是 Transformer 模型，引领了深度学习的新方向。最后，深度生成模型将上述基础模型的功能组合起来，推动了 AI 内容生成的新浪潮。

1.3 研究和应用领域

俗话说，学以致用。有的读者可能会提出疑问，深度学习能应用于哪些领域呢？实际上，它的应用范围极其广泛。

从技术角度出发，深度学习主要应用于计算机视觉、语音技术以及自然语言处理等核心领域。计算机视觉涉及图像和视频的识别、分类与处理；语音技术则关注于对人类语音信号的识别和生成；自然语言处理使计算机能够理解和生成人类语言。

这些技术的结合推动了多模态融合的发展，并在各个行业得到了应用。

1.3.1 计算机视觉

在计算机视觉领域，所处理的对象包括图像和视频。该领域的基础应用已经相当成熟，涉及文字识别、人脸识别和物体识别等，如图 1-8 所示。

文字识别　　　　　　　　　　人脸识别　　　　　　　　　物体识别

图 1-8 计算机视觉典型应用场景

这些技术不仅广泛应用于手机（如手写输入法和人脸支付功能），还渗透到了医疗、教育和日常办公等多个行业，例如，医疗行业中病历的数字化处理，教育领域中作业的自动批改，以及日常办公中的报表自动录入等任务。同样，人脸识别技术也用于工作打卡系统和高铁乘客身份验证等。

在《破解深度学习（核心篇）：模型算法与实现》，我们将详细探讨计算机视觉中深度学习的具体应用，并通过实际案例让读者更深入地理解这些技术的实现细节。

除了识别类任务，计算机视觉还包含超分辨率算法，如图1-9（a）所示。这项技术致力于通过已有的图像信息来恢复和增强图像的细节，其本质是提高图像的分辨率。

虽然超分辨率算法在深度学习出现之前就已经有相关研究，但应用深度学习技术的算法在提升图像处理性能方面远超传统技术。现今，这项技术已广泛用于视频增强和游戏图像的高清化处理中。

图像生成也是计算机视觉的重点方向之一，如图1-9（b）所示。当前网上有很多图像生成软件，生成的图像通常可以以假乱真。这些图像生成软件的存在已经严重威胁到插画师的生存。除了生成图像，这些软件还可以生成视频。很多恶搞类的应用，比如AI换脸，其背后就用到了深度学习技术。

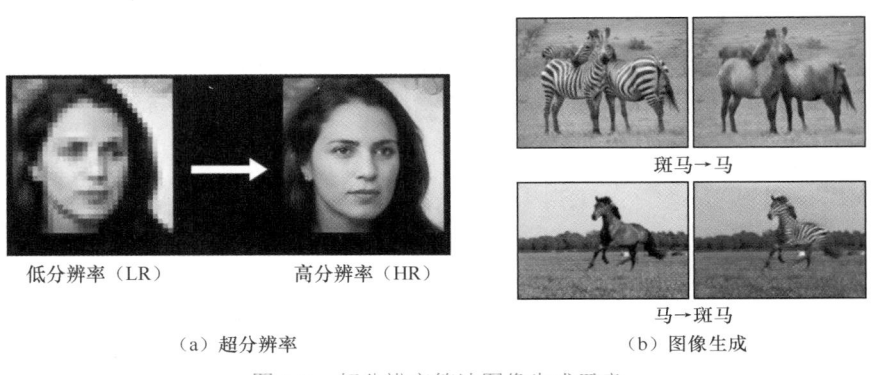

　　低分辨率（LR）　　　　高分辨率（HR）　　　　　　斑马→马

　　　　　　　　　　　　　　　　　　　　　　　　　　　马→斑马

　　　　　（a）超分辨率　　　　　　　　　　　　（b）图像生成

图1-9　超分辨率算法图像生成示意

1.3.2　语音技术

深度学习在语音方面的应用也早已非常成熟，具体包含两个方面：自动语音识别（ASR）和文本语音转换（TTS）。微信里的语音转文本功能就是ASR的应用方向。手机语音助手和智能音箱之所以能"听懂"你说的话，也是借助ASR。大家平时刷短视频时总能听到一些熟悉的语音，基本上都是利用TTS自动生成的。

语音技术的普及让视频创作成本进一步降低，极大提高了创作者的生产力水平。

1.3.3　自然语言处理

在自然语言处理（natural language processing，NLP）领域，最常用也最成熟的应用是机器翻译。近几年，机器翻译的质量越来越高，比如翻译论文或者国外新闻网站，其翻译出错的概率越来越低。日常生活中高频使用的购物订票类 App 中很多应用了基于 AI 技术的智能客服。

此外，想必大家都用过 ChatGPT，如图 1-10（a）所示。作为一个大语言模型，它总能正确理解用户的意图，并生成相关的文字，让人大呼有趣。这些进步都源于其背后的深度学习算法，特别是 NLP 算法的提升。

在《破解深度学习（核心篇）：模型算法与实现》，我们将带领大家实现一个 NLP 项目，让你具体了解分析的详细流程。

知识图谱也是 NLP 领域的研究重点之一，如图 1-10（b）所示。它是一种描述知识的语义网络，用于表示真实世界中存在的各种实体和概念以及它们之间的关系。构建知识图谱和应用知识推理都会用到深度学习技术。

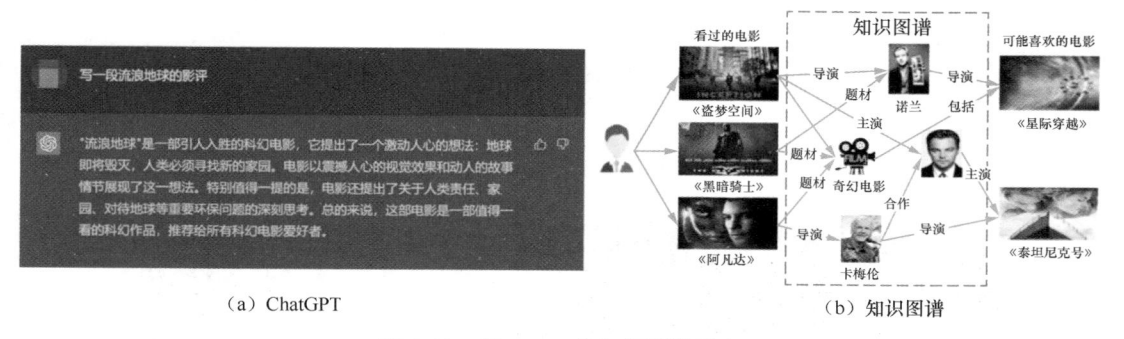

（a）ChatGPT　　　　　　　　　　　　　（b）知识图谱

图 1-10　ChatGPT 和知识图谱示意

1.3.4　多模态融合

无论计算机视觉、语音技术，还是自然语言处理，这些技术往往不是孤立应用的。比如，"虚拟主播"应用会同时用到视觉、语音以及自然语言处理技术：

- 主播的形象生成、表情变化、口型和手势变化依靠视觉技术；
- 播报内容的生成依靠自然语言处理技术；
- 倾听用户发言和播报内容则依靠语音技术。

类似多模态融合应用还有很多，底层算法基础都是深度学习。我们将在《破解深度学习（核心篇）：模型算法与实现》中向大家介绍最新的典型模型和发展趋势，让大家明确学习目标和下一步的学习路线。

除了上述研究领域，深度学习的行业应用就更多了。

在自动驾驶中，深度学习可以帮助汽车识别路况、道路、行人、其他车辆等，避开障碍物并进行决策。

在生物信息学领域，深度学习可以用于基因组学分析、蛋白质结构预测，以及其他任务。

医学诊断也是一个重要的应用领域，在该领域，深度学习可以帮助医生诊断疾病，快速分析 CT、MRI 等医学影像，提供建议的治疗方案并进行预测。

在金融预测领域，深度学习可以帮助金融机构预测股市走势，决定投资策略并进行风险评估。

在推荐系统领域，深度学习能够帮助网站或应用推荐内容、商品等。现在几乎每个电商网站的推荐系统都使用了深度学习技术，根据用户的历史行为、兴趣等向用户推荐相关的内容。

此外，深度学习在农业中用于作物识别和作物产量预测，在天文学中进行星系形态分类和距离预测，在地球科学领域执行地震预测、气候模拟和地质勘探等任务。

总体来说，深度学习已经渗透到社会生活的方方面面和各种行业，并积累了许多成功案例。随着计算能力的提高和数据量的增加，未来深度学习技术将会继续发展，并在更多领域得到广泛应用。

1.3.5 小结

本节深入探讨了深度学习在多个重要领域的应用，突出了其在计算机视觉、语音技术、自然语言处理以及多模态融合中的关键作用。计算机视觉的应用覆盖图像和视频的识别、分类与处理，从日常使用的人脸识别到医疗图像分析。语音技术的进步让设备能更好地理解和生成人类的语言，极大地推动了交互式应用的发展。自然语言处理技术的提升，尤其是在机器翻译和自动生成文本方面，已经极大地影响了我们获取和处理信息的方式。多模态融合的应用展示了如何将视觉、语音和语言处理技术结合起来，创造出更加智能和互动的系统。

1.4 使用的技术栈

前面我们从整体上认识了深度学习主要内容和应用领域，明确了为什么学和怎么用的问题。在开始正式学习各种算法和模型之前，需要做一些准备工作。在本节中，我们先来介绍一下所涉及的技术栈，关于开发环境搭建的更多问题，会在第 3 章进行更详细的讲解。工欲善其事，必先利其器，不要小瞧这些内容，很多刚入门的读者，在这个地方会遇到各种问题。

1.4.1 编程语言

深度学习的编程语言首选 Python，这个是毋庸置疑的。目前 TIOBE 编程语言排行榜上，Python 排名仍然位列第一。除了代码简洁优雅，主要是因为 Python 的生态良好，有强大的自带标准库和大量的第三方支持库，比如对科学计算以及深度学习框架（像耳熟能详的 TensorFlow、PyTorch 等）都有着良好的支持。

1.4.2 深度学习框架

流行的深度学习框架包括谷歌的 TensorFlow、Meta 的 PyTorch 以及百度研发的飞桨（PaddlePaddle）等。高度可定制性和可扩展性使它们成为当前广受欢迎的框架。几年之前，流行的框架当属 TensorFlow，不过 PyTorch 在近几年实现了全方位的超越。在开源库 Hugging Face 上，85% 的模型只能在 PyTorch 上使用。

此外，在很多学术顶会上，比如 EMNLP、ACL、ICLR 三家 AI 顶会，PyTorch 也是遥遥领先，其占比已经超过 80%。为此本书采用 PyTorch 框架，让大家能够无障碍地上手大部分开源项目。

1.4.3　数据集

在代码实现环节，我们将采用当前比较主流的数据集，除了入门级的 MNIST，还有牛津大学的 Flowers102 数据集、Twenty Newsgroups 新闻分类数据集等。在第 8 章，我们会用 pandas 加载金融数据进行预测。在《破解深度学习（核心篇）：模型算法与实现》中，我们会介绍知名竞赛网站 Kaggle 上的数据集，还将带领大家了解 NLP 预训练模型竞赛排行榜中的打榜数据集 GLUE。我们选取的都是比较有代表性的数据集，这些都将是你在未来学习实验、参加竞赛甚至工作中会用到的。

1.4.4　代码编辑器

本书使用的代码编辑器为 Jupyter Notebook。它是一个非常易用、基于网页的交互式编辑器，不仅可以执行代码，还可以同时编写文档。Jupyter Notebook 支持 Markdown 语法，支持使用 LaTeX 编写数学公式，以便边学习边做笔记，与他人共享。

它还有个优点是代码块可以按行执行。在算法学习中，我们经常需要修改参数，使用 Jupypter Notebook 可以无须重新执行整个代码文件，而只需执行修改的那行代码，非常方便快捷。

1.4.5　项目IDE

我们在着手解决更为复杂的实际问题时，经常需要编写多文件的复杂代码。在这种情况下，Jupyter Notebook 可能就不足以支持了。此时，我们推荐使用两款功能丰富的 Python 集成开发环境（IDE）：PyCharm 和 Visual Studio Code。这两者都可从官网直接下载。

对于 PyCharm，虽然它提供了 Professional（专业版）和 Community（社区版）两种版本，不过对大多数用户而言，免费的社区版已经足够满足日常开发需求。

1.4.6　小结

"战场"搭建好会为后续学习奠定坚实的基础。这部分的内容不难，但是需要一点耐心。除了本节介绍的内容，后面我们还会在第 3 章用整章篇幅具体讲解 CUDA 和 Anaconda 深度学习环境配置、conda 实用命令、Jupyter Notebook 快速上手秘籍和 PyTorch 的安装教程。

到这里，相信大家已经对本书有了大致的了解。在正式深入学习之前，我们先来回顾一下相关的数学知识，这一步非常重要。读者如果已经有扎实数学基础，那么可以选择跳过第 2 章。如果你感觉自己的数学基础有所欠缺，或者对许多内容已经遗忘，也不必担心，我们会用简明易懂的方式详细解释所有必要的知识点，以帮助你迅速补齐"短板"。

第 2 章
必要的数学预备知识

在本章中，我们将带领大家简要回顾深度学习所需的必要数学知识，包括线性代数、微积分和概率统计。为什么要学习这三方面内容呢？主要原因有以下几点。

- 线性代数在处理神经网络中的矩阵和向量运算中起着关键作用。例如，神经网络的输入通常是以矩阵或向量的形式表示数据，而各层之间数据的传递依赖于矩阵乘法和加法等运算。此外，卷积、反卷积、池化、上采样等操作都涉及矩阵的处理。
- 微积分在神经网络的学习中也非常重要。神经网络的训练基于梯度下降算法，其核心是求解损失函数的最小值。这涉及函数的求导（微分）操作，需要理解函数梯度、梯度下降法则等概念。反向传播算法就是基于链式法则的微分运算。
- 概率统计是理解和表达神经网络内部及其性能中不确定性的基础。在实际应用中，我们可能会遇到带有噪声的训练数据，或需要评估分类任务中各个类别的概率。此外，一些高级深度学习模型，如生成对抗网络（GAN）和变分自编码器（VAE），均建立在概率论的框架之上。

为了便于记忆，我们用图 2-1 来帮助你理解上述三方面内容在神经网络中的关系。简单来说，就是前向传播用线性代数，反向传播基于微积分，而损失函数的构建则大量依赖概率统计。

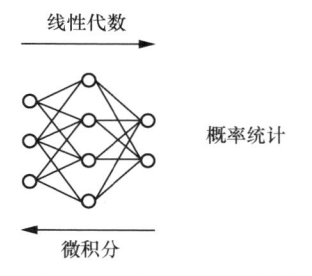

图 2-1　线性代数、微积分、概率统计在神经网络中的关系示意

如果你对此仍然感觉有些困惑，我们用一个生活中制作蛋糕的例子来类比深度学习的过程，帮助你加深理解这三类数学知识。

线性代数如同蛋糕的配方。面粉、糖、鸡蛋等不同原料的用量，可以被视作向量，而它们的组合类似矩阵。制作蛋糕时，我们会根据配方将原料混合在一起，神经网络在前向传播时则会根据权重（配方）将输入组合起来生成输出。

微积分就像在改进蛋糕配方。先做个蛋糕，看看效果如何，这就像在计算损失函数的值。接着，根据这个反馈值微调配方，比如需要更多的糖、更少的面粉。反复微调的过程就像神经网络的反向传播，通过梯度下降算法找到使蛋糕口感（损失函数）最佳的配方（参数）。

制作蛋糕的过程需要估计一些涉及概率统计的不确定因素都会，比如烤箱温度、面粉的精确分量，就如同深度学习中我们的数据可能带有噪声，或者有些不能通过直接观察而得到的隐变量，这时就要用到概率模型来处理这种不确定性。

总体来说，通过配方（线性代数）可以组合原料做出一个蛋糕，通过反复尝试和反馈（微积分）可以改进这个配方，而面对不确定性和噪声（概率统计）可以做出最佳的估计和决策。

2.1　线性代数

很多人学了半天也没搞明白为什么要学线性代数？线性代数的本质是什么，又为何常常跟几何或者空间扯上关系？本节的目的不是越俎代庖，即讲解很多具体的线性代数的相关知识，而是希望你深刻理解它对学习人工智能的重要性，以及把握好需要学到什么程度。

我们先来回答与线性代数相关的这几个关键问题，然后快速回顾必要的基础概念。至于更多细节，则建议阅读相关图书自行学习了。

2.1.1　学人工智能为什么要学线性代数

线性代数在人工智能，特别是深度学习领域中有很多重要应用。以下是一些主要原因。

- 数据经常被表示为向量和矩阵的形式。例如，一张图像可以被表示为一个二维像素矩阵，一段文字可以被表示为一个词频向量等。理解这些表示需要对线性代数有基本的理解。
- 许多算法的核心依赖线性代数的基本操作，如矩阵乘法、矩阵分解、向量内积、范数计算等。例如，在神经网络中，权重和输入数据的乘积以及之后的反向传播等操作，都涉及大量的线性代数知识。
- 很多算法，特别是神经网络，依赖优化算法（如梯度下降）来训练模型。这些优化算法需要计算梯度，这就需要对线性代数有深入的理解。
- 深度学习网络有大量的参数，并且它们的结构和操作往往与线性代数紧密相关。学习这些模型的工作原理时需要对线性代数有深入的理解。

总体来说，线性代数的知识不仅能帮助我们理解算法的工作原理，还能帮助我们更高效地实现算法。许多高效的数值计算库（如 NumPy 和 TensorFlow）提供了进行矩阵和向量运算的优化函数。了解线性代数能帮助我们更好地利用这些库，从而处理大规模的数据。

2.1.2　线性代数名字的由来

线性代数这个名字源于它的主要研究对象是线性的。"线性"在这里主要有两层含义：

- 向量空间中的向量可以通过加法和标量乘法进行组合，这两种操作都是线性的；
- 线性代数研究的映射（如矩阵）保持向量的线性组合，也就是说映射的结果是线性的。

我们可以对线性代数理解得更通俗一些。真实世界中的许多系统其实是非线性的，但非线性问题很难直接予以解决。线性代数提供了理解和处理这些问题的一种方式，尽管它可能不会给出精确的解，但通常可以提供很好的近似解和洞见。比如，在物理、工程、经济、生物学等多种领域中，许多问题会先被简化为线性模型，然后用线性代数的方法进行求解。

当然，对于一些非线性问题，我们有时也会使用更复杂的数学工具，比如微分方程、非线性动力学、混沌理论等，来尝试更精确地描述和预测现象。然而，这些工具通常需要借助更深入的数学知识来理解和使用。

2.1.3　线性代数的本质作用

线性代数作为数学中的一个重要分支，主要研究向量、向量空间（也称为线性空间）、线性变换以及它们的性质和关系。这些研究对象在各种科学和工程问题中都有广泛的应用，而线性代数就是研究这些对象时所使用的数学工具。

向量是线性代数的基本研究对象，它可以被视为具有大小和方向的物理量，也可以被视为一组数（或坐标）。

向量空间是向量的集合，满足一些基本性质，如向量加法和标量乘法。这个性质极大地扩展了"空间"的概念，让我们能够在任意维度下工作，甚至在无穷维度下工作。

线性变换是从一个向量空间到另一个向量空间的映射，它保持向量的加法和标量乘法，提供了一种非常强大的工具，让我们能够在不同的向量空间之间转换。许多重要的数学概念和工具，如矩阵、行列式和特征值，都与线性变换有关。

线性系统是一组线性方程，它描述了各种变量之间的线性关系，也是科学和工程领域中许多问题的基础，解决这些问题需要对线性代数有深入的理解。

总结起来，线性代数的本质在于它提供了一套框架和工具，可以用来理解和处理这些线性对象和它们的关系，这使得它成为许多领域（包括物理、工程、计算机科学和数据科学等）的基础工具。

2.1.4　学线性代数为何总强调几何意义

线性代数中的许多概念和结果都有深刻的几何意义，使我们能够用直观的方式理解它们，强调几何意义有以下几个原因。

- 几何解释能够帮助我们直观地理解抽象的数学概念。例如，向量可以被看作箭头，线性变换可以被看作拉伸、旋转或者剪切等操作，使得我们能够在脑海中形象地想象出这些概念和结果，这在人工智能的学习中经常用到。

- 线性代数中的许多概念和方法都能够应用到实际问题中。例如，在物理、工程和计算机科学中，我们经常需要处理空间中的对象和它们的变换，这时候线性代数就派上了用场，它常常是数学建模的有效工具。
- 理解线性代数的几何意义有助于我们建立更深入的理解，从而能够理解更复杂的概念和结果。例如，向量空间的概念就是通过考虑映射的几何效果得到的。

总之，学习和使用线性代数的过程中，要深入理解概念和运算的几何意义，数形结合是一种常见而且十分有用的学习方法。

2.1.5 标量

在深度学习中，标量（scalar）是一种非常常见的数据表示方式。比如，很多超参数就是用它来表示的。简单地说，标量就是一个数，它只有大小，没有方向。房间的温度，银行的存款，秤上显示的体重，头发的根数，这些数都是数学意义上的标量。

标量通常用小写字母来表示，一些书上会用斜体来表示。一般在介绍标量时会说明数值的类型，比如我们可以用 $w=75$，$n=3$ 来表示一个人重 75 千克，只有 3 根头发。

2.1.6 向量

当一组标量排成一行或者一列时就变成了向量（vector），这些标量值被称为向量的元素。向量中的元素在一个轴上是有序排列的，这个轴可以是行也可以是列。

向量通常用粗体小写字母来表示，元素可以通过带角标的斜体字母来表示。比如班里一次考试的成绩可以用向量 s 来表示，它的第一个元素 s_1 是学号为 1 的同学的成绩，s_2 是学号为 2 的同学的成绩，以此类推。

假设班里有 n 个同学，我们可以用如下的方括号包围的行或者列来表示：

$$s = [s_1, s_2, \cdots, s_n]$$

或者

$$s = \begin{bmatrix} s_1 \\ s_2 \\ \vdots \\ s_n \end{bmatrix}$$

向量是数学物理、工程科学和人工智能领域中的核心概念，其重要性体现在很多方面。

- 向量有两个主要特性，即大小和方向。这使得它成为表示物理世界中的许多概念（如力、速度、加速度等）的理想工具。
- 通过向量可以用简洁的形式表示复杂的几何和物理问题。例如，向量的加法和数乘运算使我们可以以简单的方式表示位置、速度、力的改变等。
- 向量使得我们可以使用线性代数的工具（如矩阵和行列式）来处理复杂的问题。例如，在机器学习和数据分析中，我们经常需要处理高维数据，这时就可以将数据视为高维向量，并用向量和矩阵的运算来处理。

向量特别有用的一点是它与空间的关系。我们通常会将向量看作空间中的点或从空间原点指向该点的箭头，而一组向量可以生成一个向量空间。也就是说，向量空间中的每一个点都可以表示为这组向量的线性组合。这种方式使我们能够将抽象的线性代数问题转化为具体的几何问题，进而利用几何来直观理解和解决问题，因此向量成为我们理解和操作空间的主要工具。

1. 向量维度

向量有其自己的一些属性，比如维度（dimension）就是指向量中元素的个数。它通常可以被理解为所在空间坐标轴的数量。例如，二维向量存在于平面上，每个向量都有两个坐标值（x 和 y），对应于平面的两个坐标轴；三维向量存在于三维空间中，每个向量都有三个坐标值（x、y 和 z），对应于三维空间的三个坐标轴。

在机器学习或者深度学习中，我们可能会处理有几百甚至几千个维度的向量。虽然这些高维向量不能直观地在三维空间中表示，但仍然可以理解为存在于高维空间中，其中每个维度对应一个坐标轴，向量其实就是高维空间中的一个点。

> **注意**
>
> 在某些上下文中，人们可能会使用"长度"这个词来描述向量的维度或元素个数，特别是在编程和计算机科学的语境中。例如，Python 中一个数组或列表的"长度"通常是指它包含的元素的数量，这类似于向量的维度。然而，这种描述可能会产生混淆，因为在数学和物理学中，向量的"长度"通常指的是其模长。

为了避免混淆，最好尽可能清楚地使用"维度"或"元素个数"来描述向量的组成部分的数量，而使用"模长"或"幅度"来描述向量的大小或长度。换句话说，"维度"是向量所在的空间的属性，它并不代表向量的"长度"，而是描述了向量的分量数或向量的自由度。

2. 向量模长

除了维度，向量还有一种度量方式称为模长（magnitude），表示向量在空间中的长度或者大小。二维向量的模长可以理解为平面直角坐标系内点(a_1, a_2)和原点$(0,0)$之间的距离，用$\|\boldsymbol{a}\|$ 表示，读作 $\boldsymbol{a}$ 的模，它的值（也就是模长）等于$\sqrt{a_1^2 + a_2^2}$。扩展到 n 维也很简单，n 维向量 $\boldsymbol{a}$ 的模长等于$\sqrt{a_1^2 + a_2^2 + \cdots + a_n^2}$。

与模长类似的还有一个术语称为范数（norm）。范数和模长可以视为相同的概念，但通常在不同的上下文中使用。模长一般在物理和几何中使用，范数则是更一般的概念，主要在数学和相关领域（如机器学习和数据分析）中使用。它的计算公式如下：

$$\|\boldsymbol{x}\|_p = \left(\sum_i |x_i|^p \right)^{\frac{1}{p}}$$

根据 p 的不同取值，有 L1、L2 等不同的范数。L1 范数又称为曼哈顿范数，它是 $p=1$ 时的范数，度量的是向量中各个元素绝对值的和，这可以被视为在网格化城市（比如曼哈顿）中从一个地方移动到另一个地方所需的最短距离。前面讲的二维向量模长的计算方法其实就是求 L2 范数，也就是 $p=2$ 时的范数，又被称为欧几里得范数。

这些看似奇怪的术语常常令人混淆，主要是很多人跳过了线数、实分析和函数分析等，一下子越级到人工智能领域不是很适应。不过也不一定非要再去补全那么多的数学知识，只要学会归类和对比学习，弄清楚基本概念后就会简单很多。

3. 单位向量

当向量的模长等于 1 时，这样的向量就被称为单位向量。因为单位向量的大小总是等于 1，所以可以认为它表示的是向量在空间中的方向。当我们得到一个向量后，如果只需要考虑它的方向而非长度，可以把它转化为单位向量。在二维平面直角坐标系中，对于二维向量 $\boldsymbol{a}=(a_1, a_2)$，其单位向量为 $\dfrac{1}{\sqrt{a_1^2+a_2^2}}(a_1, a_2)$，也就是把它的两个元素同时除以模长。扩展到 n 维的情况也是一样的。

4. 向量内积

如前文所述，向量表示的是空间中的一个点，也可以理解为从原点指向该点的箭头，具体取决于上下文，它有大小、方向等不同属性。

那么，怎么表示两个向量之间的关系呢？这就涉及向量运算了。基本的运算方法就是内积，也称为点乘、点积，是两个向量对应位置元素相乘再相加，其结果是一个标量。

假设我们要购入一批商品，用向量 $\boldsymbol{a}$ 表示购买商品的单价列表，记为 $\boldsymbol{a}=(a_1, a_2, \cdots, a_n)$，$\boldsymbol{b}$ 表示购买商品的数量列表，记为 $\boldsymbol{b}=(b_1, b_2, \cdots, b_n)$，那么总价 c 就可以用向量 $\boldsymbol{a}$ 和 $\boldsymbol{b}$ 的内积来表示，记为 $c=\boldsymbol{a}\cdot\boldsymbol{b}$，也就是 $c=\sum_{i=1}^{n}a_i\cdot b_i$。用向量表示是不是很简洁呢？

除了便于计算，内积还可以表示两个向量的线性相关度。比如我们将两个向量归一化得到单位向量后，内积就表示它们夹角的余弦值，即 $\cos(\theta)=\boldsymbol{a}\cdot\boldsymbol{b}$，其中 θ 是 $\boldsymbol{a}$ 和 $\boldsymbol{b}$ 的夹角。从几何意义角度理解，这个值越接近 1 表示二者方向越一致，越相关；越接近 0 则表示二者越无关；等于 0 表示二者垂直，也称为正交，说明两个向量线性无关，如图 2-2 所示。

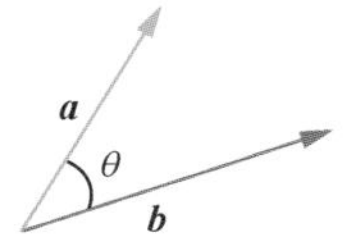

图 2-2　向量内积示意

5. 向量外积

有内就有外，对于向量也可以计算外积。外积又称为向量叉积、叉乘等。不像内积的运算结果是一个标量，向量外积的运算结果是一个向量。

在三维空间中，两个向量的外积，其方向垂直于这两个向量所构成的平面，且其大小等于这两个向量所构成的平行四边形的面积值 $|\boldsymbol{c}|=|\boldsymbol{a}||\boldsymbol{b}|\sin\langle\boldsymbol{a},\boldsymbol{b}\rangle$，其中 $\langle\boldsymbol{a},\boldsymbol{b}\rangle$ 表示两个向量的夹角。

向量外积主要应用在于计算向量所构成的平面的面积、求解平面的法向量以及判断向量的共面性上，如图 2-3 所示。

向量内积和向量外积的定义和性质都有其深远的数学基础和几何直观性，这使得它们在很多数学、物理和数据分析问题中有重要的应用。

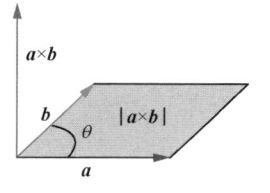

图 2-3　向量外积示意

在深度学习中，相对更常用的是向量内积，向量外积不是很常用，不过在一些特定场景中也会用到，比如图形处理、机器人臂运动规划等。此外，如果一个深度学习模型或算法涉及三维空间中的运动或方向，向量外积可能会被用到。

2.1.7　矩阵

当若干长度相同的行向量排成一列或者长度相同的列向量排成一行时，我们就得到了一个数据表格，也就是矩阵。它有两个轴，是一种二维数据结构，其中的每个数在矩阵中都有对应的行号和列号。矩阵通常用粗体大写字母来表示。

如果一个矩阵高度为 m，宽度为 n，我们就称矩阵 $A \in \mathbb{R}_{m \times n}$。$m \times n$ 叫作矩阵的维度或者大小，$\mathbb{R}$ 表示实数集。在表示矩阵元素的时候，通常使用索引的形式，比如 $a_{1,1}$ 就表示第一行第一列的元素，$a_{m,n}$ 就表示第 m 行第 n 列的元素。具体表示方法如下——用一个方括号把元素括起来。

$$A = \begin{bmatrix} a_{1,1} & a_{1,2} & \dots & a_{1,n} \\ a_{2,1} & a_{2,2} & \dots & a_{2,n} \\ \vdots & \vdots & & \vdots \\ a_{m,1} & a_{m,2} & \dots & a_{m,n} \end{bmatrix}$$

从几何角度来看，矩阵通常用于表示向量的线性变换，例如旋转、缩放、倾斜和反射等操作。

> **注意**
>
> "维度"这个概念在不同语境中可能有不同的含义。在计算机科学中，数组的维度是指它的阶数或者定义它的索引数量。例如，一维数组有一个索引，二维数组有两个索引，以此类推。
>
> 向量维度指的是它包含的元素个数，或者所在向量空间的维度。例如，我们称一个包含 3 个元素的向量是三维的，这和计算机科学中一维数组的概念是一致的。
>
> 矩阵维度通常指的是它的行数和列数。例如，一个 3×2 的矩阵是包含 3 行 2 列的矩阵，我们称它的维度是 3×2，这和计算机科学中二维数组的概念是一致的。

矩阵变换应该是不少读者学习线性代数时的难题，这里再简单介绍一下，然后告诉你在深度学习中需要掌握哪些概念，以及应该掌握到什么程度。

1. 矩阵转置

矩阵转置是以主对角线，也就是左上角到右下角这条线为轴，将矩阵进行镜像翻转。其定义很简单：$A_{m,n}^{\top} = A_{n,m}$，原来 m 行 n 列的矩阵转置以后就变成了 n 行 m 列。通过下面这个例子，我们可以看出矩阵转置前后各个元素位置的变化。

$$\begin{bmatrix} a & b \\ c & d \\ e & f \end{bmatrix}^{\top} = \begin{bmatrix} a & c & e \\ b & d & f \end{bmatrix}$$

由于该矩阵不是方阵，其行数大于列数，因此主对角线上的元素只有两个，其他元素则以此（即主对角线的这两个元素）为对角线进行镜像操作。

2. 矩阵乘法

假设有如下 m 行 k 列的矩阵 A 和 k 行 n 列的矩阵 B：

$$A = \begin{bmatrix} a_{1,1} & a_{1,2} & \cdots & a_{1,k} \\ a_{2,1} & a_{2,2} & \cdots & a_{2,k} \\ \vdots & \vdots & & \vdots \\ a_{m,1} & a_{m,2} & \cdots & a_{m,k} \end{bmatrix} \quad B = \begin{bmatrix} b_{1,1} & b_{1,2} & \cdots & b_{1,n} \\ b_{2,1} & b_{2,2} & \cdots & b_{2,n} \\ \vdots & \vdots & & \vdots \\ b_{k,1} & b_{k,2} & \cdots & b_{k,n} \end{bmatrix}$$

矩阵乘法 $C=AB$ 的计算方法就是左行乘以右列，逐行逐列计算对应向量的内积，结果仍然是一个矩阵。该矩阵对应位置元素的计算公式如下：

$$c_{m,n} = \sum_k a_{m,k} b_{k,n}$$

矩阵乘法的几何意义通常体现在表示线性变换的上下文中。如前文所述，一个矩阵可以看作从一个向量空间到另一个向量空间的映射或者变换，这个线性变换可以包括旋转、缩放、剪切等操作。因此，两个矩阵相乘可以看作两个线性变换的复合。

> **注意**
>
> 　　矩阵乘法是有顺序的，AB 和 BA 完全不同，甚至可能因顺序不同导致两个矩阵根本不能相乘，因此必须先看矩阵的维度，这是与通常意义上的乘法的最大区别，也是特别容易犯错的地方。
>
> 　　如果矩阵 A 的维度是 $m \times k$，矩阵 B 的维度是 $k \times n$，那么 AB 可以，因为 $m \times k \times k \times n$ 中两个 k 相等，相乘的对应元素的个数一致。反之 BA 就不行，因为此时 $k \times n \times m \times k$ 中 n 和 m 不相等，相乘的对应元素的个数不一致！在深度学习中，我们会大量使用矩阵运算，因此要特别注意其维度形状。

3. 矩阵内积

与向量内积类似，矩阵之间也可以计算内积，也称为点积，但此时要求两个矩阵的形状相同，内积就是对应元素的乘积之和，它是一个标量。

$$A \cdot B = \sum_{i,j} a_{ij} b_{ij}$$

在几何上，矩阵内积（或者称为 Frobenius 内积）可以被看作一种度量两个矩阵之间"相似性"的方式。举例来说，如果我们有两个同样大小的图像（可以看作二维矩阵），那么这两个图像的矩阵内积就能表示这两个图像的相似程度。在统计意义上，当两个图像完全相同时，它们的矩阵内积会达到最大值，也就是对应元素平方和的总和。如果两个图像之间没有任何相似性，它们的矩阵内积会接近于 0。

值得注意的是，就像向量内积一样，矩阵内积也受到矩阵的长度（或者范数）的影响。因此，在度量两个矩阵的相似性时，我们通常会考虑它们的归一化内积。

4. 矩阵外积

矩阵外积也称为克罗内克积或者张量积，在机器学习和深度学习中应用相对较少，远不如矩阵乘法那么常见。两个矩阵的外积记作 $A \otimes B$。

5. 哈达玛积

还有一种矩阵运算称为哈达玛积（Hadamard product），也称为逐元素对应乘积（element-wise product），要求两个矩阵大小相同。计算方法很简单，就是对应位置元素直接相乘，最后的结果是一个矩阵。

$$A \circ B = \left(a_{ij} b_{ij} \right)$$

> **注意**
>
> 矩阵变换看似比向量一下子复杂不少，其实只是多了矩阵乘法，向量运算中并没有单独的向量乘法。后面讲的矩阵内积、外积在深度学习中的应用相对较少，反倒是元素级的哈达玛积应用比较多。符号上的区别可以记个小口诀："内点外叉哈圆圈，矩阵乘法最重要。"总体来说，虽然线性代数的运算看上去很复杂，但在深度学习中，多数情况下只要熟悉向量内积和矩阵乘法就够了。

6. 矩阵乘法性质

矩阵乘法有很多有用的性质，不同于标量运算中大家耳熟能详的乘法交换律，我们刚讲过矩阵运算不满足交换律，即 $AB \neq BA$。但是，它满足分配率和结合律。

$$A(B+C) = AB + AC$$
$$A(BC) = (AB)C$$

需要特别注意的是，矩阵运算本身比较复杂，索引下标太多容易乱，大家在今后的学习过程中，遇到相关问题不妨静下心来推导，相信一定会有所收获。

2.1.8 张量

从标量到向量再到矩阵，可以看作数据的维度从零维开始升维的过程。每增加一维，就加入一个轴。比如，列是向量，增加一个轴（如行），就成了矩阵。继续增加维度，比如增加一个深度上的轴，又称为什么呢？其实这并没有一个特定的术语，可以叫作三阶张量，以此类推。

我们说张量是多维数据的抽象概括，可以看作向量和矩阵的推广。无论向量还是矩阵，本质上都是一种特殊的张量。因此，前面讲过的向量和矩阵的运算方法，对张量同样适用。

高维空间可以看作向量的集合，矩阵则是描述对这些向量进行线性变换的规则或操作，而张量既可以看成矩阵的变换（变换的变换），也可以看作一种更复杂的数据存储结构，尤其是在深度学习中，常用来存储和操作图像、声音和其他复杂数据集的数据。

> **注意**
>
> 　　我们常说向量是一维数组，矩阵是二维数组，张量是高维数组。其实，"数组"是计算机科学中的术语，用于描述数据的存储和操作，而"向量""矩阵""张量"是数学术语，描述的是数学对象和它们的性质。严格来说，它们是有本质区别的，这里的维度与高维空间中的维度的含义并不相同。人工智能的一大特色就是多种学科领域中相似的术语比较多，稍微不注意就容易混淆。

2.1.9　小结

在本节中，我们讲了线性代数的预备知识，从标量到张量的过程一路在升维。正因如此，无论向量还是矩阵中出现的运算法则，对张量也是完全适用的。

熟练掌握向量和矩阵的运算，对理解张量运算有很大帮助。从二维到三维甚至更高维度，你所需掌握的不过是相同的原理和法则，再加一点点想象力就足够了。

张量的英文是 tensor，大名鼎鼎的深度学习框架 TensorFlow 就得名于此。其实 TensorFlow 这个名字也道出了深度学习的本质就是若干张量的运算。由此可见，本节的内容对后续的学习非常重要，希望大家充分掌握。

2.2 节将学习微积分的相关知识，大家加油！

2.2　微积分

微积分可能是很多人本科时代的"噩梦"。然而，微积分几乎为一切现代科学的发展提供了基础，我们的宇宙所遵循的自然规律总能用微积分的语言和微分方程的形式表达出来。

简单来说，微积分就是研究微分和积分的学科。它的主要内容包括极限、微分学、积分学及其应用，以及连续函数、曲线和曲面的性质及其应用。这些概念和方法的发展使得微积分在数学、物理学、天文学等一系列学科中得到了广泛的应用，并在统计学、工程学、经济学等领域也发挥了重要作用。

微积分的发展同样促进了计算机科学的发展，它与深度学习关系密切，例如著名的梯度下降算法就是基于微积分的概念发展而来的，后面会专门讲解。

2.2.1　极限

如果说微积分是一座气势恢宏的大厦，那么极限就是它的地基，而柯西的极限存在准则才真正让微积分这座大厦变得不可撼动。极限表示在某一点处的函数值趋近于某一特定值的过程，一般记为

$$\lim_{x \to a} f(x) = L$$

在 x 趋近于 a 时函数 $f(x)$ 的值趋近于 L，其中，a 是极限点，L 是函数 $f(x)$ 在 a 处的极限值。如果 x 趋近于 a 的过程中，函数值趋近于 L，则称函数 $f(x)$ 在 a 处的极限值为 L。这个公式描述了函数 $f(x)$ 中，变量 x 在变大或者变小并逐渐向某一个确定的数值 a 不断逼近的过程中，$f(x)$ 的值也在不断逼近 L，但 x 永远无法达到 a，因而 $f(x)$ 永远无法变成 L。这个过程被人为规定为永远靠近而不停止，是一种不断靠近的趋势。极限的核心思想正是无限靠近而永远不能达到。这种咫尺天涯的感觉让人感受到无法触及之美。

2.2.2　导数

以极限思想为基础，导数诞生了。导数是微积分中重要的基础概念，简单来讲就是指一个函数的值在某一点附近的变化率。我们通常用 $f'(x)$ 来表示函数 $y = f(x)$ 的导数，也可以记为 $\dfrac{\mathrm{d}f(x)}{\mathrm{d}x}$。这里的 d 是微分符号，后面会讲到。在二维坐标系中，变化率相当于函数曲线的切线的斜率。以图 2-4 所示的函数图像为例，可以看出，在 $x = 0$ 和 $x = 2$ 这两个位置附近，函数值的变化率趋近于 0，也就是导数趋近于 0，此时函数值分别趋近于极大值 3 和极小值 1。导数为 0 的点一般就是函数的极值点。通过计算导数可以帮助我们找到这些极值点，这在深度学习中非常重要。

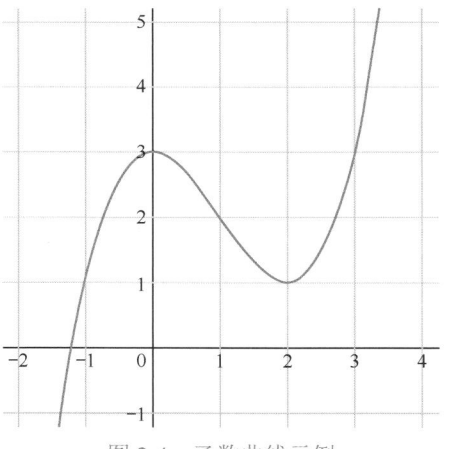

图 2-4　函数曲线示例

那么，导数是如何计算出来的呢？这就用到了极限的思想。我们继续来看这个例子。图像对应的函数表达式如下：

$$f(x) = \frac{x^3 - 3x^2 + 6}{2}$$

在图 2-4 中，我们可以看到函数 $f(x)$ 在 $x = 2$ 处有一个拐点，这个拐点的斜率就是函数 $f(x)$ 在 $x = 2$ 处的导数。这里用到了极限的思想，对于 $x = 2$ 处的来说，x 轴上的增量是 h，y 轴上的增量则是 $f(2+h) - f(h)$，y 轴增量 $f(2+h) - f(h)$ 与 x 轴增量 h 的比值在 h 无限趋近于 0 时存在极限值 L，L 就是在 $x = 2$ 处的导数。计算公式如下：

$$f'(2) = \lim_{h \to 0} \frac{f(2+h) - f(2)}{h}$$

这里的 h 是一个很小的数，在 h 趋近于 0 的过程中，$f(2+h)$ 和 $f(2)$ 都能计算出对应的函数值，其比值 L，也就是极限值也能计算出来。图 2-5 给出了当 h 取不同值的时候，极限值的变化。

h值：1.0000000，极限值：2.0000000
h值：0.1000000，极限值：0.1550000
h值：0.0100000，极限值：0.0150500
h值：0.0010000，极限值：0.0015005
h值：0.0001000，极限值：0.0001500
h值：0.0000100，极限值：0.0000150
h值：0.0000010，极限值：0.0000015
h值：0.0000001，极限值：0.0000002

图 2-5 h 取不同值时极限值的变化

通过这个例子可以看出，随着 h 越来越趋近于 0，极限值也越来越趋近于 0，可以得出函数 $f(x)$ 在 $x = 2$ 处的导数值是 0。

求导公式

大多数时候，导数的计算可以通过代入公式来完成。这里给出了一些常见导数的公式，包括常见函数、幂函数、指数函数和对数函数的求导公式，最好熟练记住它们，否则后面涉及公式推导时容易混淆，因为在实际使用的时候，通常需要同时使用多个公式。

- 常数函数 $f(x) = C$，导数为 $f'(x) = 0$。这个比较好记，常数的变化率本身就是 0！
- 幂函数 $f(x) = x^n$，导数为 $f'(x) = nx^{n-1}$。这个也不难，把 n 从 x 的肩膀上移下来，然后减去 1。
- 指数函数 $f(x) = e^x$，导数为 $f'(x) = e^x$。导数不变，还是函数本身。这是 e^x 的一个重要性质，无论对函数 $f(x) = e^x$ 求导多少次，其导数始终是 e^x。
- 对数函数 $f(x) = \ln(x)$，导数为 $f'(x) = \frac{1}{x}$。这个也比较特别，尤其在损失函数设计中会经常用到。对于底数为 a 的对数函数 $g(x) = \log_a x$，其导数 $g'(x)$ 如下：

$$g'(x) = \frac{1}{x\ln(a)}$$

2.2.3 微分

在讲导数的时候，我们提到过微分，它是对函数局部变化的一种线性描述。

微分可以近似地描述当函数自变量有足够小的改变时函数值是如何改变的。对于函数 $y = f(x)$ 来说，一般把自变量的微分记作 $\mathrm{d}x$。如果 $f(x)$ 可微，其微分等于导数乘以自变量的微分 $\mathrm{d}x$，即函数 $y = f(x)$ 的微分可记作 $\mathrm{d}y = \mathrm{d}f(x) = f'(x)\mathrm{d}x$。

对于导数表达式 $\frac{\mathrm{d}f(x)}{\mathrm{d}x}$ 来说，在上个例子中，如图 2-6 所示，分母是 x 附近的变化量，相当于 h，分子是 $f(x)$ 的变化量，相当于 $f(2+h) - f(2)$，它们的比值就是导数。当然还有个前提条件是 h 要无限趋近 0，否则就不成立了。

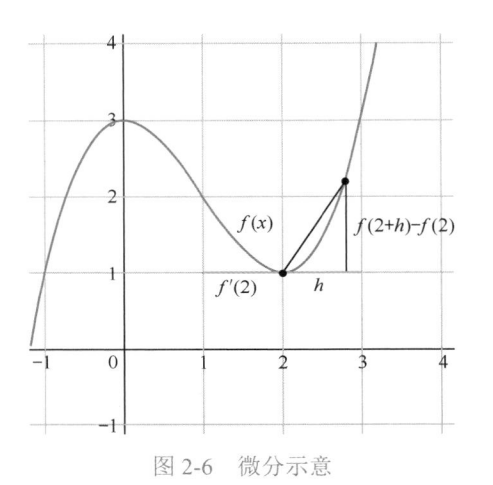

图 2-6 微分示意

从这个例子可以看到，导数表示变化率，微分表示变化量。微分和导数是两个不同的概念，但它们之间也有很多关联。比如对一元函数来说，可微与可导是等价的。

2.2.4 偏导数

前面讨论的都是只包含一个变量的函数，当扩展到多元函数时，就有了偏导数的概念。假设有多元函数 $z = f(x, y)$，我们可以计算函数 z 关于 x 或者 y 的偏导数。通常用 $\frac{\partial f(x, y)}{\partial x}$ 来表示。多元函数 $z = f(x, y)$ 关于 x 的偏导数的计算公式类似于导数。偏导数的计算公式也是两个方向上变化量的比值：

$$\frac{\partial f(x,y)}{\partial x} = \lim_{h \to 0} \frac{f(x+h,y) - f(x,y)}{h}$$

需要注意的是，偏导数的计算同样可以使用前面讲过的求导公式。

2.2.5 梯度

偏导数是针对多元函数而言的，而梯度其实就是一个包含多元函数所有偏导数的向量。梯度的方向指向函数值增加最快的方向，其大小（或模）表示该函数在该方向上的变化率，符号是∇。对函数 $z = f(x,y) = x^2 + y^2$ 来说，该函数的梯度就是 $\nabla f(x,y) = (2x, 2y)$，这里 $2x$ 和 $2y$ 都是通过求偏导计算出来的。

在深度学习中，我们常常使用梯度下降算法来训练模型，也就是利用梯度的信息来更新模型参数。具体来说，就是使用如下公式来更新模型参数：

$$\boldsymbol{\theta}_{t+1} = \boldsymbol{\theta}_t - \eta \nabla_{\boldsymbol{\theta}} J(\boldsymbol{\theta}_t)$$

在上面的公式中，$\boldsymbol{\theta}_t$ 表示模型参数在第 t 次迭代时的值，$\boldsymbol{\theta}_{t+1}$ 表示模型参数在第 $t + 1$ 次迭代时的值，η 表示学习率，$\nabla_{\boldsymbol{\theta}} J(\boldsymbol{\theta}_t)$ 表示损失函数 $J(\boldsymbol{\theta})$ 关于模型参数 $\boldsymbol{\theta}$ 的梯度。通过不断迭代更新模型参数，我们就可以使用梯度下降算法来训练模型了。这部分在后面的章节还会具体讲解。

2.2.6 链式法则

我们前面举的例子都很简单，而深度学习中出现的函数往往是复合函数，很难直接计算梯度，这就需要使用链式法则了。

微积分中的链式法则就是用来计算复合函数导数的方法。具体来说，在计算复合函数的导数时可能会用到多个函数，而每个函数都有自己的求导表达式。如果想要计算复合函数的导数，就需要将所有求导表达式组合起来。设 x 是实数，函数 f 和 g 都是可微的。假设 $y = g(x)$ 且 $z = f(g(x)) = f(y)$，那么链式法则公式如下：

$$\frac{\mathrm{d}z}{\mathrm{d}x} = \frac{\mathrm{d}z}{\mathrm{d}y} \cdot \frac{\mathrm{d}y}{\mathrm{d}x}$$

实际上这是一个非常简单的性质，所谓链式法则，就是一层一层增加可以"相互抵消"的分子分母。举个例子，假设我们有两个函数 $f(x) = x^2$ 和 $g(x) = x+1$，要计算出 $h(x) = f(g(x)) = (x+1)^2$ 的导数。根据链式法则，可以得到：

$$\begin{aligned} h'(x) &= f'(g(x)) \cdot g'(x) \\ &= 2(x+1) \times 1 \\ &= 2x + 2 \end{aligned}$$

链式法则乍一看有些复杂，理解起来稍微费点劲，不过别着急。这部分在后面讲解梯度下降算法时会用到，这里简单了解即可。

2.2.7　小结

在本节中，我们介绍了深度学习中会用到的微积分知识，从极限开始，讲解了导数、微分和它们的区别。导数是变化率，微分是变化量。接下来我们介绍了多元函数情况下的偏导数和梯度，最后了解了求导的链式法则。关于这部分知识，不要求大家一下子融会贯通，可以先大致了解，后续学习过程中遇到时再回过头来温习即可。

2.3　概率统计

很多人在学习概率统计的时候似懂非懂、一头雾水，考试的时候生搬硬套、死记硬背，考试过后，很快就把知识都还给老师了。

为什么它这么难呢？

这门学科和前面讲过的线性代数、微积分一样，都是非直观的理论，不像我们学习开车，转动方向盘就能看到车子行进方向的改变。学习概率，很难用自己的直觉和感受做出归纳。如果只是任由老师将难以理解的抽象原理写成一个个符号，灌输到我们的大脑中，自然就会感觉难学了。

其实，我们大脑有两种学习方法：一种是依靠直觉、本能、感性的快学习；另一种是需要深思熟虑、理性思考、有条不紊地慢学习。后者很慢，也很难，需要能量和意志力。因为概率统计是非直观的，所以它注定要在慢学习的模式中艰难前进。这是它的缺点，但只要你坚持下去，就会不断体会到它带来的好处，也许某天灵光一闪，豁然开朗，你就能厘清思路，走出困境。正因如此，对于概率统计这种抽象概念，时时回顾，多多思考，是很有必要的。

学好概率统计也是掌握深度学习必不可少的条件之一。在本节中，我们将复习概率统计相关的必备知识。

2.3.1　什么是概率

概率是一种用来描述随机事件发生的可能性的数字度量。它是人们对未知事件的估计，通过概率可以预测某个事件发生的可能性大小。例如，当你在观看梗直哥的视频时，按下一键三连的概率就是一个数字。

值得注意的是，概率并非客观存在，而是主观上对未知事件的估计。著名的"薛定谔的猫"实验便展现了这一点。在实验中，一只猫被置于一个密闭的盒子中，盒子内有一瓶毒药和一个辐射源，如果探测到放射性衰变，毒药就会被释放并导致猫死亡。在盒子没有被打开之前，人们不知道猫是否已经死亡，所以猫被认为处于一个"既生又死"的量子态。然而，当盒子被打开时，猫的生死状态便已确定，概率也就不存在了。

深度学习中很多地方都涉及概率的思想。首先，概率可以用来表示模型的准确率。这个不难理解，比如我们有 100 张猫的图片，结果模型判断其中只有一张猫的图片，那么准确率就是百分之一。

其次，概率可以用来描述模型的不确定性。比如我们把一张猫的图片输入二分类模型中，结果模型输出一个数字 0.7，这就是模型认为图片中包含猫的概率，表示模型有多大把握确认图片里有猫。

最后，概率还可以作为模型损失的度量，反映模型预测结果与实际结果之间的差异。对于分类任务，我们使用一种称为交叉熵的损失函数来度量这种差异，比如某类别的预测概率为 0.1，实际标签结果是 1，那么损失为 0.9。

历史上，对于概率的研究有几个比较主流的学派，他们从不同角度看待这个概念。下面我们逐一进行介绍。

1. 频率学派

这个学派的代表是雅各布·伯努利（Jacob Bernoulli）。这个学派的方法非常天然直接，深信实践是检验真理的唯一标准。抛 100 次硬币不够准？那我们就抛成千上万次，有点愚公移山的精神。基于频率学派的概率计算公式如下：

$$P_n\left(x\right)=\frac{n_x}{n}$$

其中，P 表示 probability，意为概率。它的含义就是 x 发生的概率等于 n 次实验中 x 发生的次数除以实验总次数 n。这里 n 的值越大，概率越准确。所以，下面的公式干脆让 n 趋近于无穷了，非常简单粗暴。

$$P\left(x\right)=\lim_{n\to\infty}P_n\left(x\right)$$

频率学派的方法虽然简单，但是有其缺陷。一是重复实验成本高，且误差不可控，概率始终是一个近似值。当实验数据量不够时，精确度有限。二是很多场景中不具备重复实验的条件，比如自然灾害，或者薛定谔的猫，若真做实验，恐怕动物保护协会就找上门了。

然而随着科技的进步，互联网大数据飞速发展的今天，"愚公"们也逐渐学会了使用其他工具，频率学派也成了统计学的流行学派之一。深度学习的很多核心思想，比如最大似然估计，就是频率学派思想的体现。

2. 古典学派

古典学派的人都是平均主义者，他们认为对于未知的事物，在不掌握先验知识的情况下，它们发生的概率都是相等的。比如，抛一枚硬币，每一面朝上的概率都是 50%；掷一枚骰子，每一面出现的概率都是 1/6。古典学派的计算公式很简单：

$$P(x) = \frac{m}{n}$$

其中，m 是事件 x 包含的基本事件的个数，n 是基本事件的总数。以掷骰子为例，假设每一面出现的概率都是 1/6，那么对于事件 x，比如掷出结果为奇数的概率，就是 6 个面中出现奇数面的个数除以总面数 6，即 3/6。

古典学派平均主义的思想在信息熵值计算中得到了体现，而熵值计算正是深度学习中的核心模块之一。

3. 贝叶斯学派

概率论领域中的著名学派当属贝叶斯学派。该学派从主观角度出发，认为"随机"只是观察者尚未具备相应的知识而已。频率学派认为概率表示随机性，而贝叶斯派认为概率表示不确定性。

举例来说，假设你有一枚硬币，你想要知道这枚硬币是公正的还是不公正的，也就是说正反面出现的概率是否均为 50%。如果你是频率学派的，那么你会投掷这枚硬币很多次（比如 1000 次），然后数一下正面和反面各出现了多少次。如果次数差不多，你就会得出结论，这枚硬币是公正的。如果正面出现的次数远多于反面（或反之），你就会得出结论，这枚硬币是不公正的。

现在，假设你是贝叶斯学派的，那么在投掷硬币之前，你可能已经有一些关于硬币公正与否的先验信念。也许这是一枚你从商店新买的硬币，所以你认为它可能是公正的。然后，开始投掷硬币，每次投掷后，你会根据结果为正面或反面来更新你的信念。比如，如果连续几次都是正面，你可能会开始怀疑硬币是不公正的，而这个疑虑在每次投掷后会进行更新。你是在先验信念的基础上利用新的数据（投掷结果）来更新你的观点。

这个例子展示了贝叶斯学派和频率学派在对待"不确定性"上的不同态度：

- 频率学派的观点是，"不确定性"来自事件本身的随机性，可以通过多次实验和统计来接近真实的概率；
- 贝叶斯学派的观点是，"不确定性"来自我们对事件的主观认知，可以通过观测数据来不断更新我们的信念。

频率学派的最大弱点在于，很多事情是不能重复的，而且我们获取的信息往往是不全面的，只能在有限信息下进行预测。相比之下，贝叶斯学派的方法更加灵活，能够在面对新问题时快速进行更新，以得到更为准确的估计。

两个学派之间经历了百年的论战，各有自己的优缺点。概率统计正是融合了不同学派所长的学科。在处理不同问题时，我们可以选择不同的思想，从而得到更为准确的估计结果。比如，后续我们会讲到，损失函数如果用最大似然估计（MLE），就是频率学派的思想，如果用最大后验（MAP），就是贝叶斯学派的观点，而这两者之间是可以通过贝叶斯公式联系到一起的。

2.3.2　概率和统计

几乎在所有的教材中，概率和统计都是同时出现的。二者不分家，是因为它们之间互相依赖，无法各自单独存在。概率研究的是一次事件的结果，而统计研究的是总体数据的情况。如图 2-7 所示，一个简单的理解是，你从桶里抓了一把小球，概率是根据桶中的信息猜猜手里有啥，而统计则是根据手里的信息猜猜桶里有啥。

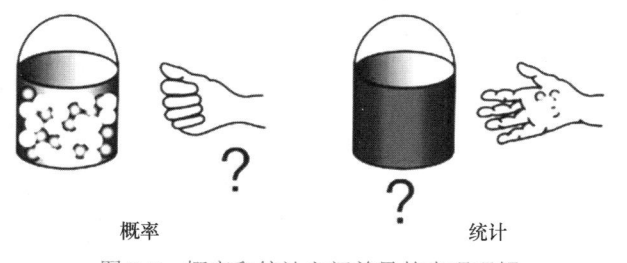

图 2-7　概率和统计之间差异的直观理解

概率统计之所以复杂，其中一个原因就是里面的专业术语特别多，很容易把人听蒙了。想要真的弄懂，还得去学学这些术语才行。

1. 事件

事件是指一个实验的结果，通常表示为 E。例如，在抛硬币的实验中，正面朝上和反面朝上都可以看作一个事件。概率就是描述事件发生可能性的数字度量，通常表示为 $P(E)$。事件有以下三个基本属性。

- 可能性：事件发生的概率。
- 确定性：一个事件必定发生或必定不发生。
- 兼容性：事件是否可以同时发生。

我们经常听到依赖事件和独立事件的概念。依赖事件指的是事件的发生受其他事件的影响，例如在抛硬币的实验中，正面朝上的事件可能会受到所选择的硬币是否均匀事件的影响。独立事件指的是事件的发生情况与其他事件无关。同样，在抛硬币的实验中，正面朝上和反面朝上的事件是相互独立的，因为它们之间没有任何关系。

掌握事件的概念是理解概率和统计的关键。

2. 随机变量

在概率统计中，随机变量是用来表示随机事件结果的变量。它可以用来描述随机事件的结果的分布情况，并且可以用来计算概率。

随机变量可以分为两种类型：离散随机变量和连续随机变量。离散随机变量是指随机变量取值为有限个或无限个离散值的变量，例如在抛硬币的实验中，随机变量可以是正面朝上的次数，取值范围为0,1,2,…连续随机变量则是指随机变量取值为连续值的变量，例如在测量人体身高的实验中，随机变量可以是人的身高，取值范围为$[0, +\infty)$。

3. 概率分布

概率分布是用来描述随机变量分布情况的。它是一个函数，描述了随机变量在不同取值时的概率，例如，正态分布或者高斯分布就是一种常见的概率分布。

在实际应用中，我们常常需要根据数据分布情况来选择合适的概率分布。当我们不知道一组数据服从哪种分布的时候，通常假定服从高斯分布，结果不会差得太多。

对于离散随机变量，我们可以用概率质量函数（probability mass function，PMF）来描述概率分布；对于连续随机变量，则可以用概率密度函数（probability density function，PDF）来描述概率分布。它表示在某一区间内取一个特定值的概率。

假设有一个随机变量 X，它的概率密度函数为 $f(x)$。那么，X 在区间 $[a, b]$ 内取到某个特定值 x 的概率就是 $f(x)$ 在区间 $[a, b]$ 内的积分。例如，X 是一个服从正态分布的连续随机变量，那么它的概率密度函数表示为

$$f(x) = \frac{1}{\sqrt{2\pi\sigma^2}} \exp\left(-\frac{(x-\mu)^2}{2\sigma^2}\right)$$

在这个式子中，μ 是 X 的期望值，σ 是 X 的标准差，π 是圆周率，$\exp()$ 是指数函数。图 2-8 展示了对应的概率密度函数曲线。

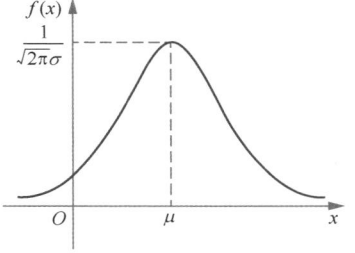

图 2-8　概率密度函数曲线示意

4. 联合概率和条件概率

联合概率和条件概率是概率统计中的重要概念，可以用来计算两个或多个事件发生的概率，并且可以用来分析事件之间的关系。

联合概率是指同时发生两个或多个事件的概率。我们用 $P(A, B)$ 表示事件 A 和事件 B 同时发生的概率。比如，想要计算所选择的骰子恰好质地均匀和掷骰子结果是 1 这两个事件同时发生的概率。

条件概率是指在某个条件下发生某个事件的概率。我们用 $P(A|B)$ 表示在事件 B 发生的条件下，事件 A 发生的概率。比如，想要计算在所选择的骰子恰好质地均匀的条件下掷骰子结果是

1 发生的概率。

通过图形表示可以更直观地看出联合概率和条件概率二者间的关系。如图 2-9 所示，假设蓝色椭圆是事件 A，黄色椭圆是事件 B，那么联合概率 $P(A,B)$ 就是用 A 和 B 重合的这一小块面积除以 A 和 B 整块的面积。而条件概率 $P(A|B)$ 则是用 A 和 B 重合的这一小块面积除以 B 的面积。

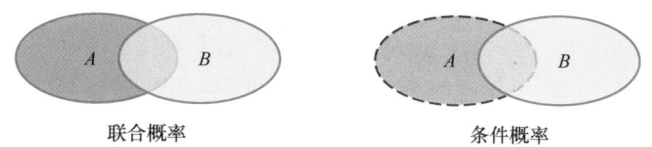

联合概率　　　　　　　　　　条件概率

图 2-9　联合概率和条件概率关系示意

联合概率和条件概率之间可以通过下面的公式相互转化：

$$P(A,B) = P(A|B)P(B)$$

$$P(A|B) = \frac{P(A,B)}{P(B)}$$

其中，$P(B)$ 表示事件 B 发生的概率。

2.3.3　贝叶斯定理

贝叶斯学派的核心思想是贝叶斯定理。它源于贝叶斯学派创始人托马斯·贝叶斯证明的一个特例，常用于根据已知信息推测未知信息的场景。这个定理表明在条件概率已知的情况下，可以推导出联合概率，进而实现条件概率的反转，公式如下：

$$P(A|B) = \frac{P(B|A)P(A)}{P(B)}$$

其中，$P(A)$ 表示事件 A 发生的概率，称为先验（prior）概率；$P(B)$ 表示事件 B 发生的概率，称为标准化常量或者证据（evidence）；$P(B|A)$ 表示在事件 A 发生的条件下事件 B 发生的概率，通常称为可能性或者似然（likelihood）；$P(A|B)$ 表示在事件 B 发生的条件下事件 A 发生的概率，也称为后验（posterior）概率，也就是表示某事件发生了，并且它属于某一类别的概率。

贝叶斯定理可谓是概率统计王国的国王，也是连接主观世界和客观世界的桥梁。无论在机器学习还是深度学习应用中，比如搜索算法、垃圾邮件过滤、输入拼写矫正等，它都有很大的用途。在计算机高度发展的当下，已有 200 多年历史的贝叶斯定理也焕发了新生。除了上面介绍的基本公式，在后续学习中，我们还常常使用它的概率密度形式：

$$p(A|B) = \frac{p(B|A)p(A)}{p(B)}$$

2.3.4 最大似然估计

在深度学习领域中，最大似然估计（maximum likelihood estimation，MLE）是非常重要的一个概念，几乎所有深度学习模型都是基于这个思想建立起来的。

那么，什么是最大似然估计呢？它的核心思想是利用已知的样本结果反推最有可能导致这种结果的参数值。

假设有一个模型，参数是$\boldsymbol{\theta}$，然后观察到一组样本$\boldsymbol{X}$，我们想要找到一组参数，使得样本$\boldsymbol{X}$出现的概率最大。这个过程可以用数学公式表示为

$$\hat{\boldsymbol{\theta}} = \mathrm{argmax} P\left(\boldsymbol{X} \mid \boldsymbol{\theta}\right)$$

其中，$\hat{\boldsymbol{\theta}}$表示最优参数，argmax表示求使得$P\left(\boldsymbol{X} \mid \boldsymbol{\theta}\right)$最大化的参数值。换句话说，最大似然估计认为，参数$\boldsymbol{\theta}$的取值最有可能导致这样的结果。不过注意，严格意义上讲，似然（likelihood）与概率（probability）是有区别的。如图 2-10 所示，概率是分布曲线下的面积，似然是固定数据点下的纵坐标值，而最大似然估计要找的是概率密度的极值，也就是横坐标的值。因此，在这种特定情况下，最大化概率和最大化似然可以实现同一目的。

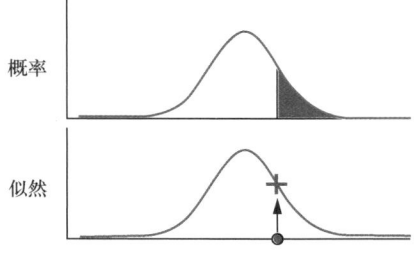

图 2-10　似然与概率的差异示意

最大似然估计是一种频率学派的方法，它假设所有的样本都是独立同分布的。这意味着，每个样本出现的概率都是相同的，因此我们可以将所有样本的概率乘起来，以得到最终的概率值。

$$L\left(\boldsymbol{\theta}\right) = P\left(\boldsymbol{X} \mid \boldsymbol{\theta}\right) = \prod_{i=1}^{n} P\left(x_i \mid \boldsymbol{\theta}\right)$$

在深度学习中，最大似然估计被广泛应用于模型的训练过程中。例如在神经网络中，我们可以使用最大似然估计来计算每个参数的梯度，以最小化损失函数。

2.3.5 小结

在本节中，我们先回顾了概率的基本定义和不同学派对概率的研究成果，主要包括客观思维的频率学派和古典学派，以及主观思维的贝叶斯学派。然后讲解了概率统计的各种术语。最后我们学习了贝叶斯定理和最大似然估计的思想，它们都是深度学习的核心基础。

深度学习世界是建立在一系列数学概念之上的，包括本章介绍的线性代数、微积分、概率统计等领域。这些数学知识为我们提供了描述和理解深度学习的语言和框架。然而，需要明确的是，这些数学知识本身并不是研究重点，重点是要用它们来帮助我们理解、构建和改进深度学习模型。

如果你对这些概念不熟悉或者感到困惑，不要担心，因为并不需要立刻理解所有的内容。实际上，很多高阶概念只有在你开始接触并使用深度学习模型时才会变得重要。现在，只需要先有大致了解，并知道它们是如何关联起来的。随着对深度学习的进一步学习和实践，你会对这些概念有更深的理解。

记住，深度学习并不仅仅是数学，而是计算机科学、工程学、统计学等多学科交叉的结果。数学只是我们理解和描述这个领域的工具，实现一个有效的深度学习模型往往还需要编程能力、数据理解力、解决问题的能力以及对应用领域的深入了解。因此，不要让数学阻碍了你对深度学习的热情和探索。

第 3 章

环境安装和工具使用

子曰:"工欲善其事,必先利其器"。在进行深度学习的实践之前,我们需要先动手把开发环境搭建起来。很多读者往往在这一环节就止步不前了,本章的任务就是做好这些准备工作。我们将从整体环境配置入手,介绍常见的 conda 命令、Jupter Notebook 的使用以及深度学习框架 PyTorch。考虑到很多读者一开始搞不清楚它们之间的关系,我们以一个现实生活中的例子来类比解释。

假设你正在准备一顿丰盛的晚餐。首先,我们可以将计算机的操作系统,如 Windows、Linux 或 macOS,视为准备美食所需的厨房环境。每个厨房(操作系统)可能具备不同的设备和布局。使用 CUDA 利用 GPU 的计算能力就像使用高级烤箱等新式厨具烹调美食,这样可以大大提升计算效率。

其次,你需要有存储空间来管理食材和厨具。这正好对应到 Anaconda 和 conda,它们就像冰箱和橱柜,用于存储和管理你的食材(即包和依赖项)。你可能需要多个存储空间来准备不同的菜式,就像为甜点和主菜相应准备不同的食材,这就对应到 conda 环境。每个 conda 环境就像专门为特定菜肴准备的冰箱和橱柜,以保证各类食材(包和依赖项)不会混淆。此外,conda 的常见命令如同烹饪的基本步骤,例如创建一个新环境,安装包、更新包等,就像为特定菜肴创建一个新的存储空间,购买新的食材、更新食材库存。

接下来,准备食物时,你会使用各种厨房工具。这如同使用 Jupyter Notebook,它就是烹饪工作台,在这里编写代码(配方),然后执行代码来查看结果(烹饪食物)。

最后,想象你正在尝试一个新的食谱,需要使用特殊的烹饪方法。这就像使用 PyTorch,它是具体的深度学习框架,可以帮助你有效地实现深度学习模型(食谱)。对于烹饪和编程来说,工具和方法的选择可能取决于你的需求、技能和个人喜好。当然你也可以选择其他框架,比如 TensorFlow 等。

概括一下本章的目的和作用,如同厨师需要熟悉厨房设施、管理食材、使用厨房工具并尝试各种食谱一样,熟练的开发人员也需要掌握环境配置、包管理、编辑和运行代码以及使用特定的编程框架。

3.1　配置深度学习环境

本节的目标就是安装 CUDA 和 Anaconda。

3.1.1　CUDA简介

CUDA（compute unified device architecture）是一个并行计算架构，由英伟达（NVIDIA）公司开发，可在其显卡上执行计算任务。它通过将复杂的计算任务分配到多个处理器上进行并行处理来提高计算速度，目前广泛应用于科学计算、人工智能和游戏开发等领域。

安装 CUDA 需要使用特定的硬件和软件。首先，需要拥有支持 CUDA 的显卡，通常见到的一般是 NVIDIA 的 GeForce 或 Quadro 系列显卡。

需要注意的是，AMD 的显卡不支持安装 CUDA，如果手头没有合适的显卡，可以跳过 CUDA 安装步骤，后续的包安装 CPU 版本即可，本书的全部示例代码在 CPU 环境也都可以运行。

如果有符合要求的显卡也需要注意，不要随意下载版本安装，而是要根据计算机显卡驱动程序的版本安装支持的对应 CUDA 版本，否则会有不兼容的情况。要查看计算机显卡的型号是否在 CUDA 的支持列表中，可在百度中搜索"CUDA GPUs"，单击含有 NVIDIA Developer 字样的搜索结果，在打开的页面中根据指示进一步操作，如图 3-1 所示。

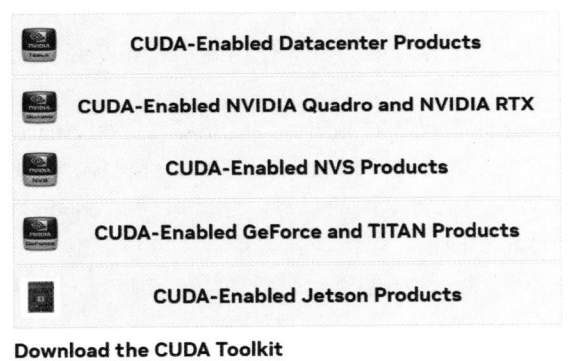

图 3-1　CUDA 支持列表

3.1.2　显卡驱动

我们已经确认了计算机显卡型号是否支持 CUDA 的安装，下面需要查看自己计算机的显卡驱动程序版本，这里假定显卡驱动已安装完成。具体查看方法如下。

在计算机桌面单击鼠标右键，选择 NVIDIA 控制面板，在面板里单击系统信息进行查看，就能看到驱动程序版本信息了。

以图 3-2 所示为例，可以看到显卡驱动程序版本是 472.12。

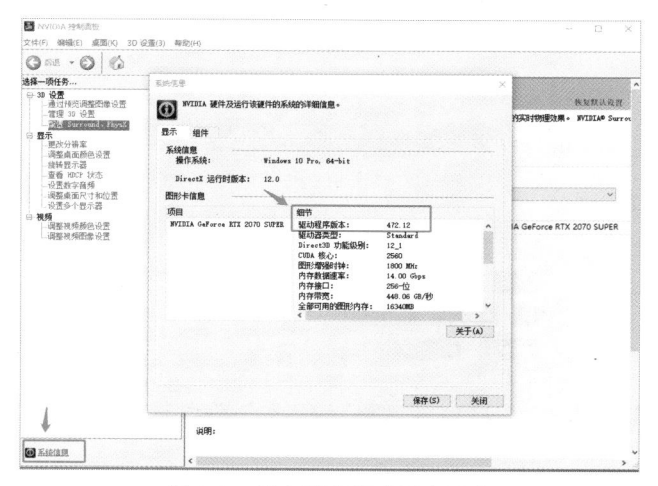

图 3-2 显卡驱动程序版本示意

3.1.3 安装CUDA

确定显卡驱动程序版本后，可以在百度中搜索“CUDA 12.4 Release Notes”，单击搜索结果的第一项，在打开的页面中查询支持的 CUDA 最高版本。

如图 3-3 所示，由于前面确定的驱动程序版本是 472.12，因此这里能安装的 CUDA 最高版本就是 11.4.0。

确认 CUDA 版本后，在百度中搜索“CUDA Toolkit Archive”，单击搜索结果的第一项，在打开的页面中找到并下载对应版本的 CUDA 安装包，如图 3-4 所示，这里可以下载 CUDA Toolkit 11.4.0。

The version of the development NVIDIA GPU Driver packaged in each CUDA Toolkit release is shown below.

Table 3. CUDA Toolkit and Corresponding Driver Versions

CUDA Toolkit	Toolkit Driver Version	
	Linux x86_64 Driver Version	Windows x86_64 Driver Version
CUDA 11.6 Update 1	>=510.47.03	>=511.65
CUDA 11.6 GA	>=510.39.01	>=511.23
CUDA 11.5 Update 2	>=495.29.05	>=496.13
CUDA 11.5 Update 1	>=495.29.05	>=496.13
CUDA 11.5 GA	>=495.29.05	>=496.04
CUDA 11.4 Update 4	>=470.82.01	>=472.50
CUDA 11.4 Update 3	>=470.82.01	>=472.50
CUDA 11.4 Update 2	>=470.57.02	>=471.41
CUDA 11.4 Update 1	>=470.57.02	>=471.41
CUDA 11.4.0 GA	>=470.42.01	>=471.11
CUDA 11.3.1 Update 1	>=465.19.01	>=465.89
CUDA 11.3.0 GA	>=465.19.01	>=465.89
CUDA 11.2.2 Update 2	>=460.32.03	>=461.33
CUDA 11.2.1 Update 1	>=460.32.03	>=461.09
CUDA 11.2.0 GA	>=460.27.03	>=460.82
CUDA 11.1.1 Update 1	>=455.32	>=456.81
CUDA 11.1 GA	>=455.23	>=456.38
CUDA 11.0.3 Update 1	>= 450.51.06	>= 451.82
CUDA 11.0.2 GA	>= 450.51.05	>= 451.48
CUDA 11.0.1 RC	>= 450.36.06	>= 451.22
CUDA 10.2.89	>= 440.33	>= 441.22
CUDA 10.1 (10.1.105 general release, and updates)	>= 418.39	>= 418.96
CUDA 10.0.130	>= 410.48	>= 411.31
CUDA 9.2 (9.2.148 Update 1)	>= 396.37	>= 398.26
CUDA 9.2 (9.2.88)	>= 396.26	>= 397.44
CUDA 9.1 (9.1.85)	>= 390.46	>= 391.29
CUDA 9.0 (9.0.76)	>= 384.81	>= 385.54
CUDA 8.0 (8.0.61 GA2)	>= 375.26	>= 376.51

图 3-3 显卡驱动程序与 CUDA 版本间的对应关系示意

Latest Release

CUDA Toolkit 11.6.1 (February 2022), Versioned Online Documentation

Archived Releases

CUDA Toolkit 11.6.0 (January 2022), Versioned Online Documentation
CUDA Toolkit 11.5.2 (February 2022), Versioned Online Documentation
CUDA Toolkit 11.5.1 (November 2021), Versioned Online Documentation
CUDA Toolkit 11.5.0 (October 2021), Versioned Online Documentation
CUDA Toolkit 11.4.4 (February 2022), Versioned Online Documentation
CUDA Toolkit 11.4.3 (November 2021), Versioned Online Documentation
CUDA Toolkit 11.4.2 (September 2021), Versioned Online Documentation
CUDA Toolkit 11.4.1 (August 2021), Versioned Online Documentation
CUDA Toolkit 11.4.0 (June 2021), Versioned Online Documentation
CUDA Toolkit 11.3.1 (May 2021), Versioned Online Documentation
CUDA Toolkit 11.3.0 (April 2021), Versioned Online Documentation
CUDA Toolkit 11.2.2 (March 2021), Versioned Online Documentation
CUDA Toolkit 11.2.1 (February 2021), Versioned Online Documentation
CUDA Toolkit 11.2.0 (December 2020), Versioned Online Documentation
CUDA Toolkit 11.1.1 (October 2020), Versioned Online Documentation
CUDA Toolkit 11.1.0 (September 2020), Versioned Online Documentation
CUDA Toolkit 11.0.3 (August 2020), Versioned Online Documentation
CUDA Toolkit 11.0.2 (July 2020), Versioned Online Documentation
CUDA Toolkit 11.0.1 (June 2020), Versioned Online Documentation
CUDA Toolkit 11.0.0 (March 2020), Versioned Online Documentation
CUDA Toolkit 10.2 (Nov 2019), Versioned Online Documentation
CUDA Toolkit 10.1 update2 (Aug 2019), Versioned Online Documentation
CUDA Toolkit 10.1 update1 (May 2019), Versioned Online Documentation
CUDA Toolkit 10.1 (Feb 2019), Online Documentation

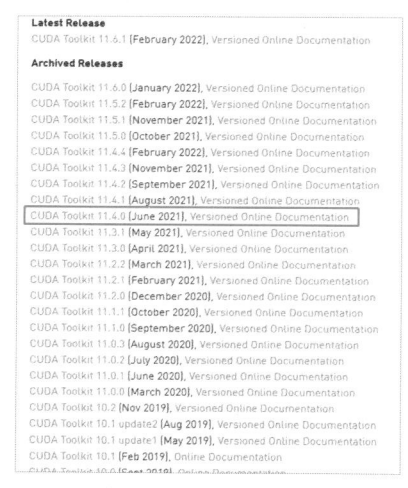

图 3-4 CUDA 下载版本示意

单击下载链接，进入下载页面，如图 3-5 所示，选择对应的选项后，单击 Download[2.8GB] 按钮即可进行下载。

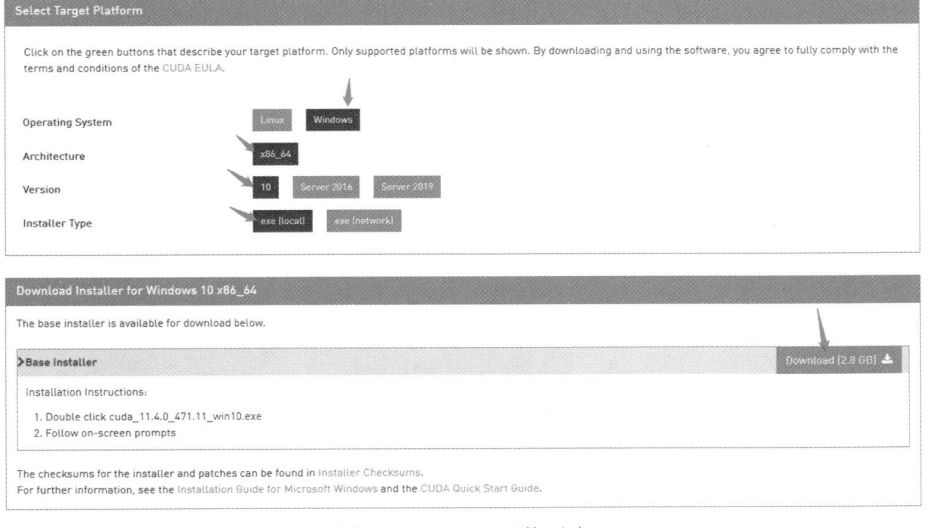

图 3-5　CUDA 下载示意

下载完成后，双击所下载的 exe 文件进行安装。如果不确定选项是什么含义，建议一路单击"下一步"按钮，直至安装完成。

默认安装路径为 C:\Program Files\NVIDIA GPU Computing Toolkit\CUDA。当然，如果在安装过程中自定义路径的话，需要记住所选择的安装路径。到这里 CUDA 安装完成了。

如果显卡驱动程序版本过低而没有合适的 CUDA，可以在百度中搜索"NVIDIA Official Drivers"，单击搜索结果的第一项，在打开的页面中检查自己计算机的显卡驱动程序是否可以更新，如图 3-6 所示。

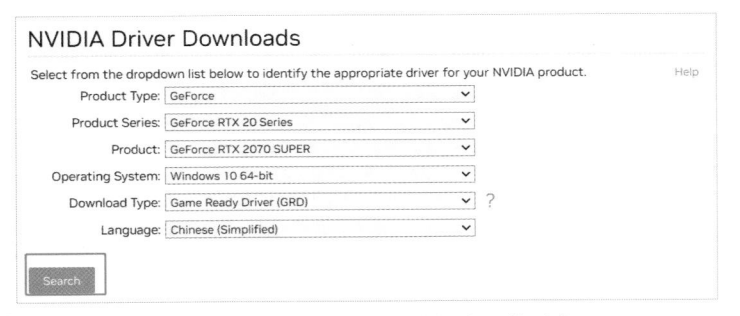

图 3-6　NVIDIA 显卡驱动程序下载示意

最后检查 CUDA 是否安装成功。如图 3-7 所示，打开 cmd 命令行窗口，在命令行中输入 nvcc -V 后按 Enter 键，如果能正常返回之前安装的 CUDA 版本号就表明安装成功。

图 3-7　验证 CUDA 安装是否成功

3.1.4　安装Anaconda

Anaconda 是一个用于科学计算、数据分析和机器学习的 Python 发行版。它包含许多常用的科学计算、数据分析和机器学习库，如 NumPy、pandas、Matplotlib、SciPy、Scikit-learn 等，可以通过一个简单的包管理器（conda）安装和管理。

Anaconda 的主要优点是它可以帮助你节省大量的安装和配置时间，还可以方便地创建和管理多个独立的 Python 环境，让你可以使用不同版本的 Python 库和工具。同时提供了许多用于数据分析和机器学习的工具，如 Jupyter Notebook、Spyder 等。

打开 Anaconda 官网，单击右上角的 Free Download 按钮，出现图 3-8 所示的界面，然后根据自己计算机的操作系统下载对应的软件包即可。

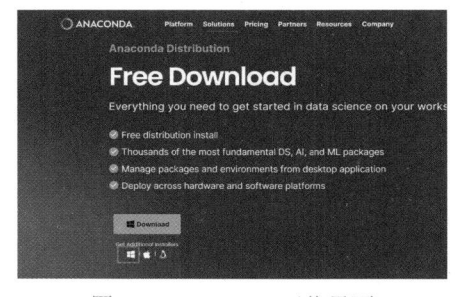

图 3-8　Anaconda 下载界面

这里以 Windows 操作系统为例，下载完成后，双击 exe 文件即可安装。如果不确定安装选项就一路单击"下一步"按钮。

安装位置默认为 C 盘。因为 Anaconda 中的库会占用较多存储空间，所以在这一步建议修改安装位置。如果要更改的话，注意路径中不能包含空格或者中文，否则后面使用中会遇到麻烦。

如果网络连接不好，可能会遇到官网访问太慢的问题，这时也可以访问清华大学开源软件镜像站，找到对应的系统版本下载即可。

安装的过程可能会花费一些时间，耐心等待安装完成。

安装完成后，我们来手动配置环境变量。如图 3-9 所示，找到桌面的计算机图标，右键单击最下方的"属性"按钮，然后选择"高级系统设置"，在弹出的菜单中选择"高级"命令，单击"环境变量"按钮。

在"系统变量"中找到并双击 Path 条目，在弹出的对话框中单击"新建"按钮，将 Anaconda
的安装路径以及 Anaconda 目录下的 Scripts 路径都添加到 Path 目录中。

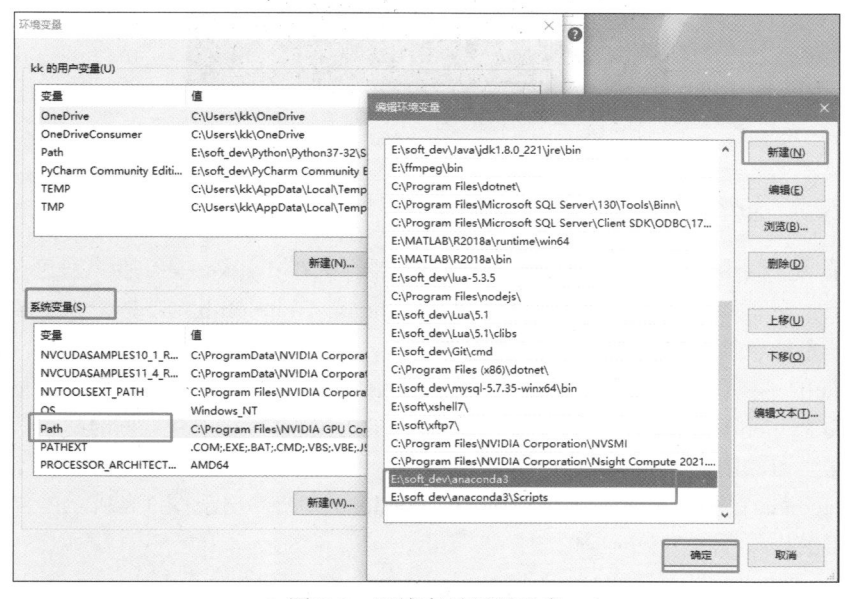

图 3-9　环境变量配置示意

> 注意
>
> 　要依次单击"确定"按钮将对话框都关闭后，环境变量才会生效。

如果上面的操作都没有问题，接下来要做的是检查 Anaconda 是否安装成功。

如图 3-10 所示，打开 cmd 命令行窗口，输入 conda -V，按 Enter 键后可以查看 conda 的版
本信息。接着输入 conda env list，可以查看虚拟环境列表。

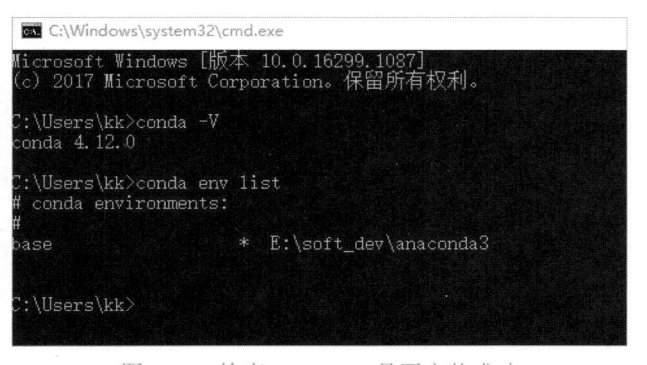

图 3-10　检查 Anaconda 是否安装成功

如果都没有问题，说明我们上一步的环境变量配置成功。

由于 conda 默认使用的是国外的下载地址，常常导致下载一些包的时候非常慢，因此最后更换一下 Anaconda 的安装包的下载源。

打开清华大学开源软件镜像站，找到 Anaconda，按照其说明进行操作即可。

> **注意**
> 如果后面下载包的时候仍然失败，可以将这里所有 URL 中的 https 换成 http 后再进行安装。

至此，Anaconda 环境就已全部搭建完成。

3.1.5　小结

在本节中，我们讲解了两个基础工具包 CUDA 和 Anaconda 的安装，详细说明了可能涉及的安装步骤及相关注意事项。

再次提醒，如果手头没有符合条件的显卡也没有关系，对后续学习影响不大，只是 CPU 运行速度相比 GPU 会慢一些，可以跳过 CUDA 部分直接进行 Anaconda 的安装。

3.2　conda实用命令

conda 是 Anaconda 中的一个开源包管理系统和环境管理系统，也是用于安装各种版本包的工具。它允许用户在同一机器上创建多个环境，其中每个环境可以有不同的 Python 版本和不同的包，这样可以避免版本冲突和依赖问题，以便进行不同的项目开发和实验。本节的目标就是掌握和试用 conda 的常用命令。

3.2.1　Anaconda 图形化界面介绍

在 3.1 节中，我们安装了 Anaconda 这个软件，不知道读者有没有注意到，桌面上并没有生成它的图标，那么到哪里去找到它呢？

如图 3-11 所示，在开始菜单中有一个 Anaconda 文件夹，其下可以看到有 Anaconda Navigator、Anaconda Prompt，还有后续会讲到的 Jupyter Notebook。

先单击 Anaconda Navigator，启动图形化界面，如图 3-12

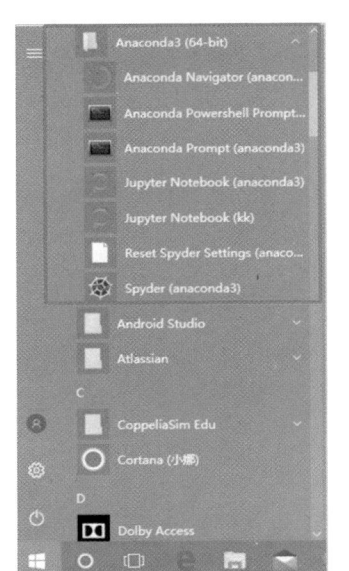

图 3-11　Anaconda 文件夹示意

所示，可以看到 Anaconda 的界面首页，这里已经帮我们安装好了一些工具软件，比如 Jupyter
Notebook 等，单击对应的下方 Launch 按钮就可以启动了。

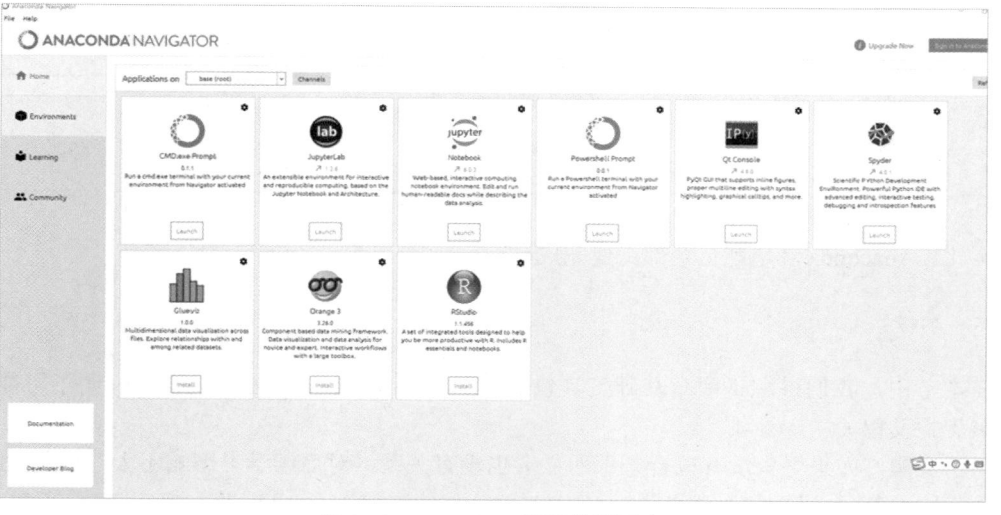

图 3-12　Anaconda 界面首页示意

接下来切换到 Environments 界面，如图 3-13 所示，可以看到 base 是默认的虚拟环境，右
侧是在 base 环境下已经默认安装好的软件包，在这里你可以做一些添加、更新、删除包的操作。
下面的 Create 按钮用来新建一个虚拟环境，Clone 按钮用来克隆当前环境，Import 按钮用于导
入外部环境，Remove 按钮自然就是用来删除的了。

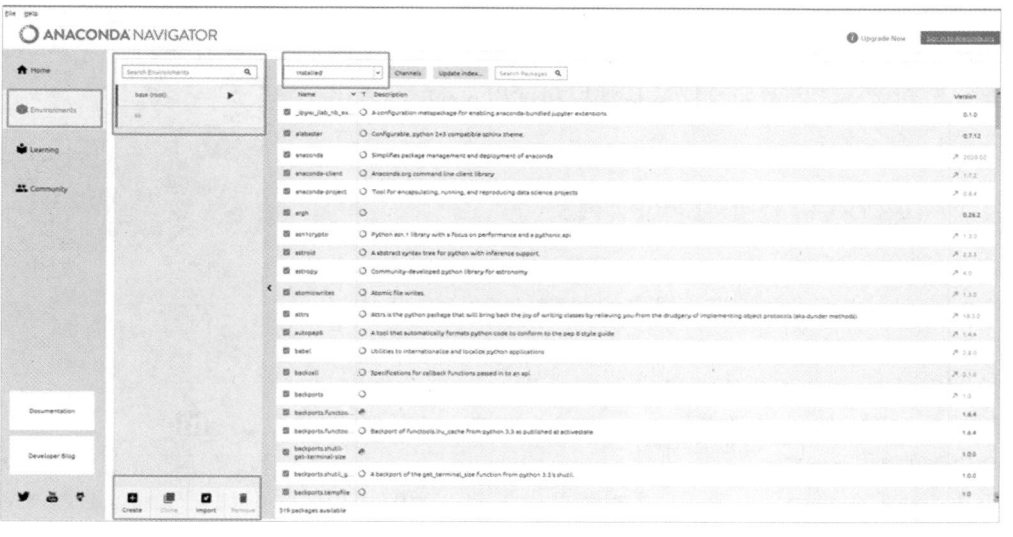

图 3-13　Anaconda 环境页示意

其他操作在图形化界面中都比较好理解，这部分留待读者自行探索。

3.2.2 conda的命令行操作

接下来，我们来讲解 conda 的命令行操作。

单击开始菜单中的 Anaconda Prompt，打开命令行窗口，如图 3-14 所示，可以看到在路径前面有一个"(base)"，这是默认的虚拟环境，base 就是它的名称。

图 3-14 Anaconda Prompt 示意

下面我们列举在日常开发中经常会用到的一些 conda 命令。

1. 查看 conda 版本

```
conda -V
```

如图 3-15 所示，输入该命令后可以查看 conda 的版本。该命令也经常用于检查 conda 环境是否安装正常。

2. 更新包

```
conda update package_name
```

如图 3-16 所示，这里的 update 关键字表示更新，后面的 package_name 则是需要更新的包的名字。注意，这里不仅能更新包，还能更新 conda 的版本，正常使用时只需把图 3-16 中命令中的第二个 conda 替换为其他包的名字。

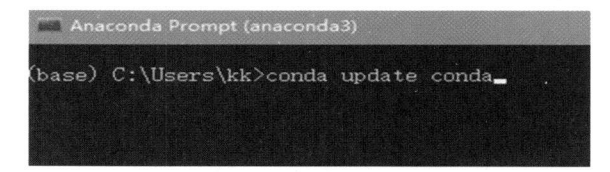

图 3-15 conda 版本示意   图 3-16 更新包示意

3. 查看虚拟环境

```
conda env list
```

　　从字面意思上理解就是列举所有环境，如图 3-17 所示，可以看到这里除了默认环境 base，还创建了一个叫作 kk 的环境。需要注意的是，base 环境这里加了个星号，表示目前正处在这个环境下。

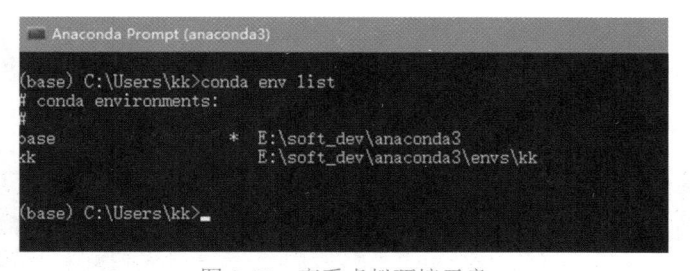

图 3-17　查看虚拟环境示意

4. 创建虚拟环境

```
conda create -n GengZhi python
```

　　create 关键字表示创建，-n 后面是给新环境起的名字，其中 n 是 name 的缩写，比如这里的命令就是将新环境命名为 GengZhi。建议大家命名时用和项目相关且辨识度高的名字。名字后面的 python 代表 Python 环境，也可以指定具体的 Python 版本，比如 python=3.8。这里我们没有指定版本，conda 会帮我们下载最新的 Python 解释器，创建好的新虚拟环境所在位置在 Anaconda 安装文件夹下的 envs 目录下。

　　这里额外说明一下，conda 的一大优势就是可以构建多个 Python 虚拟环境，它们彼此独立，互不干扰，需要用到哪个环境就切换到该环境。假设有一个场景，当前正在 Python 3.7 的环境下进行开发，有一个新任务需要用到 Python 3.9 版本，这时就可以使用 conda 命令新建一个 Python 3.9 的环境，并切换到新环境来完成新的任务，完全不会影响原有项目。

5. 切换虚拟环境

```
conda activate GengZhi
conda deactivate
```

　　如图 3-18 所示，使用命令 conda activate GengZhi 就可以切换到对应环境下。命令行前面的括号里显示 GengZhi，说明已切换到此环境了。activate 关键字后面跟的就是要切换到的环境名。如果想退出当前环境，使用 conda deactivate 命令即可。

图 3-18　切换虚拟环境示意

6. 列举包

`conda list`

在新创建的 GengZhi 这个环境下使用 conda list 命令，如图 3-19 所示，就可以列举出此环境下已安装的包。从图中可以看到，conda 除了安装 python 3.10.0，还帮我们安装了一些其他的包。这是 conda 的另一大优势，它可以帮我们安装不同版本的包及其依赖项，让我们再也不用为依赖关系而烦恼。

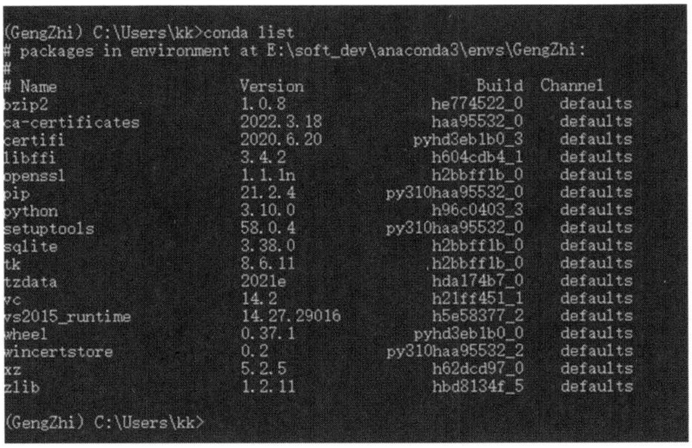

```
(GengZhi) C:\Users\kk>conda list
# packages in environment at E:\soft_dev\anaconda3\envs\GengZhi:
#
# Name                    Version                   Build  Channel
bzip2                     1.0.8                he774522_0    defaults
ca-certificates           2022.3.18            haa95532_0    defaults
certifi                   2020.6.20          pyhd3eb1b0_3    defaults
libffi                    3.4.2                h604cdb4_1    defaults
openssl                   1.1.1n               h2bbff1b_0    defaults
pip                       21.2.4           py310haa95532_0    defaults
python                    3.10.0               h96c0403_3    defaults
setuptools                58.0.4           py310haa95532_0    defaults
sqlite                    3.38.0               h2bbff1b_0    defaults
tk                        8.6.11               h2bbff1b_0    defaults
tzdata                    2021e                hda174b7_0    defaults
vc                        14.2                 h21ff451_1    defaults
vs2015_runtime            14.27.29016          h5e58377_2    defaults
wheel                     0.37.1             pyhd3eb1b0_0    defaults
wincertstore              0.2              py310haa95532_2    defaults
xz                        5.2.5                h62dcd97_0    defaults
zlib                      1.2.11               hbd8134f_5    defaults

(GengZhi) C:\Users\kk>
```

图 3-19 列举包示意

7. 包管理

`conda install package_name`

如果要使用 conda 安装包，可以使用 conda install 命令。比如，要安装 NumPy，可使用命令 conda install numpy。命令执行后，conda 就会从远程搜索 NumPy 相关信息和依赖项进行安装。这里的关键字 install 表示安装，后面跟需要安装的包名即可。当然也可以指定具体的包版本，不指定的话，conda 会尽可能帮我们安装最新版本的包。

如果不确定要安装的包有哪些版本，可以执行 conda search package_name 命令，其中，关键字 search 表示搜索，后面跟包的名字即可。

如果要删除某个包，可以执行 conda remove package_name 命令。命令执行后 conda 会将对应的包及其依赖的包全部删除。

如果不只是想删除某个包，而是还想删除整个虚拟环境呢？可以执行 conda remove -n GengZhi --all 命令。命令执行后就会将 GengZhi 整个环境及其已经安装的包全部删除。

3.2.3 小结

关于 conda 在日常开发过程中经常用到的命令就介绍到这里了，希望大家亲自动手实践一下，以加深印象。

最后我们将常用的 conda 命令整理为表 3-1，以方便大家查询其用法。

表 3-1　常用的 conda 命令

命令	解释
conda -V	查看 conda 版本，验证是否已安装
conda update conda	更新至最新版本
conda update --all	更新所有包
conda update package_name	更新指定的包
conda create -n env_name package_name	创建名为 env_name 的新环境，并在该环境下安装名为 package_name 的包。还可以指定新环境的版本号，例如 conda create -n TestEnv python=python3.7 numpy pandas，意为创建了 TestEnv 环境，Python 版本为 3.7，同时还安装了 NumPy 包和 pandas 包
conda activate env_name	切换至 env_name 环境
conda deactivate	退出环境
conda env list	显示所有已经创建的环境；也可使用命令 conda info -e
conda create --name new_env_name --clone old_env_name	复制环境 old_env_name 为 new_env_name
conda remove --name env_name –all	删除环境
conda env remove -n env_name	采用上一行的命令删除环境失败时，可执行这条命令
conda list	查看所有已经安装的包
conda install package_name	在当前环境中安装包
conda install --name env_name package_name	在指定环境中安装包
conda remove --name env_name package	删除指定环境中的包
conda remove package	删除当前环境中的包

3.3　Jupyter Notebook快速上手

Jupyter Notebook 是一个开源的 Web 应用程序，允许开发者方便地创建和共享代码文档，实时编写和运行代码块，查看运行结果并可视化数据。同时它还支持：

- Markdown 语法；
- LaTeX 公式；
- 把代码写入独立的 cell（单元格）中单独执行，无须从头开始执行代码。

本节的目标就是带领大家快速上手 Jupyter Notebook 这个有效的工具。

3.3.1 Jupyter Notebook的安装与运行

1. 图形化界面

首先看一下在 Anaconda Navigator 的图形化界面中如何安装和运行 Jupyter Notebook。Anaconda 安装完成后，base 环境默认已安装了 Jupyter Notebook。如图 3-20 所示，在 Home 界面下直接单击 Launch 按钮即可运行 Jupyter Notebook。

那么，如果想在新创建的虚拟环境中安装并运行呢？如图 3-21 所示，单击 Environments 界面，先创建新的虚拟环境。

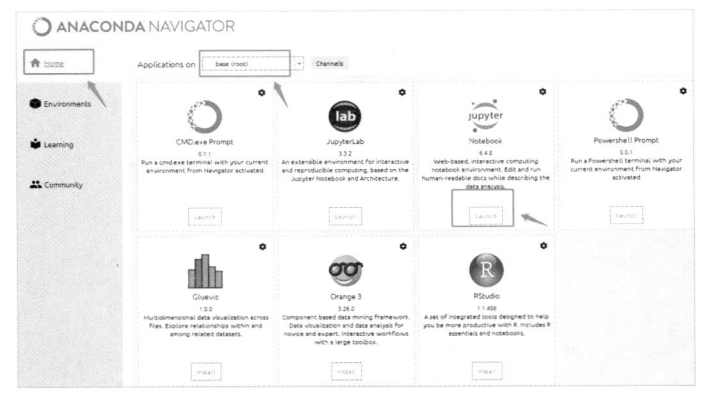

图 3-20　图形化界面中的 Jupyter Notebook

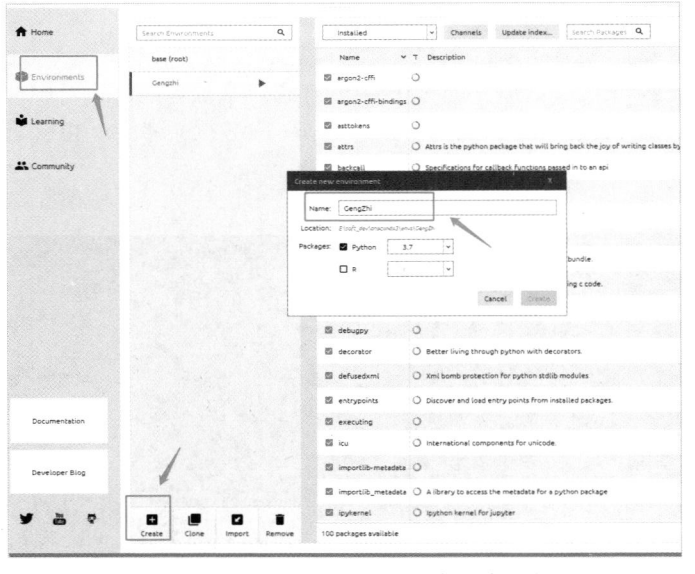

图 3-21　在图形化界面中创建环境示意

创建完成后，回到 Home 界面，注意确认图中标记是否切换到了新的环境下。如图 3-22 所示，单击 Install 按钮安装 Jupyter Notebook，安装完成后单击 Launch 按钮运行即可。

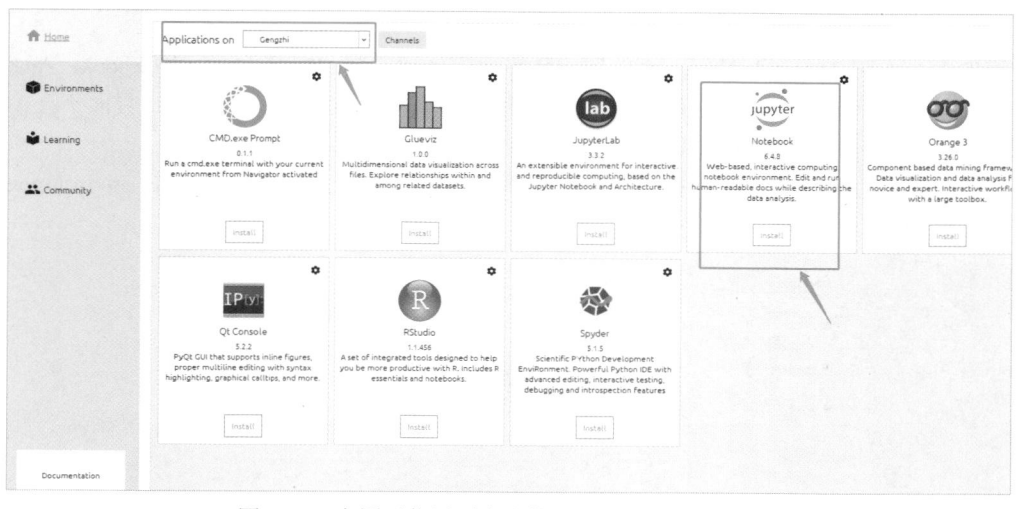

图 3-22　在图形化界面中安装 Jupyter Notebook 示意

2. 命令行界面

上面介绍的是在 Anaconda Navigator 中的操作。下面我们来看如何在命令行界面中启动 Jupyter Notebook。打开开始菜单中的 Anaconda Prompt 命令行窗口，先查看 base 环境。

因为 base 环境默认已经安装了 Jupyter Notebook（简称 Jupyter），所以直接输入命令 jupyter notebook 即可运行，如图 3-23 所示。正常情况下浏览器会自动启动 Jupyter，如果没有自动启动，可以将图 3-23 的命令行中下面的这几个链接中的任意一个复制到浏览器中打开。这里需要特别注意，命令行窗口不要关闭，因为一旦关闭，Jupyter 服务就会停止，也就无法在浏览器中进行其他操作了。

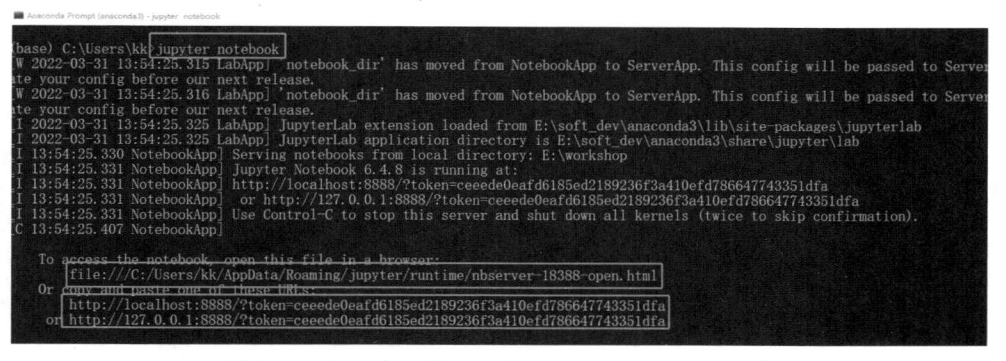

图 3-23　在命令行窗口中启动 Jupyter Notebook 示意

如果不想在 base 环境中运行 Jupyter，可以在图 3-23 的命令行窗口中连续按两次组合键 Ctrl+C，即可关闭 Jupyter 服务。

然后用 3.2 节中提及的命令创建一个新的虚拟环境，例如 conda create -n Gengzhige python，完成后执行命令 conda activate Gengzhige 即可切换到新创建的环境中。但新环境中并不会自动安装 Jupyter，需要用 conda install jupyter notebook 命令进行安装，如图 3-24 所示。

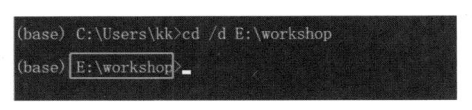

图 3-24　命令行界面中安装 Jupyter Notebook 示意

耐心等待安装完成后，同样是输入 jupyter notebook 命令后按 Enter 键，就可以看到浏览器中打开了 Jupyter。

3.　关闭和退出

在命令行界面中启动 Jupyter Notebook 后，使用过程中不要关闭命令行窗口，否则 Jupyter 服务就会停止。

使用完毕后，连续按两次组合键 Ctrl+C，即可退出程序。

3.3.2　常用配置项

由于 Anaconda Prompt 命令行窗口打开时一般默认是在用户文件夹 C:\Users\xxx 下，因此在启动 Jupyter Notebook 后会看到很多"奇怪"的文件夹。比如在 E 盘上有一个 workshop 文件夹，如果想让 Jupyter 打开的是这个目录该如何操作呢？

一般来说有两种比较常见的方法，第一种是在命令行执行 jupyter 命令前，先切换到对应的目录下，如图 3-25 所示。

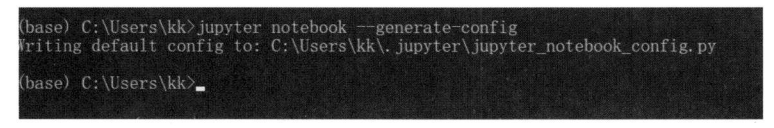

图 3-25　切换目录示意

然 后 在 workshop 这 个 目 录 下 执 行 jupyter notebook 命令，新启动的浏览器显示的就是 workshop 这个目录了。

但每次都这么切换很麻烦。第二种方法就是修改 Jupyter 的配置文件。如图 3-26 所示，在命令行窗口中输入 jupyter notebook --generate-config，命令执行后会在用户文件夹下生成一个配置文件。

```
(base) C:\Users\kk>jupyter notebook --generate-config
Writing default config to: C:\Users\kk\.jupyter\jupyter_notebook_config.py
(base) C:\Users\kk>
```

图 3-26　生成配置文件示意

找到这个文件，如图 3-27 所示，用文本编辑器打开后按组合键 Ctrl+F，找到"notebook_ dir"所在的行。

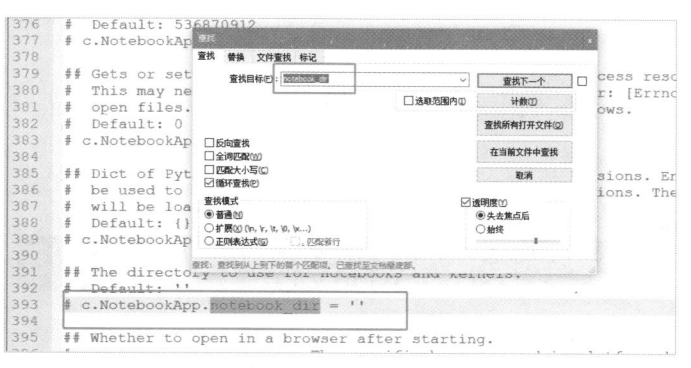

图 3-27 查找所在行

找到后将希望默认打开的目录路径粘贴进来，例如 E:\workshop。还需要注意，这行最前面的井号必须去掉，保存后关闭此文件，如图 3-28 所示。

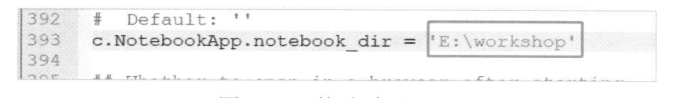

图 3-28 修改默认目录

再次启动时，默认目录就会变成设定的路径。

配置文件中还有其他常用配置项，这里只展示了一个例子，带大家修改其中一项，后续再需要修改其他配置项时，就可以直接找到这个文件进行修改了。

3.3.3 快捷键

在浏览器中新建一个 Notebook，按 H 键，会调出帮助界面，如图 3-29 所示，里面有所有键盘快捷键。

键盘快捷键

绿色边框的单元格来表示 命令模式将键盘与笔记本级命令绑定在一起，并通过一个灰框、左边距蓝色的单元格显示。

命令行模式（按 Esc 生效）   编辑快捷键

F : 查找并且替换   Shift-J : 扩展下面选择的单元格
Ctrl-Shift-F : 打开命令配置   Ctrl-A : select all cells
Ctrl-Shift-P : 打开命令配置   A : 在上面插入单元格
Enter : 进入编辑模式   B : 在下面插入单元格
P : 打开命令配置   X : 剪切选择的单元格
Shift-Enter : 运行单元格，选择下面的单元格   C : 复制选择的单元格
Ctrl-Enter : 运行选中的单元格   Shift-V : 粘贴到上面
Alt-Enter : 运行单元格并且在下面插入单元格   V : 粘贴到下面
Y : 把单元格变成代码块   Z : 撤销删除单元格
M : 把单元格变成 Markdown   D,D : 删除选中单元格
R : 清除单元格格式   Shift-M : 合并选中单元格，如果只有一个单元
1 : 把单元格变成标题 1   格被选中
2 : 把单元格变成标题 2   Ctrl-S : 保存并建立检查点
3 : 把单元格变成标题 3   保存并建立检查点

图 3-29 键盘快捷键窗口示意

这里将常用的快捷键整理为表 3-2，供大家查询使用。

表 3-2　常用的快捷键

命令行模式	编辑模式
Esc：进入命令行模式，对应单元格左边变为蓝色	Enter：进入编辑模式
Ctrl+Enter：运行选中的单元格	Tab：代码补全
Alt+Enter：运行单元格并且在下面插入一个新的单元格	Ctrl+/：代码注释
Shift+Enter：运行单元格并选择下面的单元格	Ctrl+D：删除整行
A：a 表示 above，也就是在上方插入单元格	—
B：b 表示 below，也就是在下方插入单元格	—
M：将单元格变成 Markdown 格式	—
Y：将单元格变成代码块	—
双击 D：删除选中的单元格	—

其他更多快捷键可以按 H 键进行查询，活用快捷键能大大提升工作效率。

3.3.4　Markdown语法

Markdown 是一种轻量级标记语言，允许开发者使用易读易写的纯文本编写格式化文档。Markdown 的常用语法如图 3-30 所示。

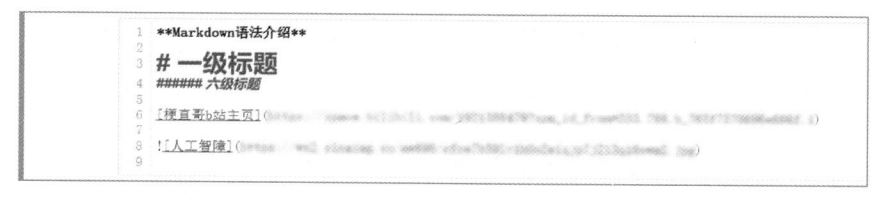

图 3-30　Markdown 常用语法示意

以下是为大家整理的常见 Markdown 语法规则。

- 粗体文本：使用两个星号标记。
- 标题：在前方使用井号，1 个井号代表最高的 1 级标题，以此类推，6 个井号代表最低的 6 级标题。
- 超链接：中括号里是显示的文字，小括号里是具体链接。
- 图片：最前面使用英文叹号，中括号里显示图片的描述，小括号里是图片的地址。

在 Jupyter 中还支持 LaTeX 公式输入。注意，此时单元格要切换成 Markdown 格式，在单元格中输入 $a^2+b^2=c^2$，执行后即可看到公式效果。左右各一个美元符号表示行内公式，如果各两个美元符号则表示独立公式。

Markdown 的更多语法参见其官网。

3.3.5 小结

本节首先介绍了 Jupyter Notebook 的安装和启动，接着介绍了如何修改其配置项，并总结了常用快捷键以及应用过程中常用的 Markdown 语法，旨在帮助大家快速上手 Jupyter Notebook。

3.4 安装深度学习框架PyTorch

PyTorch 是一个开源的深度学习框架，由 Meta 的人工智能研究团队开发。可以简单地认为它是一个计算工具，你能够借助它，让计算机完成复杂的计算。Py 表示 Python，Torch 的字面意思是"火炬"，在这里可以把它理解成能在 GPU 中计算的矩阵，而且运算速度特别快。

为了能在后续的介绍中更好地使用 PyTorch，本节将带领大家配置 PyTorch 的环境。

3.4.1 PyTorch、CUDA与NVIDIA

经常有人搞不清 PyTorch、CUDA 和 NVIDIA GPU 三者之间的关系，对于为什么前面已经安装过 CUDA 却还需要再安装 PyTorch 感到疑惑。

简单来说，PyTorch、CUDA 和 NVIDIA GPU 之间的关系示意如图 3-31 所示。

PyTorch ⟶ CUDA ⟶ NVIDIA GPU

使用GPU　　　管理GPU　　　英伟达
矩阵运算　　　并行运算　　　GPU

图 3-31　PyTorch、CUDA 和 NVIDIA GPU 之间的关系示意

- NVIDIA GPU 是硬件设备，具有强大的并行运算能力，这使得它非常适合进行深度学习等需要大量算力的任务。
- CUDA 是 NVIDIA 开发的一个软件平台，它允许开发者直接利用 NVIDIA GPU 的并行计算能力。换句话说，CUDA 可以被视作"桥梁"，使得我们可以在 NVIDIA GPU 上执行代码。因此，在安装 CUDA 前，你需要确认自己的计算机装有 NVIDIA GPU。
- PyTorch 是一个开源深度学习框架，它可以在 CPU 或 GPU 上运行。为了在 GPU 上运行，PyTorch 需要使用 CUDA 作为与 NVIDIA GPU 交互的接口。

3.4.2 安装PyTorch

前面几节配置好环境之后，接下来需要安装 PyTorch。它的安装方法非常简单。首先访问 PyTorch 官网，找到 Install 部分，如图 3-32 所示，然后从上到下依次操作。先选择 PyTorch 的版本（这里选择的是本书写作时最新的稳定版 1.11.0）；接着是操作系统，可以根据实际情况进行选择；包管理器推荐选择 Conda，当然选择 Pip 也是可以的；编程语言选择 Python；计算平台一般是随 PyTorch 版本变化的，比如这里可以选择 CUDA 10.2、CUDA 11.3 以及 CPU。

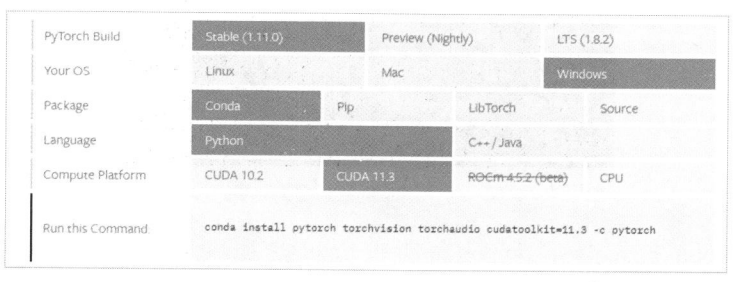

图 3-32　PyTorch 安装示意

这里需要注意，如果找不到合适的 CUDA 版本，可以选择升级 CUDA，也可以选择安装旧版本的 PyTorch，在官网的安装部分一般能找到安装旧版本（install previous versions of PyTorch）的按钮，单击进入选择对应版本即可。另外，如果没有合适的 GPU，这里选择 CPU 版本就可以，后续代码都是兼容的。

在选择完成后，网页上就会生成对应的安装命令，只需要复制这条生成的命令。

接下来打开 Anaconda Prompt，可以使用 conda 创建一个新的虚拟环境，用于后续 PyTorch 的学习。

```
conda create -n pytorch python=3.8
```

-n 后面接的是虚拟环境的名字，这里用的是 pytorch，Python 的版本指定为 3.8。

环境创建好后，使用命令 conda activate pytorch 激活这个环境，如图 3-33 所示，可以看到此时括号里就是 PyTorch 环境标识（pytorch）。

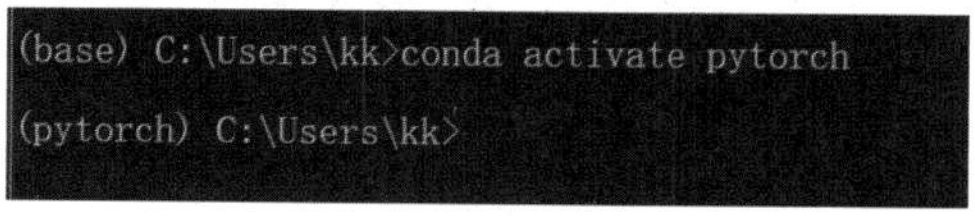

```
(base) C:\Users\kk>conda activate pytorch
(pytorch) C:\Users\kk>
```

图 3-33　环境切换示意

接下来，如图 3-34 所示，把从网站上复制的安装命令粘贴到这里，然后按 Enter 键。剩下的就是等待整个安装过程，conda 会自动安装 PyTorch 以及其关联的包。

```
(base) C:\Users\kk>conda activate pytorch
(pytorch) C:\Users\kk>conda install pytorch torchvision torchaudio cudatoolkit=11.3 -c pytorch
```

图 3-34　PyTorch 安装命令示意

3.4.3　验证安装是否成功

PyTorch 安装完成后，还需要验证一下是否安装成功。同样还是在这个环境中启动 Python，输入 python 后按 Enter 键运行，如图 3-35 所示。

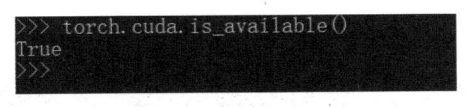

图 3-35 验证 PyTorch 安装是否成功

然后导入 PyTorch 模块，输入 import torch 按 Enter 键运行。特别注意是 torch 而不是 pytorch。如果运行后图 3-35 中没有出现任何错误消息，这就说明 PyTorch 已经顺利安装了。

接下来创建一个 torch 张量，输入 x = torch.rand(5)，打印 x，如图 3-36 所示，可以看到能正常输出该张量值。

```
>>> x = torch.rand(5)
>>> x
tensor([0.4534, 0.2616, 0.9860, 0.4263, 0.7766])
>>>
```

图 3-36 创建张量示意

最后检查 CUDA，也就是 GPU 是否可用（选择 CPU 版本的读者可以跳过这一步）。

输入 torch.cuda.is_available() 后按 Enter 键运行，如图 3-37 所示，如果输出 True，意味着 CUDA 正常，大功告成。

```
>>> torch.cuda.is_available()
True
>>>
```

图 3-37 检查 GPU 是否可用

如果你安装的明明是 GPU 版本，但是返回 False，就表示 GPU 不可用，需要对照上面讲解的 PyTorch、CUDA 与 NVIDIA GPU 的关系逐步排查，一定可以找到原因的。

3.4.4 小结

在本节中，我们讲解了深度学习框架 PyTorch 的安装，先带领大家梳理了 PyTorch、CUDA 与 NVIDIA GPU 的关系，然后安装 PyTorch，最后验证其是否安装成功。

下面简要回顾一下本章的内容我们在本章带领大家完成深度学习环境的安装和工具的使用。这部分涉及的知识都是入门深度学习时必知必会的内容，包括后续所有代码相关的部分都需要用到本章搭建好的环境。磨刀不误砍柴工，希望本章内容能引起读者足够的重视。

第 4 章

深度神经网络：误差倒查分解

从本章开始，我们将正式步入深度学习的学习进程。深度学习的核心关注点是各种神经网络以及它们的工作原理。我们将从基础的神经网络入手，逐步深化介绍多层感知机概念以及前向传播和反向传播的运行机制，并利用代码实现来帮助你直观地理解其工作流程。完成本章的学习后，你将在较短的时间内获得对神经网络工作机制的基本理解。本章内容就像一个微型系统，可以让你全面感知神经网络的实质，从而激发你对它的兴趣。

4.1 神经网络原理

从翻开本书的那一刻起，你肯定对神经网络的形态、特性及其与数学建模的关系充满好奇。你可能迫不及待想知道神经网络是如何学习的，在本节中，我们将深入探讨神经网络模型的内部运作机制，以帮助你深入了解其工作原理。

4.1.1 神经元模型

神经网络听上去很玄妙，好像跟神经科学有千丝万缕的联系。其实它一点也不"神经"，就是一种数学模型而已，模拟了神经元工作的机理。用数形结合思想来学习神经网络，你会越学越简单，一通百通。先来看最简单的单神经元，如图 4-1 所示，为了表示方便，我们通常用一个带有输入和输出的圆圈来表示。

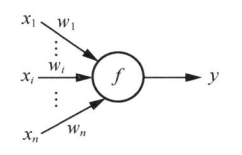

图 4-1 单神经元示意

它虽然称为神经元，但其本质就是线性模型。它是机器学习中非常重要的一种模型，是很多模型的基础，也体现了一种非常有用的思想，有着广泛的应用。用数学公式表示为

$$y = f\left(\sum_{i=1}^{n} w_i x_i + b\right)$$

其中，$y = w_i x_i + b$ 就是直线方程；斜率 w_i，有时也叫作梯度，这里被称作连接的权重（weight）；截距 b，有时也叫作偏置（bias）；n 是神经元输入的个数；$\sum$ 是求和运算符号，也就是把很多输入汇总；f 是激活函数，是一个非线性变换，稍后我们还会在多层感知机中详细讲解。通常这个函数可以写成矩阵的形式，看起来更加优美，不用总带着求和符号：

$$Y = f(wx + b)$$

到这里，你应该会明白为什么学人工智能必须有一定的线性代数知识，因为模型的数学表

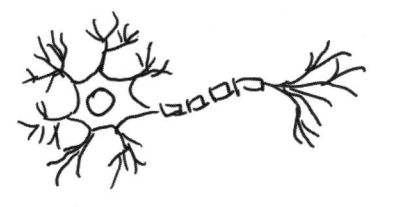

图 4-2　生理学神经元示意

达用矩阵、张量非常简洁。很多书会从生理学角度解释或者引出上面这个公式，常常越说越复杂。真正的生理学意义上的神经元远比这个复杂，如图 4-2 所示，到现在人类还没有完全搞清楚其机制。关于机器学习中神经元的说法，表面上是生理学神经元，其实就是一个线性模型。还有人把这个模型叫作感知器或感知机（perceptron），其实它们都是一回事儿。

4.1.2　神经网络结构

顾名思义，神经网络就是由很多个神经元节点前后相连组成的网络。虽然它看起来是一个网络，但本质上是很多个线性模型的模块化组合。如图 4-3 所示，一般来说它至少有三层：输入层、隐藏层和输出层。虽然输入层也用小圈圈来表示，但它们并不是神经元，而是样本本身。输出层的神经元生成网络的最终输出，它们与样本的类别标签相关联。隐藏层至少有一个，可以有多个，它们才是最重要的神经元。层数和每层神经元个数越多，神经网络越复杂，也就是所谓的深度学习。

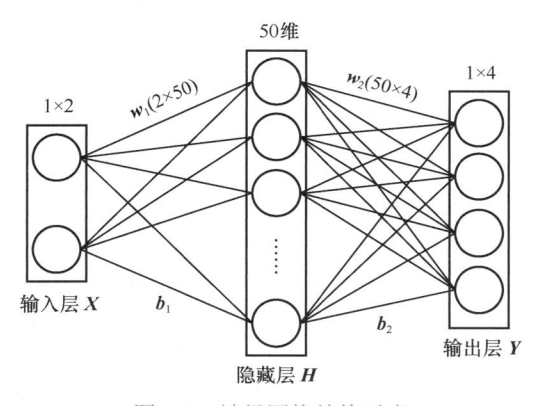

图 4-3　神经网络结构示意

一般多少层算深呢？概念上几层就可称为深，但现在大多数常见模型有几十、几百甚至上千层。你可能会继续问，是不是网络层数越多越好呢？并不是，无论层数还是每层神经元的个数，都不是越多越好，否则会发生我们后面会详细介绍的过拟合问题，也就是模型难以训练，

不容易收敛，即使好不容易训练出了一个模型，泛化能力也不一定好。到底神经网络该多深，要视具体问题来看，我们在后面会详细讲解。

如同单个神经元的别名叫作感知器（perceptron），神经网络在发展的早期也被称为多层感知机（multilayer perceptron，MLP），我们会在后面专门介绍。这里先来看看如何用数学模型描述从输入层经过隐藏层，再到输出层的变换关系。

> 小　白：为什么不能用感知器直接建模，而是需要多层感知机呢？
>
> 梗直哥：用感知器直接建模只适用于简单的问题，对于稍微复杂一点的问题，比如"异或问题"，就解决不了了。这个问题也困扰了当年感知器的发明者 Frank Rosenblatt。直到 MLP 的出现，神经网络才走出低谷，焕然一新。当然 MLP 也不是越深越好，对于简单问题，浅层 MLP 效果反而更佳。

1. 输入层

输入层一般是数据的特征向量，比如如果输入的是一张 32×32 像素的灰度图像，那么该输入层的维度就是 32×32。当然为了处理起来方便，很多时候我们通常会把它表示成列向量。这里为了说明简洁，我们先假设它是一个 1×2 的二维向量。

2. 隐藏层

连接输入层和隐藏层的是 w_1 和 b_1。在不考虑非线性变换函数 f 的情况下，由 x 计算得到 H 十分简单，就是通过矩阵运算：

$$H = w_1 x + b_1$$

如果熟悉线性代数，你对这个式子一定不陌生。如图 4-3 所示，在设定隐藏层为 50 维，也可以理解成 50 个神经元的情况下，矩阵 H 的大小为 1×50。连接隐藏层和输出层的是 w_2 和 b_2，写成矩阵运算形式：

$$Y = w_2 x + b_2$$

通过上述两个线性方程，我们就能得到最终的输出 Y 了。如果你对线性代数比较熟悉的话，应该会知道：线性方程的组合最终都可以用一个线性方程来表示。也就是说，上面两个方程联立后可以简化为一个线性方程。两层神经网络是这样，网络深度加到 100 层也是这样。不过如此一来，神经网络就失去了意义，有个专有名词称这种问题为"退化"，意思就是虽然网络层数增加，但准确率没有变化，甚至下降，不思进取了嘛！为了解决这个问题，就要对网络注入灵魂：激活层。

3. 激活层

激活层的目的是通过激活函数 f 实现非线性变换，从而让神经网络具备更强的表达能力。好比一个人，得有一定的灵活度，智商和情商都足够高，才能适应各种复杂情况。如图 4-4 所示，激活函数有多种。

- 简单的阶跃函数：当输入小于或等于 0 时，输出 0；当输入大于 0 时，输出 1。
- Sigmoid 函数：当输入趋近于正无穷 / 负无穷时，输出无限接近 1/0。
- ReLU 函数：当输入小于或等于 0 时，输出 0；当输入大于 0 时，输出等于输入。

其中，阶跃函数的输出值是跳变的，且只有两个值，较少使用；Sigmoid 函数在 x 的绝对值较大时，曲线的斜率变化很小，会产生后面要讲的梯度消失问题，并且计算较复杂；ReLU 函数是目前较为常用的激活函数。除此之外，激活函数还有很多变体，我们在后续章节中会详细介绍。

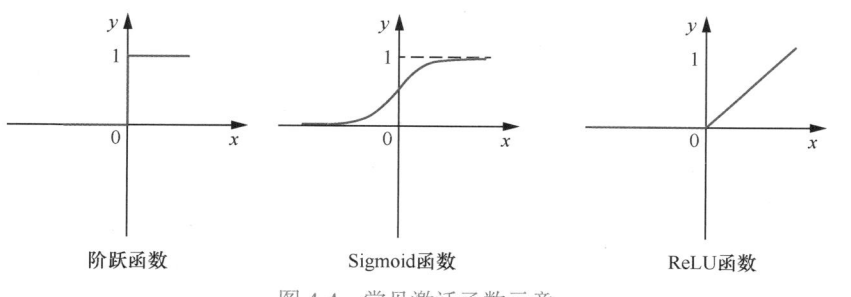

图 4-4 常见激活函数示意

激活函数在神经网络中具体是如何计算的呢？假如经过公式 $\boldsymbol{H} = \boldsymbol{w}_1\boldsymbol{x} + \boldsymbol{b}_1$ 计算得到的 $\boldsymbol{H}$ 值为 $(1, -8, 5, -4, 7\cdots)$，应用 ReLU 激活层之后会变为 $(1, 0, 5, 0, 7\cdots)$，也就是负数都变成 0 了。需要注意的是，每个隐藏层进行矩阵线性运算之后，都要加一层激活层，否则该层的线性运算是没有意义的。你可能会问：为什么要把前面的线性单元和后面的激活函数分离，而不是干脆用一个函数替代呢？分离的好处是可以极大地简化神经网络学习的步骤，后续在 4.3 节介绍反向传播时就能看到。

4. 输出层

此时的神经网络变成了如图 4-5 所示的形式：隐藏层多了激活层，比如选用 ReLU 函数。

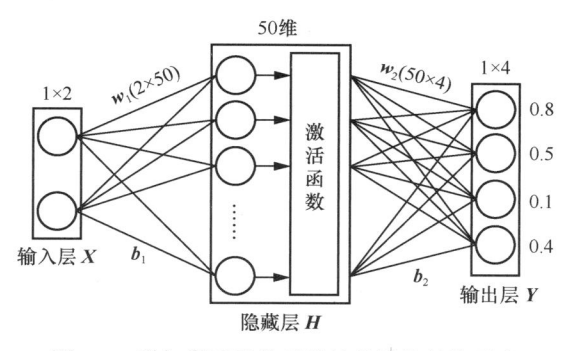

图 4-5 增加激活函数后的神经网络结构示意

我们都知道神经网络是分为"训练"和"使用"两个步骤的。如果是在使用阶段，到此就可以结束整个过程了。以分类问题为例，在求得的 Y（大小为 1×4）向量中，数值最大的分量就代表当前分类。但是对于训练阶段，这还远远不够。为什么呢？因为当前的输出 Y 还不够"漂亮"，它的取值范围是随意的，不够直观。如果最终的输出为概率形式，不仅可以找到最大概率的分类，而且可以知道各个分类的概率值，这样就能用概率统计的理论进行更高级的建模，那么该如何实现呢？这就要用到 Softmax 层了。

5. Softmax层

要实现输出层的概率化，可以使用下面这样一个公式：

$$y_i = \frac{e^i}{\sum_j e^j}$$

具体来说分为以下三步。

（1）以 e 为底对所有元素求指数幂。

（2）将所有指数幂求和。

（3）分别对这些指数幂与该和求商。

这样，求出的结果中所有元素的和一定为 1，而每个元素可以代表概率值。我们将使用这个计算公式把神经网络的输出转化为概率分布的网络结构，称为 Softmax 层。增加 Softmax 层后的神经网络结构示意如图 4-6 所示。

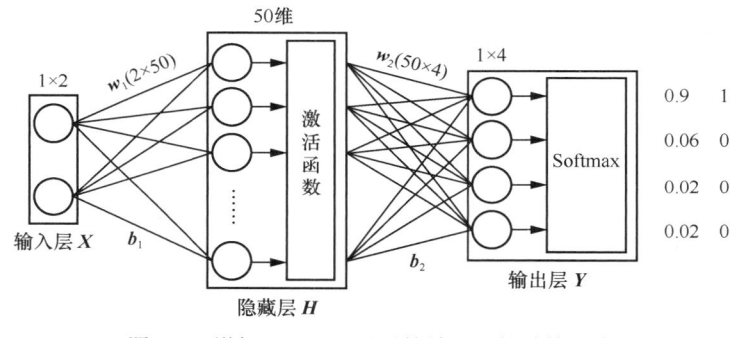

图 4-6　增加 Softmax 层后的神经网络结构示意

通过 Softmax 层之后，我们得到了四个类别分别对应的概率，但是这是神经网络预测的概率值，并不一定与真实情况相符。比如，模型输出是 $(0.9,0.06,0.02,0.02)$，但真实结果应该是 $(1,0,0,0)$。虽然依然可以正确分类，但二者之间是有误差的。那么该如何衡量每次模型输出的性能呢？这就需要损失函数发挥作用了。

4.1.3　损失函数

损失函数的作用是对模型输出结果的好坏程度进行"量化"。一种简单而直接的方法是用 1 减去 Softmax 层输出的概率，比如假定某个输出结果是 0.9，那么误差就是 $1-0.9 = 0.1$。

不过这么做的结果是线性的，不能很好地区分误差较小时的差别，例如 0.05 和 0.04。更为常用且巧妙的方法是求负对数。还是用 0.05 和 0.04 举例，求对数的负数就是 $-\ln 0.05 \approx 2.996$，$-\ln 0.04 \approx 3.219$，相当于对误差进行了放大。而对于 0.9，$-\ln 0.9 \approx 0.105$，概率越接近 1，这个计算结果越接近 0，说明结果越准确。实际上，根据对数函数性质，相当于取概率的倒数，结果由一个 [0,1] 的数变成了大于或等于 1 的数，表示的是模型输出的不确定性。

如果把上述负对数输出进行加权平均，用一个值来衡量总误差，就是所谓的"交叉熵"（Cross Entropy）损失函数。增加交叉熵损失函数后的神经网络结构如图 4-7 所示。除此之外，还有很多各种各样的损失函数，比如均方差损失、对数损失等。这些概念暂时不用记，在后续章节会一一介绍。我们训练神经网络的目的就是尽可能地减少这个损失，使得模型逐步逼近理想的输出。别小看最后这个损失函数，它是模型训练的目标，也是所有神经网络学习的灵魂。

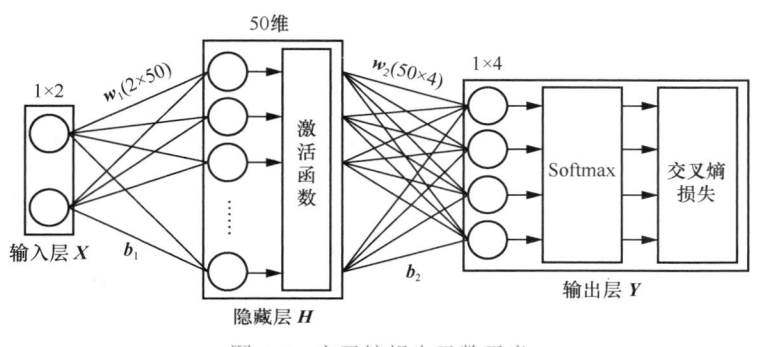

图 4-7　交叉熵损失函数示意

4.1.4　反向传播

前面讲述了神经网络从输入到输出的前向传播过程，归纳起来就是：
- 使用 $Y=WX+b$ 进行矩阵运算；
- 为了引入非线性，在隐藏层中加入激活层 f；
- 经过 Softmax 层把输出层结果转换为概率分布；
- 通过各种损失函数（比如交叉熵损失）来量化当前网络性能的好坏。

计算出损失后，就要开始反向传播。这个过程的目的是优化调整参数，也就是网络权重 W 和 b。

神经网络的神奇之处就在于它可以自动实现参数矩阵 W 和 b 的优化。在深度学习中，参数的数量有时会以亿计，不过优化的原理都是一样的。如图 4-8 所示，可以这样直观理解：把神经网络竖起来，最后输出层的总损失就像山头，反向传播就像不断寻找最优路径快速下山，最终找到最低点的过程。其中将会用到梯度下降算法等知识，我们会在后面专门介绍，这里先给出大致的概念。

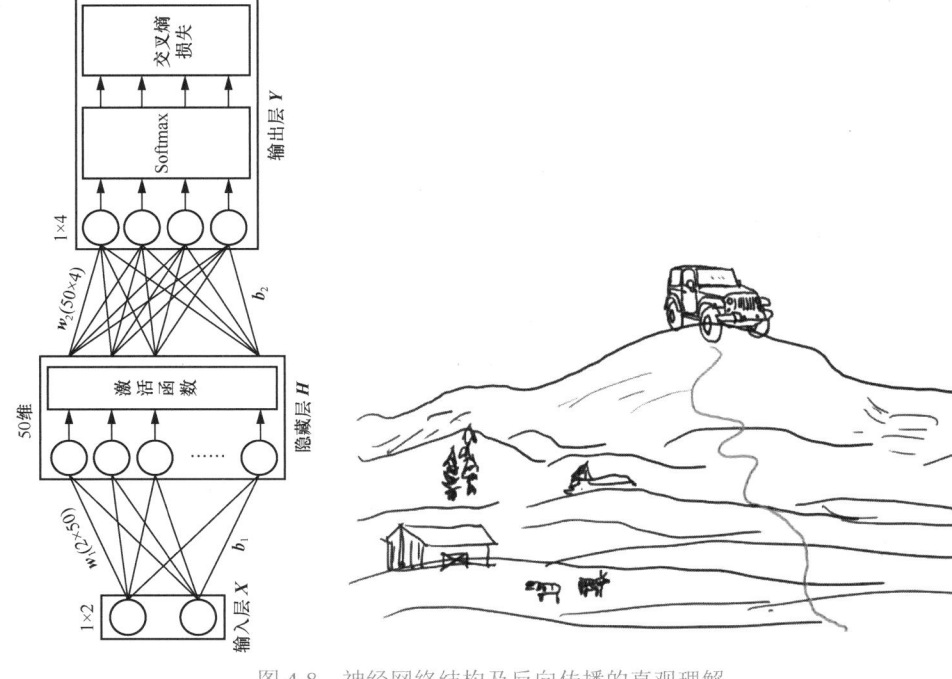

图 4-8　神经网络结构及反向传播的直观理解

4.1.5　小结

在本节中，我们从最简单的神经元模型讲起，解释了其本质就是线性模型。从网络结构上看，模型中最重要的是隐藏层和输出层。我们讲解了隐藏层的数学公式，其灵魂就在于激活函数产生的非线性变换。在 4.1.2 节中，我们讲解了 Softmax 层的妙用，它通过把网络输出映射到 (0,1) 将其转换成概率分布，以便分类和预测。此外，我们简单介绍了损失函数和反向传播的概念。

总结起来，不同神经网络模型之间的差异主要体现在以下几个方面：

- 网络结构；
- 损失函数；
- 求解损失函数的过程；
- 对过拟合问题的解决方式。

这些知识点我们会在后面的章节中详细介绍。

4.2　多层感知机

4.1 节提到，在所有的非线性深度神经网络中，最简单的就是多层感知机了，本节将展开介绍更多细节。

多层感知机的出现要追溯到 1958 年，当时 Frank Rosenblatt 提出了一种叫作 "多层感知器" 的人工神经网络模型。但是由于计算机硬件和算法的限制，这种模型当时并没有得到广泛应用。直到 1986 年，Geoffrey Hinton 等人提出了反向传播算法，使得多层感知机在大规模数据上的训练成为可能，从而引发了深度学习的爆发性发展。所以，可以认为多层感知机是深度学习的鼻祖。

在本节中，我们要深入地探讨三个问题。

- 神经网络为什么要引入非线性？
- 深度神经网络有什么好处？
- 实现非线性的激活函数有哪些？分别用在什么地方？

本书后续章节讲解的各种神经网络都是在多层感知机的基础上发展起来的，它们均为深度非线性网络。因此，本节内容将为后续学习打下坚实基础。

4.2.1　线性模型的局限

先来看第一个问题：为什么要引入非线性？

以二分类问题为例，如果数据是图 4-9 中左图所示的分布，蓝色线以上区域是一类，绿色线以下是另一类，显然分类面不是线性的，而是类似二次曲线。如果只用线性神经网络来进行分类，无论它多么复杂，最佳效果无非就是找到图 4-9 中右图所示的分类面，这显然不能很好地对两类数据进行分类。

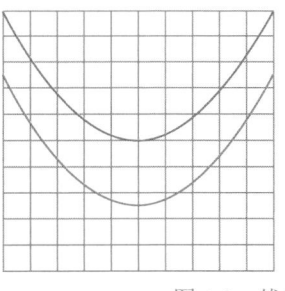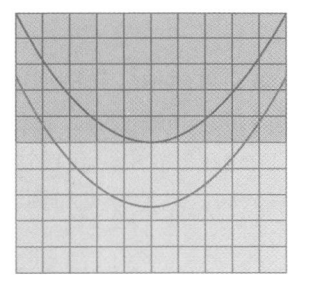

图 4-9　线性模型的局限

导致上述问题的内在原因是什么呢？下面来看看线性神经元模型的数学公式就明白了。以两个隐藏层为例，第一层的输出公式是 $h_1 = W_1 x + b_1$，以它作为第二层的输入，代入公式，展开整理后还是线性的：

$$h_2 = W_2 h_1 + b_2$$
$$= W_2 (W_1 x + b_1) + b_2$$
$$= W_2 W_1 x + W_2 b_1 + b_2$$
$$= W' x + b'$$

也就是说，在传统感知机模型中，如果神经元只有加权和与阈值这两种线性操作，就无法表达复杂的非线性数据。然而，实际情况下大多数问题其实是非线性的，因此机器学习要解决的核心问题就是如何用线性模型来逼近或者模拟非线性问题，这就需要用到激活函数了。

4.2.2　多层感知机模型

多层感知机（multilayer perceptron，MLP）就是一种应用了激活函数的前馈神经网络，由输入层、隐藏层和输出层组成。输入层其实不是一层，而是一个向量，为方便起见，在图模型上往往绘制成一层。隐藏层的作用是学习数据的高级表达，从而提高模型的准确率。隐藏层的数量和大小对模型性能有很大影响。如果隐藏层的数量和大小均较小，则模型的表达能力较弱，可能无法准确地拟合训练数据。如果隐藏层的数量和大小均较大，则模型的表达能力较强，但容易过拟合，即模型在训练数据上表现良好，但在测试数据上表现不佳。因此，在设计多层感知机时，需要考虑隐藏层的数量和大小，以获得较好的模型性能。以图 4-10 所示为例，这里用了三个隐藏层。

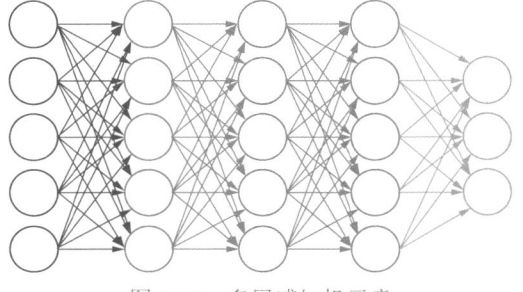

图 4-10　多层感知机示意

在这种情况下，各层的输出方程如下：

$$h_1 = f_1\left(W_1 x + b_1\right)$$
$$h_2 = f_2\left(W_2 h_1 + b_2\right)$$
$$h_3 = f_3\left(W_3 h_2 + b_3\right)$$
$$y = f_y\left(W_4 h_3 + b_4\right)$$

其中，输入 x 的维度为 n，表示为 $x \in \mathbb{R}^n$；W_i 是权重系数矩阵，其中 $i \in \{1, \cdots, 4\}$，b 为偏置；f 是隐藏层非线性激活函数，f_y 是输出层激活函数，分类问题中通常为 Softmax 函数；输出 y 为 k 维向量，分类问题中有几类，它就有几个神经元。

4.2.3　激活函数

激活函数（activation function）的主要作用是引入非线性来提高神经网络的表达能力，以更好地拟合真实世界的复杂数据。如果不引入非线性，那么无论神经网络有多深，模型依然是线性的，从几何意义上来说只能实现输入向量旋转、伸缩、平移等仿射变换。而使用了激活函数后可以对特征空间进行扭曲、反转等更复杂的变换。

如果你熟悉机器学习的基础知识，应该知道非线性空间变换可以将原始空间中的数据变换到新的高维空间中，使得数据在新空间中具有更好的线性可分性。比如支持向量机（SVM）就是这样的算法，它能用核方法来实现非线性空间变换。

神经网络也遵循同样的思想，只不过是通过增加隐藏层和隐藏单元把数据映射到高维空间。如图 4-11 所示，每增加一个隐藏层，就相当于在网络中增加了一个非线性映射 $h = f\left(W_h h_{prev} + b_h\right)$，使得网络能够捕获数据中更复杂的特征和结构，从而实现高维空间中的线性可分性。每增加一个隐藏单元，就相当于在网络中增加了一个新特征表示，使得网络能够更好地拟合数据。

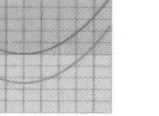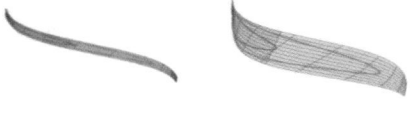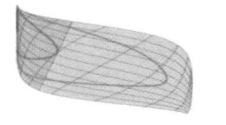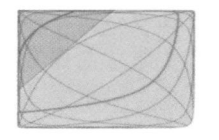

图 4-11　非线性空间变换示意

自从提出激活函数以来，已经发展出了非常多的变体。如图 4-12 所示，这张小人跳舞图形象地描述了比较常见的各种激活函数，它们各有妙用。

图 4-12　激活函数的直观理解

在如此众多的激活函数中，常用的只有 4 种，我们重点讲解。

1. Sigmoid 函数

如图 4-13 中左图所示，Sigmoid 函数的图像是一种 S 形曲线，它将输入值压缩到 (0,1) 范围内，使得很大的负数变成 0，很大的正数变成 1。右图是 Sigmoid 函数对应的导数曲线。

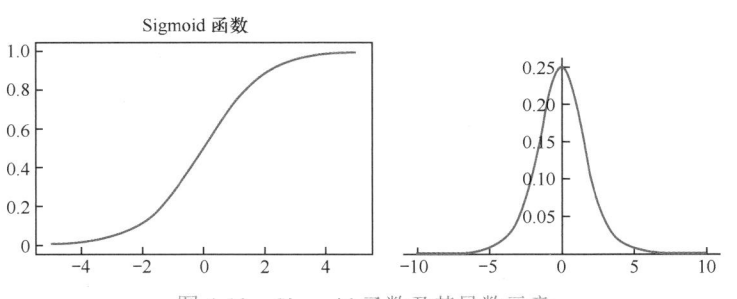

图 4-13　Sigmoid 函数及其导数示意

数学表达式如下：

$$f(x) = \frac{1}{1 + e^{-x}}$$

Sigmoid 函数最早是在 19 世纪末到 20 世纪初提出的，用于描述生物种群的增长曲线，是数学建模中的典型模型。在 20 世纪 50 年代，它被用作神经网络中的激活函数。历史上，它在神经元激活频率的解释方面发挥了非常重要的作用。

在输出值不为 0 或 1 的情况下，Sigmoid 函数具有很好的非线性，适用于二分类问题，是 logistic 回归中常用的激活函数。它的一个缺点是当神经元的激活处于 0 或 1 的位置时，梯度几乎为零，容易导致梯度消失问题，也就是在深度神经网络的传递过程中相乘结果接近 0 的情况；另一个缺点是其输出不是以 0 为中心，中心在 0.5 左右。由于上述局限，除了二分类问题，现在已经较少使用 Sigmoid 函数了。

我们来看它"激活"之后产生的效果。经过非线性变换后，如图 4-14 所示，左图中原来线性空间的非线性数据被映射到中间图中的非线性空间中变得线性可分了。右图体现了在原来的线性空间中相当于找到了非线性的分类面。这就是激活函数的妙用。

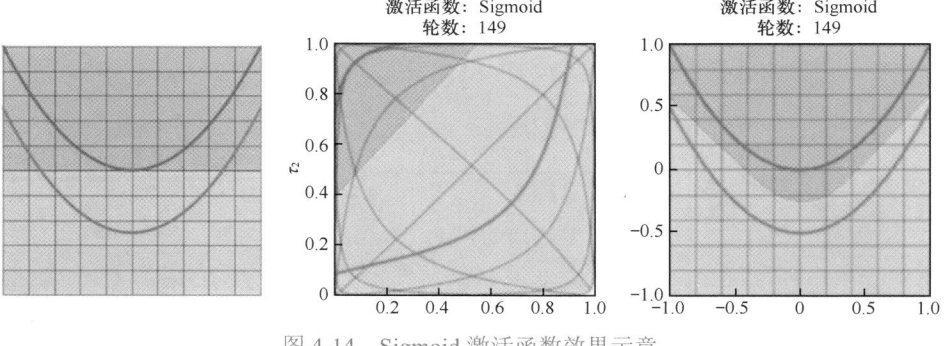

图 4-14　Sigmoid 激活函数效果示意

2. Tanh 函数

Tanh 函数是一种双曲正切函数，可以看作 Sigmoid 函数经过简单放大加平移后的改进版。如图 4-15 所示，左图是 Tanh 函数曲线，右图是对应的导数曲线。

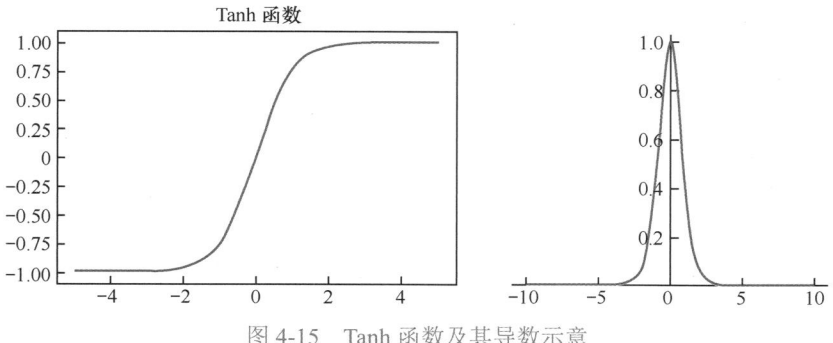

图 4-15　Tanh 函数及其导数示意

数学表达式如下：

$$f(x) = \frac{e^x - e^{-x}}{e^x + e^{-x}}$$

与 Sigmoid 函数相比，Tanh 函数有两个改进之处。

- 它的值域为 $(-1,1)$，比 Sigmoid 函数 $(0,1)$ 的值域范围更广，这使得它更适用于神经网络的隐藏层，因为隐藏层的输出通常需要在更广的范围内变化。
- Tanh 函数的输出是以 0 为中心的，也就是说，当输入值为 0 时，输出值也为 0。这种特性对于一些优化算法（如梯度下降算法）很重要，因为它有助于减少训练时间并提高模型性能。

此外，Tanh 函数在输入值较大时具有更快的收敛速度，因而更适用于多分类问题，尤其是在深度神经网络中。它目前仍是常用的激活函数之一，特别是在循环神经网络（RNN）和长短期记忆网络（LSTM）中。需要注意的是，Tanh 函数也有一些缺点，比如在输入值较大时容易导致梯度消失等问题。

下面来看 Tanh 函数非线性变换的效果。如图 4-16 所示，它将输入数据映射到高维空间中，使得原本线性不可分的数据变得线性可分。

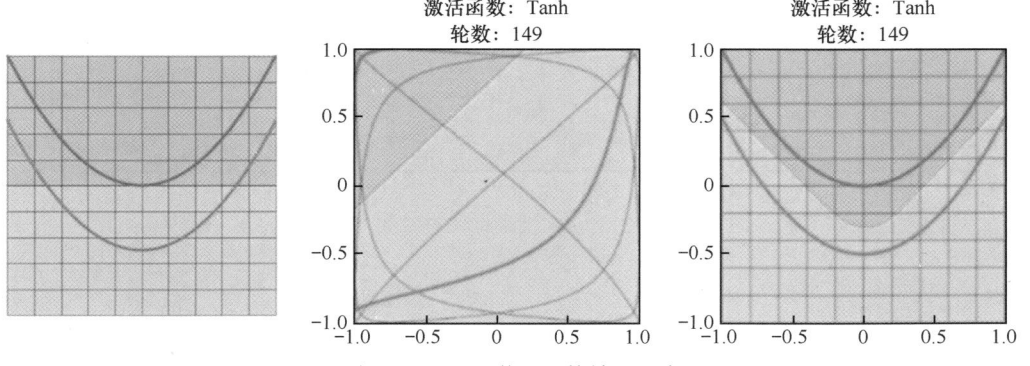

图 4-16　Tanh 激活函数效果示意

3. ReLU 函数

ReLU（rectified linear unit）函数是一种求最大值函数。

$$f(x) = \max(0, x)$$

如图 4-17 中左图所示，当输入值 x 大于 0 时，函数值等于 x，当 x 小于或等于 0 时，函数值等于 0。右图则是对应的导数曲线。

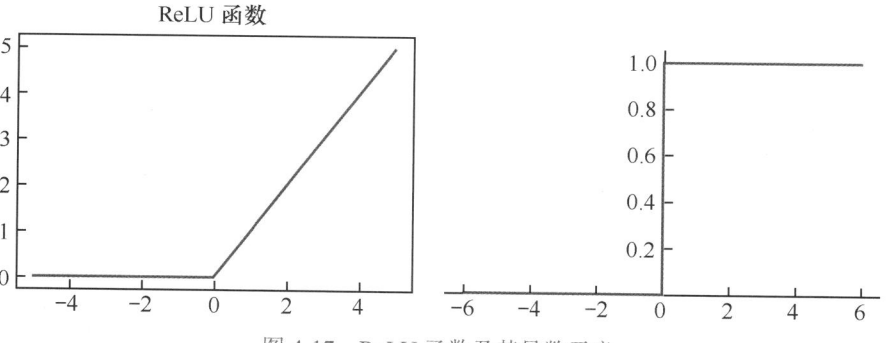

图 4-17　ReLU 函数及其导数示意

ReLU 函数具有以下优点。

- 它的导数始终为 1 或 0，不会出现梯度消失的问题，这解决了 Sigmoid 函数和 Tanh 函数在深度神经网络中的梯度消失问题，可以在网络深层传播梯度，从而加速训练。
- 计算速度上，ReLU 函数比 Sigmoid 函数和 Tanh 函数更快，因为它不需要进行指数运算，可以大幅节省计算资源。

这些好处使得 ReLU 函数相比其他激活函数更加稳定，在深度学习中成为常用的激活函数之一。

当然，ReLU 函数也有缺点，比如当输入为负时函数值为 0，这会导致网络某些权重不能更新，这种现象称为"Dying ReLU"，使得网络难以训练。为了解决这个问题，出现了很多改进版，比如 Leaky ReLU 增加了一个小的负数斜率。此外还有很多其他改进，如果大家感兴趣的话，可以延伸学习。

简单看一下 ReLU 函数高维空间非线性变换激活效果的示意，以直观理解它是如何实现线性可分的。如图 4-18 所示，左图的原始空间经过变换后进行了扭曲变形，得到中间图的图像，在新空间中原本非线性的数据变得线性可分了。右图展示了映射回原来的空间，相当于找到了一个非线性的分类面。

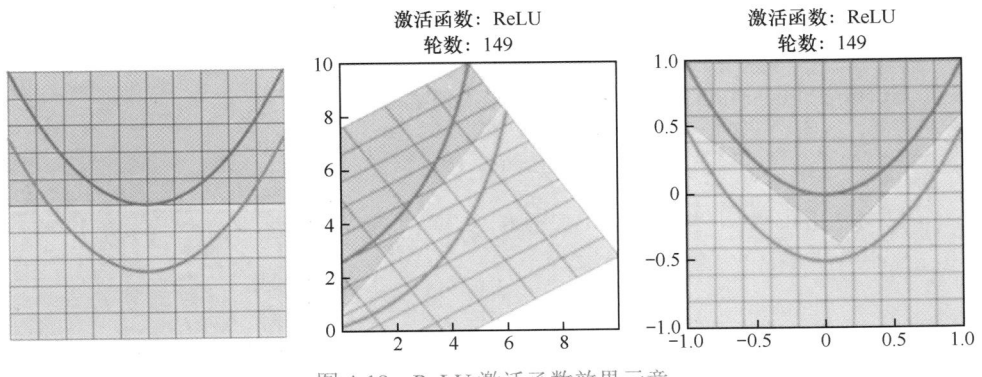

图 4-18 ReLU 激活函数效果示意

4. Softmax 函数

4.1 节介绍过，Softmax 函数是一种常用的多分类激活函数，能将输入值映射到概率分布上，以便解释预测结果，如图 4-19 所示。

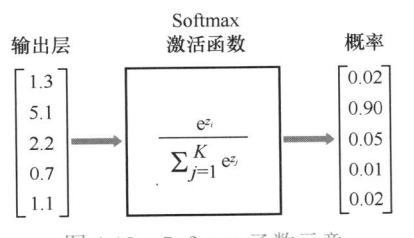

图 4-19 Softmax 函数示意

它的输入是向量，输出也是向量，每个输出值都是一个概率，满足概率和为 1。因为输入和输出都是向量，而非标量，所以我们无法用单个坐标轴来绘出它的曲线。

> 小　　白：讲了这么多激活函数，到底我该用哪个啊？
>
> 梗直哥：要根据问题特点来选择激活函数，重点考虑问题是否非线性，需要映射到的区间范围，是否存在计算效率问题等。

4.2.4 小结

本节主要介绍了多层感知机。我们从线性神经网络的局限开始讲起，通过引入非线性激活函数实现特征空间的变换，使原本在线性空间中难以区分的非线性数据转换到新的非线性空间中变得线性可分。这是深度学习在数学上的核心思想所在，希望大家深入理解。

多层感知机作为最早引入激活函数概念的神经网络，它的主要特点是使用了多个隐藏层和能够产生非线性空间变换的激活函数。

此外，本节还详细介绍了多种常见的激活函数，包括古老且基础的 Sigmoid 函数，适用于多分类问题的 Tanh 函数，以及常用的 ReLU 函数和 Softmax 函数。

4.3 前向传播和反向传播

4.2 节我们讲解了激活函数，它把线性组合映射到了非线性空间，使神经网络具备了更强的特征表达能力。在本节中，我们来看看信息在网络输入层、隐藏层和输出层之间是如何流动的，也就是前向传播和反向传播。

4.3.1 前向传播

正常情况下，神经网络的信息流是前向传播的：输入数据经过线性加权组合，激活函数实现非线性变换，在不同层间反复迭代，得到最后的输出。这样的网络被称为深度前馈网络或者前馈神经网络（feedforward neural network）。前面讲的多层感知机就是其中的典型模型。

需要注意的是，这类神经网络允许跳层连接，但不允许横向连接和反向连接。

图 4-20 所示的多隐藏层模型中，以其中某一层为例，它的非线性变换如下：

$$h = f\left(W_h h_{\text{prev}} + b_h\right)$$

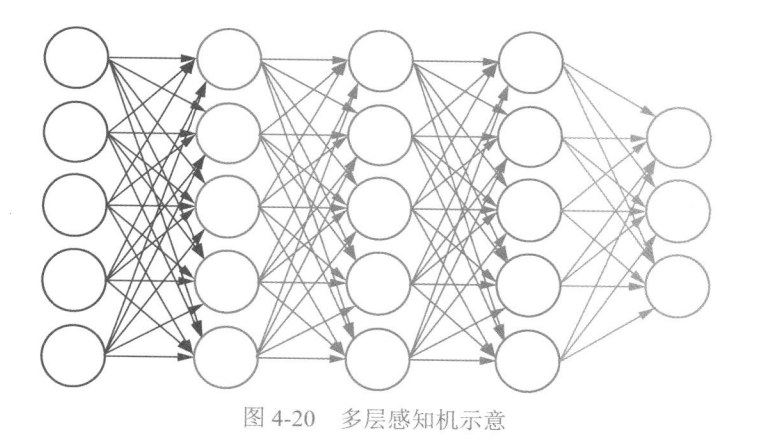

图 4-20　多层感知机示意

其中，h 是当前隐藏层的输出，h_{prev} 是上一层的输出，W_h 是权重矩阵，b_h 是偏置向量，$f(\cdot)$ 是激活函数。训练的目的是求各层间的权重矩阵和偏置，称为模型参数。有了它们就知道了数据在各个隐藏层之间如何进行非线性变换。同时，获得最后的输出，即

$$y = f_y\left(W_y h_m + b_y\right)$$

神经网络的训练往往以随机参数开始，初始输出结果往往不尽如人意。训练过程中，会使

用损失函数来衡量预测结果和真实结果的差距，比如常用的均方误差（mean squared error，MSE）损失函数：

$$MSE = \frac{1}{n}\sum_{i=1}^{n}(y_i - \hat{y}_i)^2$$

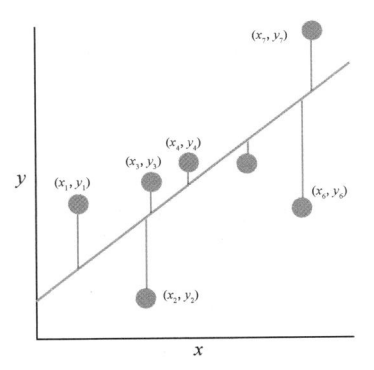

图 4-21 均方误差效果示意

其中，y_i 是第 i 个样本的真实值，$\hat{y}_i$ 是模型预测的输出值，n 是样本数量。以图 4-21 所示的线性回归为例，紫色圆圈为数据，蓝线是预测，圆圈到蓝线纵坐标距离的平方就是误差，误差累加再求平均就是 MSE，它可以用来评估神经网络的性能。

通常我们希望通过训练使得损失函数的值尽可能小。因此，需要找到一种方法来有效地更新权重和偏置，使得损失函数不断减小。这就涉及接下来要讲的反向传播算法以及后续第 6 章中会讲到的梯度下降算法，它们也是深度学习的精髓。

4.3.2 反向传播

反向传播（back propagation）本质上是指神经网络每层参数梯度的计算方法，它体现了本章标题中"误差倒查分解"的含义。具体来说，它就是利用复合函数求导的链式法则，逐层求出损失函数对各个神经元权重和偏置的偏导数，进而构成梯度以作为修改权重的依据。

那么，到底如何实现呢？我们先拿出其中两层神经元为例，说明反向传播的过程。这部分内容涉及的数学公式比较多，读者着重理解其中的算法和原理就可以了，实际执行的时候有现成的函数可以调用，所以接下来的公式不用记。

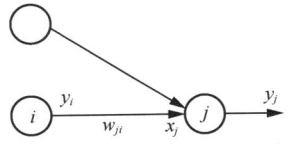

图 4-22 两层神经元示例

如图 4-22 所示，假定 i 和 j 表示两个前后连接的神经元，用 x 和 y 分别表示输入和输出，则有

$$x_j = \sum_i y_i w_{ji}$$

神经元 i 的输出是 y_i，神经元 j 的输入是 x_j，中间权重是 w_{ji}，那么 x_j 就等于中间所有连接的加权平均。有的时候还会给一个偏置 b，它起到什么作用呢？就是一个阈值，因为对求导而言，这个常数项没有影响，所以可以先省略。在这个线性组合外面，再套一层非线性激活函数 f，然后得到输出 y_j，即

$$y_j = f\left(\sum_i y_i w_{ji} + b\right)$$

我们先以 Sigmoid 函数为例：

$$y_j = \frac{1}{1 + e^{-x_j}}$$

训练神经网络的目标就是找到一组权重参数 w，以确保对任何一个输入向量，模型输出向量 y_j 都能够和想要的目标输出向量 d_j 完全一样或者足够接近。

要实现这一点，就需要定义一个损失函数，比如用刚刚讲过的均方误差（MSE）：

$$E = \frac{1}{2} \sum_c \sum_j \left(y_{j,c} - d_{j,c} \right)^2$$

其中，E 是总损失，$y_{j,c}$ 是模型预测的输出，$d_{j,c}$ 是样本类别的真实值，c 是所有训练样本的索引，j 是输出神经元的索引。使得 E 最小化的那组参数 w 就是我们要找的权重，这可以用arg运算来实现：

$$\arg\min_w E = \frac{1}{2} \sum_c \sum_j \left(y_{j,c} - d_{j,c} \right)^2$$

这个损失函数方程一般都是超越方程，很难有解析解，因此一般需要通过数值计算中的最优化方法，比如梯度下降算法，借助权重的偏导数逐步逼近求解。通过这种方式，我们就把一个机器学习问题转化成了最优化问题。

类比一下这个过程，就像是从山顶上找山下的水源，水总是往低处流，但一下子找到最低点的水源不容易，这时就可以通过不断寻找当前下降最陡峭的方向，也就是梯度，逐渐迭代快速下山，从而找到最低点。

数学上具体如何实现呢？这就需要用到复合函数求导的链式法则了。

链式法则

假定神经元 j 是输出层，i 是隐藏层，先从模型最后面的输出 y_j 开始反向求偏导数。根据上面的损失函数公式求偏导数：

$$\partial E / \partial y_j = y_j - d_j$$

链式法则就是从前往后逐层求每个变量的偏导数，就像剥洋葱一样。比如，求 x_j 的时候，先求 y_j 的偏导数，然后对 y_j 求 x_j 的导数，并且把它们相乘：

$$\partial E / \partial x_j = \partial E / \partial y_j \cdot \mathrm{d} y_j / \mathrm{d} x_j$$

因为现在用的激活函数是 Sigmoid 函数，所以求导后等于 $y_j \left(1 - y_j \right)$：

$$\mathrm{d} y_j / \mathrm{d} x_j = y_j \left(1 - y_j \right)$$

这个过程就像先打开第一扇门，再打开第二扇门，或者类似先剥去洋葱最外面的一层，再剥掉里面的一层。这也能充分说明为什么我们强调所有的激活函数必须可导，因为如果不可导，那么这种传递就无法延续下去。找到 x_j 的偏导数后，继续往前传播求权重参数 w_{ji} 的偏导数。

因为 x_j 是 w_{ji} 的线性组合，所以后面这个偏导数就等于 y_i：

$$\partial E / \partial w_{ji} = \partial E / \partial x_j \cdot \partial x_j / \partial w_{ji}$$
$$= \partial E / \partial x_j \cdot y_i$$

继续往前传递，求 y_i 的偏导数。此时，因为对神经元 i 来说，有多个输出层神经元 j 与其相连，因此需要先求和，对每个 x_j 求偏导数，再乘以 x_j 对 y_i 的偏导数，而这部分根据线性组合就是权重 w_{ji}：

$$\partial E / \partial y_i = \sum_j \partial E / \partial x_j \cdot \partial x_j / \partial y_i$$
$$= \sum_j \partial E / \partial x_j \cdot w_{ji}$$

上面这个过程乍看起来，涉及的公式和求导很多。我们先前说过，这部分公式不用记，理解就行了，实际上就是从输出开始反向一层层地求误差 E 的偏导数，把误差倒查分解。这几个公式的作用各不相同，最终目标是对参数求偏导数，并通过它来更新参数。

不断重复上述步骤，就能得到前面所有层变量的偏导数，同时也能够对前面各层的参数求偏导数。有了这些偏导数之后，就可以根据梯度下降算法来更新网络参数了，后面章节会细讲。

 梗直哥：　如果你是一个神经元，你会如何描述前向 / 反向传播过程？

　　　　　如果我是一个神经元，在前向传播中，我会尽我所能去做出我的判断。在反向传
小　白：　播中，对于结果的偏差，会逐级追责，我会承担我自己的那一份责任，并作出
　　　　　改进。

4.3.3　小结

神经网络的传播是通过对一系列线性组合的外层套上激活函数来实现非线性变换，然后层层向前传递。反向传播正好相反，它实现的是误差倒查分解。换句话说，前向传播数据，后向传播误差。最终目的是找到各个参数矩阵的偏导数，然后用它们更新模型参数。

我们具体讲解了反向传播的基本原理，如何计算损失函数，以及如何通过求偏导数的链式法则实现误差倒查分解的整个过程，给出了权重偏导数的计算公式。这部分着重理解原理，具体计算都已自动化，一行代码即可实现，非常简单。

4.4　多层感知机代码实现

前面学习了多层感知机和前向反向传播的思想和原理，在本节中，我们用 PyTorch 实现一个多层感知机，来解决手写数字识别的问题，用代码带领大家了解一下模型训练的全貌。

4.4.1 搭建神经网络的步骤

先来介绍什么是手写数字识别任务：给定一张带有手写数字的图片中的某一张小图，如图 4-23 所示，然后预测这个手写数字是几。这是一个从 0 到 9 共 10 个数字的分类问题。

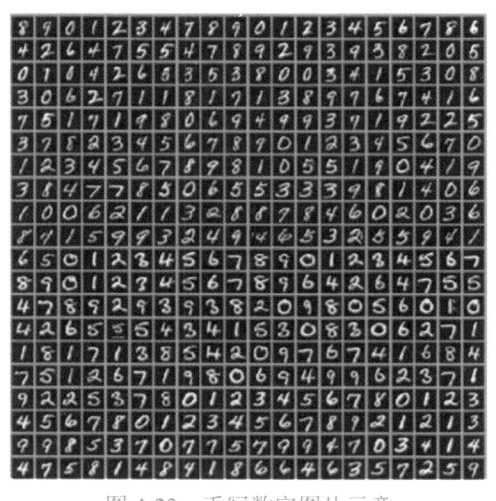

图 4-23 手写数字图片示意

这里我们使用机器学习中大名鼎鼎的 MNIST 数据集，它可以说是机器学习和深度学习领域的"Hello World"了。这个数据集包含 6 万张训练图片和 1 万张测试图片。每张图都是单通道灰度图，也就是黑白图像，大小都是 28×28。

在正式上手编写代码前，先介绍一下使用 PyTorch 搭建神经网络的常规步骤。如图 4-24 所示，首先是准备数据集，接着是定义网络模型，然后是根据分类问题还是回归问题确定损失函数，以及确定优化器。之后就可以进行模型训练了，训练结束之后可以测试模型效果，最后保存模型。

图 4-24 神经网络构建流程示意

整个过程看着是不是没有那么复杂？当然，本节是从整体上简单介绍，所以其中很多步骤都不会展开。比如准备数据集这一步，因为我们选择了 MNIST 数据集，所以有很多工作不需要再重复进行了，但正常来讲，光是数据集一项就涉及数据清洗、归一化、数据增强、构造数据集等一系列操作。这里涉及的知识点在后面的章节中都会陆续展开学习。

4.4.2 代码实现

下面我们按照上述步骤准备代码部分。

首先要导入一些必要的库。

先导入 torch，需要特别注意的是，这里不是 pytorch。

MNIST 手写数字数据集已经集成到了 torchvision 这个包中，所以导入 torchvision 下的 datasets，在 torchvision 中还定义了很多其他公开数据集，比如 CIFAR、COCO、ImageNet 等，我们后面用到的时候再讲解。

同时，还需要导入 torchvision 下的 transforms，它是用来对数据进行处理的，下面会使用它将数据转换成张量。

接着导入 torch.nn 模块，也就是 Neural Networks，在定义网络模型的时候会用到。

最后导入 torch.optim 模块，也就是 Optimization，定义优化器的时候会用到。

```python
# 导入包
import torch
from torchvision import datasets
from torchvision import transforms
import torch.nn as nn
import torch.optim as optim
```

1. 数据集

接下来加载数据集，使用 datasets.MNIST() 加载手写数字数据集，这是 torchvision 包中已经封装好的方法，直接调用就可以了。

```python
train_data = datasets.MNIST(root="./mnist/data",train=True,transform=transforms.
ToTensor(),download=True)
test_data = datasets.MNIST(root="./mnist/data",train=False,transform=transforms.
ToTensor(),download=True)
```

在上述代码中，各个参数的作用如下：

- root 代表数据集存放的位置，这里设置为 mnist 文件夹下的 data 目录；
- train 设置为 True，表示加载的是训练集数据，与之对应的 False 表示测试集；
- transform 代表对数据集的处理方法，使用 ToTensor() 直接转换为张量即可；
- download 设置为 True，表示如果设定的路径下没有数据，需要先进行下载，如果数据集已存在，则不会再次下载。

对于测试数据，复制上面的代码，将 train_data 改为 test_data，将参数 train 的值改为 False 即可。运行后就开始下载数据集了，第一次运行会比较慢，请耐心等待下载完成。

打印出数据集的数量，训练集和测试集的数量分别是 6 万和 1 万则表示数据正常。

```python
len(train_data), len(test_data)
(60000, 10000)
```

前面已经讲到，MNIST 数据集的训练图片有 6 万张，我们不可能将所有训练图片一次性喂给模型进行训练，因为内存和显存大概率是吃不消的。

为了解决这个问题，我们可以采用批处理的方式，即从数据集中每次选取一小部分数据进行训练，比如这里定义 batch_size 为 100。然后使用 torch.utils.data 下的 DataLoader() 方法，将

dataset 设为刚刚加载好的数据集，传入 train_data。再设置参数 batch_size 的值，将 shuffle 设置为 True 表示打乱数据，这样就能去掉一些因数据排列可能导致的问题并提升泛化能力。

对于测试集我们也进行同样的处理，复制上面的代码，将 train_loader 改为 test_loader，dataset 设为 test_data，shuffle 设为 False，测试集就不用打乱顺序了。这样我们就构造好了数据加载对象。

```
batch_size = 100
train_loader = torch.utils.data.DataLoader(dataset=train_data,batch_size=batch_
size,shuffle=True)
test_loader = torch.utils.data.DataLoader(dataset=test_data,batch_size=batch_
size,shuffle=False)
```

有读者会问，Dataset 和 DataLoader 到底有什么区别呢？简单理解，前者负责管理数据，后者负责批量获取数据。

2. 网络模型

接着我们来看模型定义部分，定义一个最简单的 MLP 全连接网络。MLP 类继承 nn.Module，这属于常规用法。再往下定义构造函数 init()，参数 input_size 为输入数据的维度，hidden_size 为隐藏层的大小，num_classes 表示输出类别的数量。super() 表示调用父类的初始化方法，接着定义第一个全连接层 fc1，输入数据的维度是 input_size, 输出数据的维度是 hidden_size。再定义激活函数，这里使用 ReLU 函数。然后分别定义第 2 个隐藏层 fc2 和输出层 fc3。需要注意，对于全连接层，后一层输入的维度要与前一层输出的维度相对应。

那么定义了全连接层之后如何把它们串起来呢？这就需要 forward() 函数了，也就是前向传播。x 表示输入的数据，依次经过上述定义的每一层，层与层之间穿插激活函数，最终返回结果。这样就可以将每一层按我们所希望的顺序拼接起来了。

```
# 定义 MLP 网络，继承nn.Module
class MLP(nn.Module):

    # 初始化方法
    # input_size输入数据的维度
    # hidden_size 隐藏层的大小
    # num_classes 输出类别的数量
    def __init__(self, input_size, hidden_size, num_classes):
        # 调用父类的初始化方法
        super(MLP, self).__init__()
        # 定义第1个全连接层
        self.fc1 = nn.Linear(input_size, hidden_size)
        # 定义激活函数
        self.relu = nn.ReLU()
        # 定义第2个全连接层
        self.fc2 = nn.Linear(hidden_size, hidden_size)
        # 定义第3个全连接层
        self.fc3 = nn.Linear(hidden_size, num_classes)

    # 定义forward函数
    # x 输入的数据
    def forward(self, x):
```

```
    # 第一层运算
    out = self.fc1(x)
    # 将上一步结果送入激活函数
    out = self.relu(out)
    # 将上一步结果送入 fc2
    out = self.fc2(out)
    # 同样将结果送入激活函数
    out = self.relu(out)
    # 将上一步结果传递给 fc3
    out = self.fc3(out)
    # 返回结果
    return out
```

组装好网络模型之后，我们就可以构造模型实例了。先定义要用到的参数，input_size 对应 MNIST 数据集的图片大小，也就是 28×28，hidden_size 隐藏层大小在这里设置为 512，注意这个数值并不是固定的，读者可以自行调整数值以测试效果。num_classes 表示输出维度（也就是类别数），设为 10。

接着定义 model，传入上述对应的参数即可。至此，网络模型部分就完成了。

```
# 定义参数
input_size = 28 * 28   # 输入大小
hidden_size = 512  # 隐藏层大小
num_classes = 10   # 输出大小（类别数）

# MLP实例
model = MLP(input_size, hidden_size, num_classes)
```

3. 损失函数和优化器

接下来定义损失函数，由于是分类问题，因此这里采用交叉熵损失函数。

```
criterion = nn.CrossEntropyLoss()
```

然后定义优化器，因为会用到学习率，所以要先定义 learning_rate，比如设置为 0.001。优化器使用 Adam()，传入模型参数和 learning_rate 即可。

```
learning_rate = 0.001 # 学习率
optimizer = optim.Adam(model.parameters(),lr=learning_rate)
```

这里出现了很多新的概念，如果读者搞不懂也不要慌，后面章节会为大家一一解惑。简单理解，损失函数用来评估模型预测结果与真实结果的偏差，优化器则是帮助求导、更新参数的模块。

4. 模型训练

接下来就可以进入训练过程了。首先设置 num_epochs 为 10，表示我们要将整个训练数据经过 10 轮，外层的 for 循环就是起这个作用。内层的 for 循环表示从 DataLoader 中循环读取数据，每次读取数据大小为 batch_size，也就是前面设定的 100。从 train_loader 中读取的数据包含图像 images 和标签 labels，所谓标签其实就是真值，也就是这张图是数字几。

将读取到的 images 调用 reshape() 方法转换成一维向量，其中第二个参数 28×28 相当于列数，第一个参数 −1 表示自适应的"变形"成对应的行数，也就是 100。然后调用 model() 传入 images 得到输出 outputs，这里的 model(images) 相当于在调用 forward() 方法。接着传入预测值 outputs 和真值 labels 以计算 loss。后续要进行反向传播、优化参数，需要先将梯度清零，调用 backward() 进行反向传播，然后调用优化器的 step() 方法更新参数。最后打印训练的信息，一般包含训练的轮数，当前的批次以及损失值。

运行代码后，可以看到输出的信息。训练过程需要一些时间，随着 epoch 增加，损失逐渐变小，整体上是一个收敛的过程，最后损失降到了一个较小的值。

```python
# 训练网络
num_epochs = 10 # 训练轮数
for epoch in range(num_epochs):
    for i, (images, labels) in enumerate(train_loader):
        # 将iamges转成向量
        images = images.reshape(-1, 28 * 28)
        # 将数据送入网络中
        outputs = model(images)
        # 计算损失
        loss = criterion(outputs, labels)

        # 首先将梯度清零
        optimizer.zero_grad()
        # 反向传播
        loss.backward()
        # 更新参数
        optimizer.step()

        if (i + 1) % 300 == 0:
            print(f'Epoch [{epoch+1}/{num_epochs}], Step [{i+1}/{len(train_loader)}], Loss: {loss.item():.4f}')
Epoch [2/10], Step [600/600], Loss: 0.1695
Epoch [4/10], Step [600/600], Loss: 0.0033
Epoch [6/10], Step [600/600], Loss: 0.0282
Epoch [8/10], Step [600/600], Loss: 0.0181
Epoch [10/10], Step [600/600], Loss: 0.0016
```

5. 测试效果

训练完成后，我们就可以用测试集来评估模型的准确率。with torch.no_grad() 表示测试过程就不需要 PyTorch 计算梯度了。从 test_loader 中循环读取测试数据，仍然将读取到的 images 转换成一维向量，调用 model() 传入 images 得到输出 outputs。输出的 outputs 其实是一个概率结果，我们在维度一上取出最大值对应的索引，也就是 0 到 9 的预测值。

这里需要注意 torch.max() 的返回值是 _, predicted，其含义为预测值其实是返回结果的第二个值，因为它才是最大值对应的索引，读者可以打印出 torch.max() 的返回值就知道了。

将预测值与 labels 值比对，获取预测正确的数量，并进行累加。循环结束，用预测正确的值除以总数所获得的结果就是准确率，将其打印出来。运行后可以看到准确率接近 98%，训练效果还是不错的。

```
# 测试网络
with torch.no_grad():
    correct = 0
    total = 0
    # 从 test_loader中循环读取测试数据
    for images, labels in test_loader:
        # 将images转换成向量
        images = images.reshape(-1, 28 * 28)
        # 将数据送入网络
        outputs = model(images)
        # 取出最大值对应的索引，即预测值
        _, predicted = torch.max(outputs.data, 1)
        # 累加label数
        total += labels.size(0)
        # 预测值与labels值比对，获取预测正确的数量
        correct += (predicted == labels).sum().item()
    # 打印最终的准确率
    print(f'Accuracy of the network on the 10000 test images: {100 * correct /
total} %')
Accuracy of the network on the 10000 test images: 98.08 %
```

6. 保存模型

最后保存模型，调用 torch.save() 方法，传入 model 以及文件名后会保存整个网络模型。关于模型的保存与加载，后面章节还会有详细的介绍。

```
torch.save(model,"mnist_mlp_model.pkl")
```

4.4.3　小结

本节使用 PyTorch 实现了通过多层感知机来解决手写数字识别这个多分类问题，在这个过程中介绍了 PyTorch 搭建网络的常规步骤，并用代码依次实现，最后训练模型并测试其效果。本节的目标是呈现一个完整的模型训练流程，所以中间可能会涉及一些尚未学习的概念，暂时只需了解它们起到的作用，在后续章节会为大家一一解惑。

4.5　回归问题

在深度学习领域中，一个重要的任务类别就是解决回归（regression）问题。对于刚开始接触深度学习的人来说，深入理解回归问题至关重要，因为它是基本且重要的机器学习任务之一。

回归问题的核心在于，模型需要从输入的离散数据中预测出连续的输出，其本质是使得预测结果回归到原始状态或趋近某一状态。

举个日常生活中的例子，假设你想要预测一天内的温度变化，那么回归模型可以根据之前几天的天气和温度数据预测未来某一天的温度。在这个例子中，回归模型通过将历史数据与未来预测联系起来，得出连续的温度预测数值。

如果已经对此类问题非常熟悉，可以将注意力集中在回归模型与其他算法的区别上，着重

体会神经网络方法的独特之处。在讲解具体的示例代码之前，我们快速回顾一下回归问题的关键要点。

4.5.1 一元线性回归

先来看看简单的一元线性回归。"一元"的意思就是数据点只有一个特征值。当自变量有多个特征值时就称为多元线性回归。

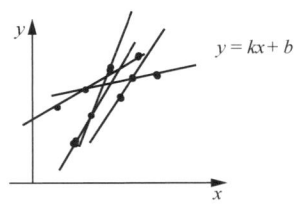

如图 4-25 所示，假如要在这样一组样本点中拟合曲线，你是不是马上想到了直线方程？没错，非常简单，就是我们学过的 $y = kx + b$。只要我们能够算出参数 k 和 b，拟合的直线就能够确定。但通过任意两点都可以画出一条直线，所以难点并不是找到直线或曲线，而是找到最佳的那一条。类似这样的问题引申出一个数学领域，称为最优化理论（optimality theory）。其解决问题的思想也非常简单：投票！假设有一组样本点，每个样本点的数据都代表一票，如何投票呢？或者说，用什么标准来衡量呢？没错，仍然是距离，所不同的是，不是点到点的距离，而是点到直线的垂直距离（或者说是 y 方向上的距离）。

图 4-25　一元线性回归示意

假定一个点的横坐标是 x_i，把它带入直线方程 $y = kx_i + b$，得到估计的预测值 $\hat{y}$，然后求 $y - \hat{y}$，即纵坐标的差值。但显然这个差值有正有负，并不能很好地表示距离。通常情况下大家习惯用差值的平方和 $(y_i - \hat{y}_i)^2$。民主投票的思想具体如何实现呢？很简单，就是在平方和前面加上求和符号：

$$\sum_{i=1}^{m}(y_i - \hat{y}_i)^2$$

把直线方程带入上述公式，得到了这样一个公式：

$$\sum_{i=1}^{m}(y_i - kx_i - b)^2$$

于是找最优直线的任务就转变为找到参数 k 和 b，使得上式的值尽可能小。用数学语言表达，可以写成如下形式：

$$\arg\min_{k,b} \sum_{i=1}^{m}(y_i - kx_i - b)^2$$

其中，arg 是英文 argument 的缩写，argmin 表示求使得后面函数值最小的参数 k 和 b。整个式子称为目标函数。因为它衡量了误差的大小，所以在很多时候我们也称它为损失函数（Loss Function）。这是机器学习和深度学习中非常重要的概念，我们在 4.6 节还会专门详细介绍。

找到目标函数后，用批量训练数据反复迭代求解其中的参数，这就是最优化理论的主要思想。具体来说，就是凸优化，这个"凸"主要强调的是连续可导的概念，便于求梯度。感兴趣的话可以自行探究，我们在这里就不再展开讲了。

针对一元线性回归，k 和 b 这两个参数是比较好找的，数学家们很早之前就推断出来了，它们的计算公式如下：

$$k = \frac{\sum_{i=1}^{m}\left(x_i - \overline{x}\right)\left(y_i - \overline{y}\right)}{\sum_{i=1}^{m}\left(x_i - \overline{x}\right)^2}$$

$$b = \overline{y} - k\overline{x}$$

其中，$\overline{x}$ 和 $\overline{y}$ 分别是 x 和 y 的平均值。这就是著名的最小二乘法公式。关于它的推导，大家没必要刻意记，实践中直接调用函数就可以了。

4.5.2　多元线性回归

单变量线性回归虽然简单，但在实际问题中，特征值往往不止一个，可能有很多，甚至成千上万个。这种情况下，我们需要采用多元线性回归，处理思路类似。

将所有特征值堆叠成一个矩阵，这样仍然可以使用二维坐标系来表示。不同的是，现在横轴 $\boldsymbol{x}$ 变成一个特征向量。函数关系变为

$$\boldsymbol{y} = w_0 + w_1\boldsymbol{x}_1 + \cdots + w_n\boldsymbol{x}_n$$

每个特征都对应着一个系数 $\boldsymbol{w}$，这里 w_0 就是前面提到的偏置 b。如果你觉得这个公式不好理解，我们可以将其写成矩阵相乘的形式：

$$\boldsymbol{y} = w_0 + \boldsymbol{x} \cdot \boldsymbol{w}^{\top}$$

其中 $\boldsymbol{w} = [w_1, \cdots, w_n]$。你会发现，这仍然是个线性方程。中间的小点儿表示点乘，也称为内积。更进一步，如果我们引入一个恒等于 1 的特征 x_0，那么还可以将 w_0 合并到向量 $\boldsymbol{w}$ 中，这样方程会更加简洁，变为 $\boldsymbol{y} = \boldsymbol{x}\boldsymbol{w}^{\top}$。这里体现了线性代数的巧妙运用。很多读者在学习线性代数时可能感到困惑，因为它很抽象，但实际上，它能在高维数据情况下更好地进行数学表示。

换个说法，当你面对多元线性回归问题时，只需要意识到其横坐标 $\boldsymbol{x}$，即特征，是多维的。现在问题来了：在这个高维空间中给定了一系列数据点，我们应该如何通过回归方法找到适应这个高维空间的直线呢？

既然在线性回归中我们已经通过最优化方法找到了迭代求解的思路，那么可以将这一思路扩展到高维空间，使用向量的形式来操作，目标仍然是最小化距离之和：

$$\sum_{i=1}^{m}\left(y_i - \hat{y}_i\right)^2$$

只不过此时 y_i 的估计值 $\hat{y}_i$ 要换个数学式子表达了，如下所示：

$$\underset{\boldsymbol{w}}{\operatorname{argmin}}\left(\boldsymbol{y} - \boldsymbol{X} \cdot \boldsymbol{w}\right)^{\top}\left(\boldsymbol{y} - \boldsymbol{X} \cdot \boldsymbol{w}\right)$$

$$y^{m \times 1} = \begin{bmatrix} y_1 \\ \vdots \\ y_m \end{bmatrix}, \quad X^{m \times (n+1)} = \begin{bmatrix} 1, x_{1,1}, \cdots, x_{1,n} \\ \vdots \\ 1, x_{m,1}, \cdots, x_{m,n} \end{bmatrix}, \quad w^{(n+1) \times 1} = \begin{bmatrix} w_0 \\ \vdots \\ w_n \end{bmatrix}$$

你会发现原来的平方和求和符号消失了，取而代之的是两个带有矩阵和向量的小括号的乘法形式。这是因为在线性代数中，矩阵元素的平方和可以通过矩阵的转置乘以其自身来表示。其中，y 和 w 都是向量，X 是一个矩阵，m 代表样本数量，而 n 代表特征的维度。前面小括号中的运算完成后，得到的是一个列向量，将其转置后得到一个行向量，将这个行向量与原本的列向量相乘，最终得到的结果是个标量。

这些都是线性代数中的基本运算。即使一下子记不住也没关系，只要知道是在求平方和就够了，一点儿也不影响后续的编程实践，因为这些基础算法早已有人写好了。

多元线性回归问题现在就变成了最优化这样一个目标函数。如何对其求解呢？数学上不是什么难事儿，但是要用到比较多的求导和矩阵运算知识，理解起来有些复杂，这里直接给出答案。

$$w = \left(X^\top X \right)^{-1} X^\top y$$

这是多元线性回归的正规方程解。虽然形式上看起来很漂亮，但实际编程运算的时候，时间复杂度很高，尤其是当样本数很多（比如有上百万）或者特征的维度很高，会导致求解的速度非常慢。因此真正计算的时候，不直接用这个公式，而是用梯度下降这种更简单的搜索形式来实现。这在后续章节会进行更详细的介绍。

4.5.3 多项式回归

无论一元线性回归还是多元线性回归，到目前为止都假定样本数据是呈线性分布的。如果它们不是呈线性分布的，该怎么办呢？也不难，这就需要用到多项式了。基本思路还是拟合，只不过不再是直线拟合，而是曲线拟合。以图 4-26 中的二次曲线为例，$y = ax^2 + bx + c$，出现了二次项。

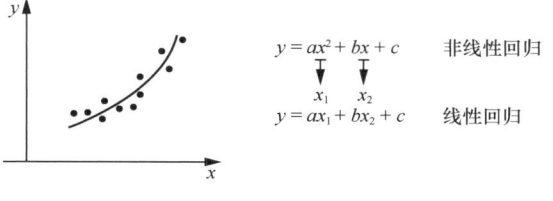

图 4-26　多项式回归示意

简言之，多项式函数就是含有更高次幂变量的函数。从 x 的角度来看，它确实是非线性的。然而，如果我们从另一个角度出发，令 $x_1 = x^2$，$x_2 = x$，进行变量替换，就能将原多项式函数表示为 $y = ax_1 + bx_2 + c$ 的线性组合，从而将问题转化为线性回归的形式。

总结起来，关于传统的回归问题，即数据拟合和预测问题，我们已经讨论完毕。无论是拟合直线还是拟合曲线，基本思路都是一样的：通过找到一条线（无论是直线还是曲线），利用求取样本点到该线纵坐标距离和的方法来解决。具体而言，首先定义目标函数，然后通过最优化方法找到使得目标函数最小化的参数值，从而得到模型，也就是拟合线。

4.5.4 简单理解梯度下降

在讲解梯度下降之前，先简要总结一下前面讲的内容。在线性回归中，假设输出变量与输入变量之间存在如下线性关系：

$$y = wx + b$$

其中，y 是输出变量，x 是输入变量，w 和 b 是参数，w 称为权重或斜率，b 称为偏差。

我们的目标是通过训练样本，找到最优的参数 w 和 b，使得模型能够准确地预测新的样本。为了找到最优的参数，需要定义一个损失函数来表示模型的预测精度。在线性回归中，常用的损失函数是均方误差（mean squared error，MSE）：

$$\text{MSE} = \frac{1}{n} \sum_{i=1}^{n} \left(y_i - \hat{y}_i \right)^2$$

其中，y_i 是第 i 个样本的真实输出值，$\hat{y}_i$ 是模型预测的输出值，n 是样本数量。

这时就可以使用梯度下降算法来最小化损失函数，即不断迭代更新参数 w 和 b，使得损失函数的值越来越小。具体来说，我们需要计算损失函数对 w 和 b 的梯度，然后按照如下公式更新参数：

$$w \leftarrow w - \alpha \frac{\partial L}{\partial w}$$

$$b \leftarrow b - \alpha \frac{\partial L}{\partial b}$$

其中，α 是学习率，L 是损失函数，$\dfrac{\partial L}{\partial w}$ 和 $\dfrac{\partial L}{\partial b}$ 分别表示损失函数对 w 和 b 的梯度。

重复以上过程，直到损失函数的值足够小或者达到设定的最大迭代次数为止，这就是所谓梯度下降的核心思想了。

4.5.5 代码实现

接下来进入代码实现这个过程，首先是数据生成部分。

1. 数据生成

```
import numpy as np
import torch
```

```
# 设置随机数种子，使得每次运行代码生成的数据相同
np.random.seed(42)

# 生成随机数据，w为2，b为1
x = np.random.rand(100, 1)
y = 1 + 2 * x + 0.1 * np.random.randn(100, 1)

# 将数据转换为 Pytorch张量
x_tensor = torch.from_numpy(x).float()
y_tensor = torch.from_numpy(y).float()
```

先导入 numpy 和 torch 这两个库，然后调用 numpy 的 random.seed() 函数设置随机数种子，相同的随机数种子能够让每次运行代码生成的数据相同。

接着使用 numpy 的 random.rand() 函数生成一组随机的输入数据 x 和标签数据 y。其中，x 的每一列都是一个随机的样本，y 是每个样本的标签，这里假定数据满足函数关系 $y = 2x+1$，通过 randn() 函数引入噪声干扰。最后使用 torch 的 from_numpy() 函数将数据转换为张量。

接下来设置两个超参数：学习率和最大迭代次数。然后，初始化待优化参数 w 和 b。这里分别使用 torch 的 randn() 和 zeros() 函数分别来初始化 w 和 b。

```
# 设置超参数
learning_rate = 0.1
num_epochs = 1000

# 初始化参数，可以使用常数、随机数或预训练参数等
w = torch.randn(1, requires_grad = True)
b = torch.zeros(1, requires_grad = True)
```

randn() 函数会生成一个均值为 0、标准差为 1 的随机张量，而 zeros() 函数会生成一个全部元素都是 0 的张量。由于计算梯度较为复杂，就不进行代码实现了，设置 requires_grad 参数值为 True，这表示希望 PyTorch 框架在反向传播时自动计算参数的梯度。

通常来说，初始化参数的值会对模型的训练结果产生较大的影响。一般可以使用如下几种方法来初始化参数。

- 随机初始化：最简单的方法是从一定范围内的值中随机抽取，如服从正态分布或均匀分布。
- 常数初始化：将所有参数都初始化为同一个常数，如 0.1 或 0.01。
- Xavier 初始化：根据网络输入和输出的维度自适应地初始化权重，对于 Sigmoid 和 Tanh 激活函数，这种初始化方法可以提高训练效率。
- He 初始化：这种方法类似于 Xavier 初始化，但更适用于 ReLU 激活函数和其变体。
- 使用预训练模型的参数。

具体使用哪种方法，取决于具体的任务和数据。有时候，使用较好的初始化方法可以加速模型的训练，提高模型的准确率。

2. 开始训练

下面我们直接开始训练，使用 for 循环迭代最大迭代次数。在每一次迭代中，首先计算预测

值 y_pred，计算损失函数均方误差 loss。接着调用 loss.backward() 来反向传播梯度。

然后在 with torch.no_grad() 代码块内借助框架自动计算的梯度手动更新参数 w 和 b。更新参数后，使用 w.grad.zero_() 和 b.grad.zero_() 来清空梯度。

循环结束后输出训练后的参数 w 和 b。可以看到，非常接近数据生成时设定函数 $y = 2x + 1$ 的参数值。

```python
# 开始训练
for epoch in range(num_epochs):
    # 计算预测值
    y_pred = x_tensor * w + b

    # 计算损失
    loss = ((y_pred - y_tensor) ** 2).mean()

    # 反向传播
    loss.backward()

    # 更新参数
    with torch.no_grad():
        # 更新w和b
        w -= learning_rate * w.grad
        b -= learning_rate * b.grad

        # 清空梯度
        w.grad.zero_()
        b.grad.zero_()

# 输出训练后的参数，与数据生成时设置的参数基本一致
print('w:', w)
print('b:', b)
w: tensor([1.9540], requires_grad=True)
b: tensor([1.0215], requires_grad=True)
```

可视化部分使用 Matplotlib 的 plot() 函数来绘制图像，如图 4-27 所示。蓝色点为原始数据散点，橙色线为训练后的拟合直线。

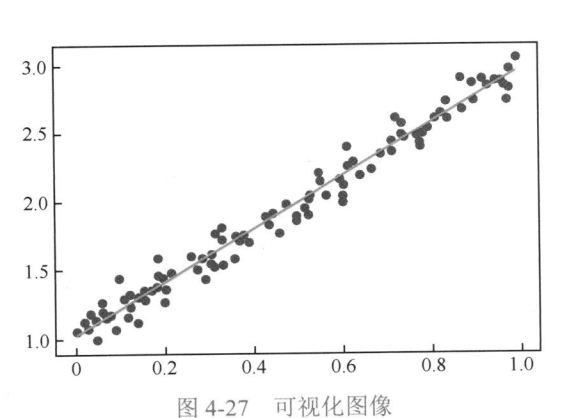

图 4-27　可视化图像

```
import matplotlib.pyplot as plt

# 绘制散点图和直线
plt.plot(x, y, 'o')
plt.plot(x_tensor.numpy(), y_pred.detach().numpy())
plt.show()
```

3. PyTorch 代码实现

最后看一下如何使用 PyTorch 框架实现，前面实现的是手动定义和更新参数 w 和 b。但每次手动定义更新实在是太麻烦了，当然还有更简单的方法，完整代码如下。

```
import numpy as np
import torch
import torch.nn as nn

# 设置随机数种子，使得每次运行代码生成的数据相同
np.random.seed(42)

# 生成随机数据
x = np.random.rand(100, 1)
y = 1 + 2 * x + 0.1 * np.random.randn(100, 1)

# 将数据转换为 pytorch张量
x_tensor = torch.from_numpy(x).float()
y_tensor = torch.from_numpy(y).float()

# 设置超参数
learning_rate = 0.1
num_epochs = 1000

# 定义输入数据的维度和输出数据的维度
input_dim = 1
output_dim = 1

# 定义模型，即一个神经元
model = nn.Linear(input_dim, output_dim)

# 定义损失函数和优化器
criterion = nn.MSELoss()
optimizer = torch.optim.SGD(model.parameters(), lr = learning_rate)

# 开始训练
for epoch in range(num_epochs):
    # 将输入数据喂入模型
    y_pred = model(x_tensor)

    # 计算损失
    loss = criterion(y_pred, y_tensor)

    # 清空梯度
    optimizer.zero_grad()

    # 反向传播
    loss.backward()
```

```
    # 更新参数
    optimizer.step()

# 输出训练后的参数
print('w:', model.weight.data)
print('b:', model.bias.data)
w: tensor([[1.9540]])
b: tensor([1.0215])
```

前面数据生成部分的代码不变，定义输入数据的维度和输出数据的维度。接下来我们用 nn. Linear 模块定义一个线性回归模型，使该模型有 input_dim 个输入特征和 output_dim 个输出特征，这里特征维度都是 1。本质上该模型就是一个输入 / 输出均为一维的神经元，和前面 w、b 的作用是一样的。

然后使用 nn.MSELoss 模块定义一个均方误差（MSE）损失函数，使用 torch.optim.SGD 模块定义一个随机梯度下降（SGD）优化器，并传入前面定义好的学习率。

使用 for 循环迭代最大迭代次数。在每一次迭代中，首先使用模型计算输入数据的预测值 y_pred，然后使用损失函数计算 loss，也就是 MSE。接着使用优化器的 zero_grad() 方法清空梯度，然后调用 loss.backward() 来反向传播梯度。再直接调用优化器的 step() 方法就可以更新模型的参数。

最后输出训练后的参数 w 和 b。可以看到和前面手动更新的输出值是完全一致的。通过这种模式可以进一步定义复杂网络，很容易实现批量更新参数训练模型。

4.5.6　小结

本节内容涵盖了从简单的一元线性回归，拓展到更高维特征的多元线性回归，以及具备拟合曲线能力的多项式回归。

从思想角度来看，这些方法都旨在找到一条线来最佳拟合所有数据，这实质上就是回归问题的核心。具体而言，我们首先假设带有参数的线性模型，然后确立一个评价标准，例如训练数据点与候选直线之间的纵坐标距离，将这些距离求和所得到的函数称为损失函数。之后，我们使用最优化分析的方法来求解这个损失函数，从而得到模型。最终，通过编写代码逐步实现了线性回归，并对其中的每一步进行了详细拆解。

我们还使用了 PyTorch 框架来快速实现这些概念。在接下来的章节中，我们将进一步解释本节中所涉及的方法。

4.6　分类问题

要列举人类基本的智能形态，一种是前面讲过的回归，另一种就是分类，这也是机器学习把它们当成研究重点的原因。想想我们小时候，困了睡饿了吃，这种跟习惯或者顺序相关的就是回归，它研究的是数据内在的"惯性"规律，一旦找到了就可以用来预测。同时，还有一种智能形态，即不断学习这是什么，那是什么，这就是分类任务。

机器学习把人类的这种能力进行了抽象。分类问题可以说是一类常见的监督学习问题，涉及将输入数据集划分到一个或多个类别的过程。通常，这些类别是事先确定的，并且类别标签是已知的。

例如，在一个垃圾邮件过滤器的分类问题中，输入数据可能是电子邮件，而输出类别可能是"垃圾邮件"或"非垃圾邮件"。在这种情况下，目标是使用机器学习算法训练模型，使其能够根据电子邮件的内容将其分类为"垃圾邮件"或"非垃圾邮件"。

分类问题的模型的输出是一个离散的类别标签，而不是连续的值，这是和回归问题非常大的区别。

如图 4-28 所示，机器学习算法的流程往往都是先用一个数学模型描述一个问题，然后找到一个目标函数，再用最优化的方法逼近求解得到模型参数。这个过程就是训练的过程。先来看看如何将这样一个带有离散类别标签的分类问题用数学的方法来表示。

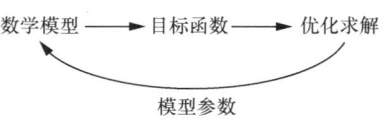

图 4-28 机器学习算法流程示意

4.6.1 多分类问题的数学表示

在数学表示中，我们通常使用一个向量来表示输入数据，这个向量称为"特征向量"，由输入数据的多个特征构成。例如，如果想要对图像进行分类，我们可能会使用像素值作为特征。

如何表示离散的类别标签呢？一种常见的表示方法是使用 One-Hot（独热）编码。这种方法将每个可能的类别映射到一个独立的维度上，并在该维度上用 1 来表示类别。例如，如果有三个可能的类别，分别是"猫""狗""鸟"，则可以用如图 4-29 所示的 One-Hot 编码。

猫：[1,0,0]　　　狗：[0,1,0]　　　鸟：[0,0,1]

图 4-29 One-Hot 编码示意

这种表示方法的优点在于，可以很容易地区分不同的类别，并且可以通过使用线性模型来进行分类。然而，One-Hot 编码也有一些缺点，例如当类别数量很大时，会导致特征维度数量变得非常大。

另一种常用的方法是使用"概率表示"。在这种方法中，我们会使用每个类别的概率来表示输入数据属于该类别的可能性。例如，如果想要对一张图像进行分类，可以使用概率表示，如图 4-30 所示。

猫：0.7　　狗：0.2　　鸟：0.1

图 4-30 概率表示示意

这种方法的优点在于，可以很容易地表示输入数据属于不同类别的可能性，并且可以使用贝叶斯公式进行分类。

总体来说，One-Hot 编码像一个开关系统，非黑即白，告诉我们某个类别是否是"这个"，而没有其他可能。概率表示则像一个灯光调节器，它不仅可以告诉我们灯是亮还是暗，还可以表示灯亮的程度。

4.6.2 Softmax回归

Softmax 回归也被称为多项式逻辑回归，可以输出多个类别的概率。用数学语言来说，设输入图像的向量表示为 x，模型可以表示为如下形式：

$$\hat{y} = \text{Softmax}(Wx + b)$$

其中，W 和 b 是模型参数，也是待学习的变量。W 是权重矩阵，b 是偏置向量，$Wx + b$ 这个线性组合也可以表示为向量 z。Softmax($\cdot$) 可以将向量 z 中的每一个元素转换为概率值，也就是输出 $\hat{y}$，其中每个元素 y_i 表示输入属于第 i 个类别的概率，而所有的概率值之和为 1。

数学模型有了，按照 4.5 节的方式，下面要确定一个损失函数，在多项式逻辑回归中，就是交叉熵损失函数。

你可能会问，为何不继续使用线性回归中的均方误差作为损失函数呢？在多项式逻辑回归中，输出值是个概率值，而不是一个连续的实数值。因此，用均方误差作为损失函数就不太合适了，它虽然能衡量回归预测结果与真实值的差距，但是不能很好地衡量分类结果与真实结果之差。

在多项式逻辑回归中，通常不使用均方误差作为损失函数，而是会选择对数损失函数或者交叉熵作为损失函数。

4.6.3 对数损失函数

对数损失函数也称为对数似然损失函数或者对数似然函数，是深度学习中一种常用的损失函数。它衡量的是在给定观测数据的情况下，模型参数的最优取值。当模型参数取得最优值时，对数损失函数取得最小值。对于二分类问题，对数损失函数如下：

$$L(y, f(x)) = -\left[y\log(f(x)) + (1-y)\log(1-f(x)) \right]$$

对于多分类问题，对数损失函数如下：

$$L(y, f(x)) = -\sum_{i=1}^{N}\left(y_i\log(f(x_i)) \right)$$

其中，y 表示真实的标签，$f(x)$ 表示模型的预测结果，i 表示类别的编号。为什么要用对数运算呢？这是因为对数运算具有很多优秀的性质。例如，对数运算是单调的，也就是说，当一个数越大，它的对数值也越大；对数运算具有结合性，可以将多个数的乘积转化为多个数和的形式；

对数运算还具有缩放性，可以将一个大范围的数值压缩为一个小范围的数值。这些性质使得对数损失函数在优化模型参数时具有很大的优势。

4.6.4 交叉熵损失函数

日常学习中我们还会经常听到交叉熵（cross entropy）损失函数，本质上它与对数损失函数是等价的，只是两个不同的名字而已，尤其是在我们讲过的二分类问题上没区别。对于多分类问题，表述方式上略有区别，交叉熵损失函数的数学形式如下：

$$L\left(y, f\left(x\right)\right) = -\frac{1}{m}\sum_{i=1}^{m}\sum_{j=1}^{n} y_{ij}\log p\left(x_{ij}\right)$$

其中，m 表示样本数，n 表示样本所属不同的类别个数，y_{ij} 表示样本 i 所属类别 j，$p\left(x_{ij}\right)$ 表示预测的样本 i 属于类别 j 的概率。这种交叉熵损失函数的形式在深度学习中更加常用一些。

4.6.5 代码实现

接下来我们看一下如何用代码解决多分类问题。这里我们利用了 PyTorch 的 torchvision 库中提供的 MNIST 数据集。它通过将图像数据转换为张量以及将数据集封装为可迭代的数据加载器，为训练和测试深度学习模型做好了准备。

```
import torch
import torchvision

# ToTensor()将数据集中的图像数据转换为PyTorch张量，这使得我们可以直接将图像作为模型输入
transformation = torchvision.transforms.ToTensor()
```

我们定义了训练数据集和测试数据集。root 参数指定了数据集的本地存储路径，train 参数表示是否为训练集，download 参数表示如果数据集不存在，则是否从网络上下载数据集，transform 参数指定了要对数据集进行的转换操作。

```
train_dataset = torchvision.datasets.MNIST(root='./mnist/data', train=True,
download=True, transform=transformation)
test_dataset = torchvision.datasets.MNIST(root='./mnist/data', train=False,
download=True, transform=transformation)
```

接着，我们将数据集封装为数据加载器，并指定了批大小（batch_size）、是否打乱数据集（shuffle）等参数。数据加载器的作用是将数据集划分为多个批次，并提供迭代器来遍历每个批次的数据。这样，我们可以在训练和测试过程中分批次地加载数据，从而更加高效地利用计算资源。

```
batch_size = 64
# 将数据载入数据加载器中
train_dataloader = torch.utils.data.DataLoader(train_dataset, batch_size=batch_
size, shuffle=True)
test_dataloader = torch.utils.data.DataLoader(test_dataset, batch_size=batch_size,
shuffle=False)
```

接下来我们检查一下数据的正确性。此处可以引入 **matplotlib.pyplot** 库来绘制图像，生成的图像如图 4-31 所示。

```python
import matplotlib.pyplot as plt

# 检查输入数据的正确性
for images, labels in train_dataloader:
    # 打印出images和labels的形状
    print(images.shape, labels.shape)
    print(labels[0]) # 打印出labels中的第一个元素
    plt.imshow(images[0][0], cmap='gray') # 显示该图像
    plt.show()
    break
torch.Size([64, 1, 28, 28]) torch.Size([64])
tensor(4)
```

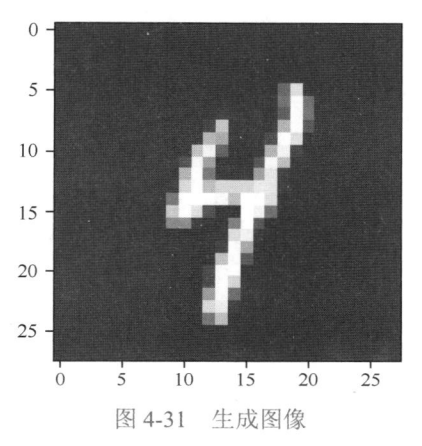

图 4-31　生成图像

再往下要定义模型。这里定义了一个简单的前馈神经网络模型，只包含一个线性层，输入大小为 input_size，输出大小为 output_size。在前向传播时，模型将输入 x 传递给线性层，并返回线性层的输出，即模型的 logit 值。

```python
import torch.nn as nn

# 定义一个名为Model的类，它继承自nn.Module类
class Model(nn.Module):
    # 定义__init__函数，用于初始化模型的参数
    def __init__(self, input_size, output_size):
        # 调用nn.Module的构造函数
        super().__init__()
        # 定义一个线性层，其输入大小为input_size，输出大小为output_size
        self.linear = nn.Linear(input_size, output_size)

    # 定义forward()函数，用于前向传播
    def forward(self, x):
        # 计算线性层的输出，即模型的logits值
        logits = self.linear(x)
        # 返回模型的logits值
        return logits
```

```
# 定义超参数
input_size = 28*28
output_size = 10
model = Model(input_size, output_size)
```

下面我们需要创建一个交叉熵损失函数和一个随机梯度下降（SGD）优化器，并将它们分别赋值给变量 criterion 和 optimizer。细心的读者可能发现了，我们在模型定义中并没有使用 Softmax 层。其实是因为在 PyTorch 的实现中，交叉熵损失函数 CrossEntropyLoss() 里已经包含了 Softmax。所以如果在模型定义部分显式地再加上一个 Softmax 层，就相当于应用两次 Softmax，反而进一步导致梯度不稳定，甚至会导致准确率的下降。

```
import torch.nn as nn

# 定义交叉熵损失函数
criterion = nn.CrossEntropyLoss()

# 定义随机梯度下降优化器，其中model.parameters()获取模型所有可学习的参数
# lr表示学习率，它控制优化器在更新参数时的步长大小
optimizer = torch.optim.SGD(model.parameters(), lr=0.01)
```

然后需要定义一个名为 evaluate() 的函数，用于评估给定模型在指定数据集上的准确率。

```
# 定义evaluate()函数，用于评估给定模型在指定数据集上的准确率
def evaluate(model, data_loader):
    # 将模型设为评估模式，即关闭Dopout和批归一化等随机性操作
    model.eval()
    # 定义变量用于记录分类正确的样本数量和总样本数量
    correct = 0
    total = 0
    # 在上下文管理器中使用 torch.no_grad()，以避免在评估模型时计算梯度和更新模型参数
    with torch.no_grad():
        # 遍历数据加载器中的每个batch
        for x, y in data_loader:
            # 将输入数据 x 变形为二维张量，第一维是 batch_size，第二维是 input_size
            x = x.view(-1, input_size)
            # 计算模型的输出，即logits
            logits = model(x)
            # 从logits中选取最大值作为预测值，并返回预测值的索引
            _, predicted = torch.max(logits.data, 1)
            # 更新总样本数量
            total += y.size(0)
            # 更新分类正确的样本数量
            correct += (predicted == y).sum().item()
    # 计算准确率，并返回
    return correct / total
```

evaluate() 函数的作用是在指定的数据集上对给定的模型进行评估，并计算出模型在该数据集上的准确率。在函数内部，首先将模型设为评估模式，然后遍历数据集中的每个批（batch），将输入数据 x 变形为二维张量，计算模型的输出（即 logits），然后从 logits 中选取最大值作为预测值，并返回预测值的索引。最后，根据预测值和真实标签计算分类正确的样本数量和总样本数量，计算准确率并返回。

最后是模型训练部分，代码如下。

```
# 对神经网络进行多次训练迭代
for epoch in range(10):
    # 遍历训练集数据加载器中的每个batch
    for images, labels in train_dataloader:
        # 将图像和标签转换成张量
        images = images.view(-1, 28*28)
        labels = labels.long()

        # 前向传播，计算模型的输出和损失
        outputs = model(images)
        loss = criterion(outputs, labels)

        # 反向传播和优化，即计算梯度并更新模型参数
        optimizer.zero_grad()
        loss.backward()
        optimizer.step()

    # 在测试集上评估模型的准确率，并输出
    accuracy = evaluate(model, test_dataloader)
    print(f'Epoch {epoch+1}: test accuracy = {accuracy:.2f}')
Epoch 10: test accuracy = 0.91
```

4.6.6 小结

在本节中，我们讲解了多分类问题的数学表示，给出了两种常见的方法：One-Hot 编码和概率表示。在神经网络中，概率表示更加常用。接着，我们讲了用线性模型来解决多分类问题，具体讲解了 Softmax 函数，其目的就是要生成概率表示的形式。然后我们讲解了两种常见的损失函数：对数损失和交叉熵损失。前者多用于二分类问题，后者用于多分类问题。

在代码部分，我们对神经网络进行了多批次训练迭代。对于每个迭代，首先遍历训练集数据加载器中的每个 batch，将图像和标签转换成张量，然后进行前向传播，计算模型的输出和损失，再进行反向传播和优化，即计算梯度并更新模型参数。在完成所有 batch 的训练后，使用测试集评估模型在该数据集上的准确率，并输出。这样可以监控模型在训练过程中的性能，并对模型进行调优和改进。

第 5 章

常见挑战及对策：一切为了泛化能力

在学习了多层感知机并理解了前向传播和反向传播的原理后，你已经初步掌握了深度学习的核心概念。那么为什么还需要学习更多的内容呢？原因在于，实际问题多种多样且复杂，远非简单的多层感知机就能完全解决的。

为了精通更复杂的深度神经网络，通常可以从数据、模型和训练过程入手，本书后续的章节将围绕这三个主题进行阐述。在本章中，我们首先将关注如何处理数据和模型匹配的问题，具体如下：

- 如何处理过拟合；
- 梯度消失和梯度爆炸的解决办法；
- 如何读写模型文件。

第 6 章，我们将从训练过程的角度介绍梯度下降算法。在后续的章节中，我们将逐一介绍各种专用的神经网络模型。

5.1 训练问题分析

在本节中，我们来拆解模型训练中经常会遇到的难题和挑战。首先是应该选择什么样的模型，也就是架构设计的问题。

5.1.1 模型架构设计

神经网络架构设计是指在解决特定问题时，如何选择合适的网络结构、节点数量、网络层数等参数，怎样选择和使用全连接层、卷积层、循环层、注意力层等不同类型层组件，以及如何进行层间连接。如图 5-1 所示，展示了两种不同的设计。

我们在后续章节中将会讲解各种专用网络及其变体。面对实际问题时，具体如何选择模型架构是一件令人头疼的事情。严格意义上，这个问题没有标准答案，通常需要根据问题特点和数据特征进行不断调整和优化。这里我们给出一些基本的设计原则。

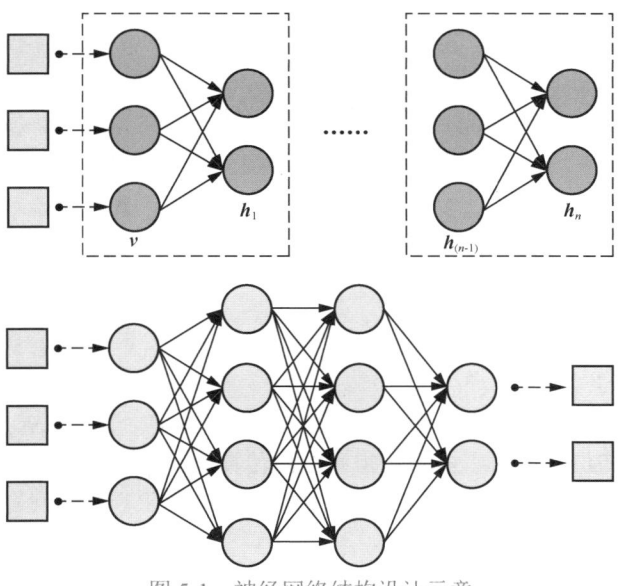

图 5-1 神经网络结构设计示意

先来看看关于隐藏层的全局逼近定理（universal approximation theory）。该定理指的是，一个具有足够多隐藏层节点的多层前馈神经网络，只要包含任何一种有"挤压"性质的激活函数，比如 Sigmoid、Tanh、ReLU 等，它就可以逼近任意连续的函数。这个定理告诉我们，理论上哪怕只是单隐藏层的多层感知机（MLP），只要网络足够大，就能够逼近任意函数。然而，这听上去很完美，实际上往往不可行，因为要么需要网络大到不可实现，要么很难学习和泛化。此外，训练神经网络时，还需要考虑数据质量、训练时间、过拟合等多种因素。

那么，新问题来了：神经网络的隐藏层到底越大越好，还是越深越好呢？这是初学者特别好奇的。其实也没有确定答案，完全取决于具体问题类型。更大规模的隐藏层可以提供更多参数来学习数据表示，但是容易出现过拟合问题。更深的网络可以通过更多的层来学习更抽象的特征，但是可能会受到梯度消失的影响。

因此，对于特定问题，往往需要调整网络大小和网络深度来找到最佳模型。不过经过一些初步研究证明，很多情况下使用更深的模型能够减少表示期望函数所需的单元数量，并且可以减小泛化误差。选择深度模型在某种程度上默认遵循一条原则，那就是想要学习的函数会涉及若干更加简单函数的组合。换句话说，在保持一定宽度的情况下，网络更深有助于提高泛化能力，这也是深度学习大行其道的原因。

但是，多少层算深呢？本书会在后续章节中具体讲到一些典型的网络，一般来说，对于图像任务，十几层就已经算深了，但是对于像 ResNet 这样的网络，几百上千层也很普遍。

5.1.2 过拟合与欠拟合

过拟合是指模型在训练数据上表现良好，但在测试数据上表现不佳的情况。这意味着模型对训练数据进行了过度拟合,因而无法适用于真实世界中的数据。简单理解就是,平时学习不错,但一考试就不行。

我们也常常把这种情况称为泛化能力差,泛化能力指的是模型在训练集上学习的知识是否能应用到新的未知数据上的能力泛化能力越强的模型在测试集上的表现越好。过拟合通常是由模型复杂度过高导致的。

如图 5-2 所示,当模型复杂度增加,也就是曲线更"曲"时,虽然更好地拟合了训练数据中的噪声和细节,但面对真实世界的数据时,反而表现不佳。在实际应用中,过拟合是常见问题,需要通过合适的方法来避免。

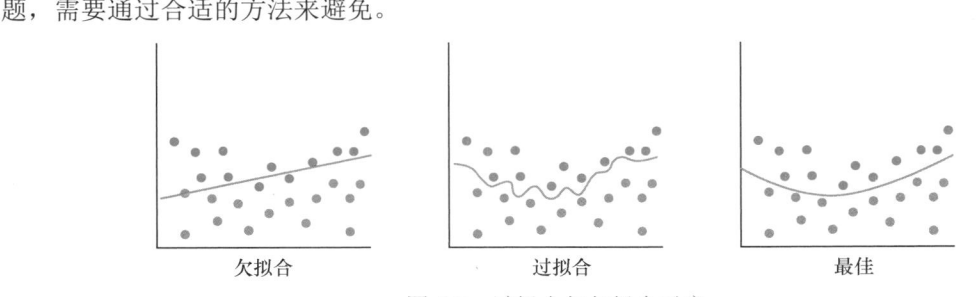

图 5-2 过拟合与欠拟合示意

欠拟合常常在模型学习能力较弱而数据复杂度较高的情况下出现。如图 5-2 左图所示,此时直线模型由于学习能力不足,无法学习到数据呈现的"一般规律",因而导致泛化能力弱。为了避免欠拟合问题,可以增加模型的复杂度来提高表示能力。常用方法包括增加网络层数、神经元数量,以及使用更复杂的模型结构(如卷积神经网络或循环神经网络)等。

模型复杂度、过拟合、欠拟合三者之间存在一定的依存关系。如图 5-3 所示,横轴表示模型复杂度,纵轴表示误差,中间的点线是最佳分界线。训练误差是模型在训练数据上的误差。泛化误差是我们最终关心的误差或者测试误差,它反映了模型对真实世界数据的预测能力。

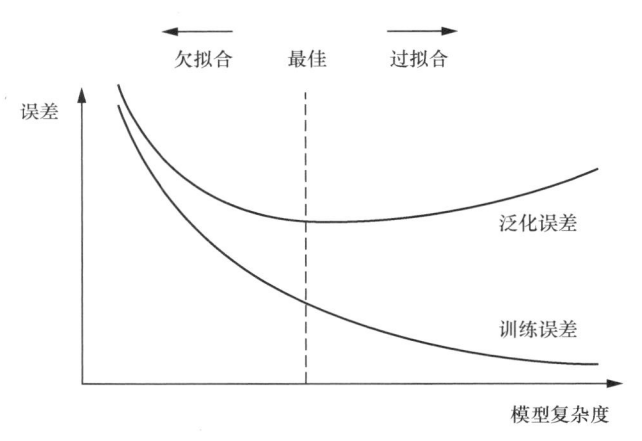

图 5-3 模型复杂度与误差的关系示意

打个比方,我们上学的时候,平时做题的过程就是训练,如果出现错题就是训练误差。平时做得再好也不代表考试就一定考得好,考试做错题就是泛化误差。

可以看出,横轴上越往右越容易过拟合,越往左越容易欠拟合。虽然复杂模型的训练误差小,但是泛化误差就不一定了。实际应用中,我们通常希望泛化误差尽可能小,因为这意味着模型能够很好地适用于新数据。无论过拟合还是欠拟合,泛化误差都会变大。只有在中间线位置泛化误差才最小，因此这是模型选择的目标。

> 梗直哥：学习了欠拟合和过拟合，你有什么感觉？
>
> 小　白：这不就像我参加考试吗？欠拟合就是没有复习，考试题不会做。过拟合就是刷题太多没有动脑，遇到新题还是不会。
>
> 梗直哥：没错，子曰：学而不思则罔，思而不学则殆。老祖宗早就发现过拟合和欠拟合问题啦。

5.1.3　代码实现

为了让大家有更加感性的认知，我们用一个实际的代码示例来演示不同模型情况下欠拟合、正常和过拟合这 3 种情况，并可视化训练误差和测试误差，以便直观理解。

首先还是导入必要的库 numpy、torch、matplotlib，读者应该都很熟悉了，这里不做赘述。DataLoader 和 TensorDataset 主要用于构造数据加载器，这个后面使用的时候还会进行解释。train_test_split 是 scikit-learn 中的方法，能够很方便地划分训练集和测试集。

```python
# 导入必要的库
import numpy as np
import torch
import torch.nn as nn
import matplotlib.pyplot as plt # 用于数据可视化
from torch.utils.data import DataLoader, TensorDataset # 用于构造数据加载器
from sklearn.model_selection import train_test_split # 用于划分数据集
```

1. 数据生成

这里生成一组随机数据。首先设置随机数种子保证每次生成的随机数相同，便于复现。指定生成样本数为 100，使用 uniform() 生成一个范围为 −5 ~ 5 的均匀分布的随机数组 X，令 $y = x^2 + 1$，再加上一个 normal() 生成的均值为 0、标准差为 1、满足正态分布的随机数，以作为噪声干扰。然后调用 torch.from_numpy() 将 X、Y 转换为 PyTorch 的浮点数变量。最后使用 Matplotlib 的 scatter() 绘制散点图，如图 5-4 所示，用 show() 显示，可以看到生成的数据点就是带有一定噪声的抛物线数据。

```python
# 设置随机数种子
np.random.seed(32)

# 生成满足 y = x^2 + 1 的数据
num_samples = 100 # 100个样本点
X = np.random.uniform(-5, 5, (num_samples, 1)) # 均匀分布
Y = X ** 2 + 1 + 5 * np.random.normal(0, 1, (num_samples, 1)) # 正态分布噪声

# 将NumPy变量转化为浮点型PyTorch变量
X = torch.from_numpy(X).float()
```

```
Y = torch.from_numpy(Y).float()

# 绘制数据散点图
plt.scatter(X, Y)
plt.show()
```

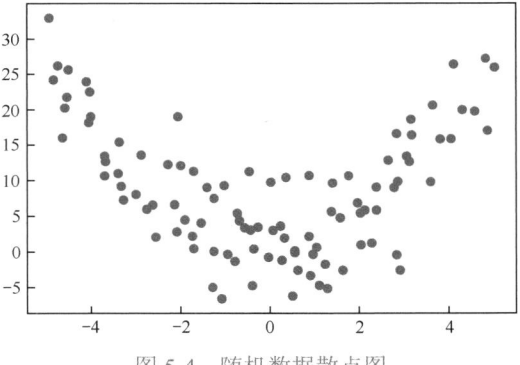

图 5-4 随机数据散点图

为了便于后续效果评估，我们还要区分一下训练集和测试集。具体过程如下：用 sklearn 的 train_test_split() 函数将 X 和 Y 数组分为训练集和测试集，其中测试集占比设为 0.3；然后使用 TensorDataset 将训练集和测试集分别转换为 Dataset 的形式；再使用 DataLoader 封装成数据加载器，batch_size 设为 32，shuffle 参数表示是否打乱数据顺序，一般我们可以通过打乱训练集来提高模型的泛化能力。

```
# 将数据拆分为训练集和测试集
train_X, test_X, train_Y, test_Y = train_test_split(X, Y, test_size=0.3, random_
state=0)

# 将数据封装成数据加载器
train_dataloader = DataLoader(TensorDataset(train_X, train_Y), batch_size=32,
shuffle=True)
test_dataloader = DataLoader(TensorDataset(test_X, test_Y), batch_size=32,
shuffle=False)
```

2. 模型定义

接下来，我们会定义 3 种不同的模型，分别对应欠拟合、正常和过拟合 3 种情况。

- 欠拟合可以使用一个线性回归模型，但是输入维度为 1，输出维度也为 1。因为线性回归模型没有隐藏层也没有激活函数，所以它无法很好地拟合抛物线数据。
- 正常情况使用一个包含 8 个神经元的隐藏层。这个模型的输入维度仍为 1，输出维度也为 1。
- 过拟合用一个比正常情况的模型更复杂的多层感知机，它包含更多的隐藏层和更多神经元。

forward() 函数定义前向过程，依次经过隐藏层即可，激活函数都是用 ReLU 函数，最后输出。

```python
# 定义线性回归模型（欠拟合）
class LinearRegression(nn.Module):
    def __init__(self):
        super().__init__()
        self.linear = nn.Linear(1, 1)

    def forward(self, x):
        return self.linear(x)

# 定义多层感知机（正常）
class MLP(nn.Module):
    def __init__(self):
        super().__init__()
        self.hidden = nn.Linear(1, 8)
        self.output = nn.Linear(8, 1)

    def forward(self, x):
        x = torch.relu(self.hidden(x))
        return self.output(x)

# 定义更复杂的多层感知机（过拟合）
class MLPOverfitting(nn.Module):
    def __init__(self):
        super().__init__()
        self.hidden1 = nn.Linear(1, 256)
        self.hidden2 = nn.Linear(256, 256)
        self.output = nn.Linear(256, 1)

    def forward(self, x):
        x = torch.relu(self.hidden1(x))
        x = torch.relu(self.hidden2(x))
        return self.output(x)
```

再往下，定义一个函数用于记录这 3 种模型训练过程中的误差序列。参数包括模型、epoch 数、训练集和测试集。

为了计算误差，我们选用均方误差（MSE）作为损失函数，定义训练和测试误差数组用于记录。接下来遍历模型进行训练，先定义优化器 SGD，学习率设为 0.005，再定义两个数组记录每类模型的训练和测试误差，然后进行迭代训练，每一轮迭代都遍历训练数据集，预测、计算损失函数、反向传播，这几步操作大家应该都很熟悉了，并记录训练 loss。然后在测试数据上评估，需要注意，对于测试模型不计算梯度，之后再遍历测试集进行预测和计算损失函数，记录测试 loss。最后记录当前模型每轮的训练和测试误差，返回即可。

```python
def plot_errors(models, num_epochs, train_dataloader, test_dataloader):
    # 定义损失函数
    loss_fn = nn.MSELoss()

    # 定义训练和测试误差数组
    train_losses = []
    test_losses = []

    # 遍历每类模型
    for model in models:
        # 定义优化器
```

```
optimizer = torch.optim.SGD(model.parameters(), lr=0.005)

# 每类模型的训练和测试误差
train_losses_per_model = []
test_losses_per_model = []

# 迭代训练
for epoch in range(num_epochs):
    # 在训练数据上迭代
    model.train()
    train_loss = 0
    # 遍历训练集
    for inputs, targets in train_dataloader:
        # 预测、计算损失函数、反向传播
        optimizer.zero_grad()
        outputs = model(inputs)
        loss = loss_fn(outputs, targets)
        loss.backward()
        optimizer.step()
        # 记录loss
        train_loss += loss.item()

    # 计算loss并记录
    train_loss /= len(train_dataloader)
    train_losses_per_model.append(train_loss)

    # 在测试数据上评估，对于测试模型不计算梯度
    model.eval()
    test_loss = 0
    with torch.no_grad():
        # 遍历测试集
        for inputs, targets in test_dataloader:
            # 预测、计算损失函数
            outputs = model(inputs)
            loss = loss_fn(outputs, targets)
            # 记录loss
            test_loss += loss.item()

        # 计算loss并记录
        test_loss /= len(test_dataloader)
        test_losses_per_model.append(test_loss)

    # 记录当前模型每轮的训练和测试误差
    train_losses.append(train_losses_per_model)
    test_losses.append(test_losses_per_model)

return train_losses, test_losses
```

上面的函数看着有些复杂，本质上是借助这个函数分别计算这 3 个模型的训练和测试误差。

接下来要做的是指定 epoch 数，将 models 定义为前面的三类模型，直接将参数传入函数即可得到训练和测试误差的曲线数据。

```
# 获取训练和测试误差曲线数据
num_epochs = 200
models = [LinearRegression(), MLP(), MLPOverfitting()]
train_losses, test_losses = plot_errors(models, num_epochs, train_dataloader, test_dataloader)
```

3. 可视化

最后进行可视化，遍历三类模型，使用 Matplotlib 绘制训练和测试误差曲线，如图 5-5 所示，可以清楚地看到图 5-5 中 3 种模型的变化趋势。

- 第一张图中，欠拟合模型进行训练和测试的误差曲线都呈现出较高的损失值，这表明模型在训练数据和测试数据上的表现都不佳，无法很好地拟合数据，也就是欠拟合。
- 在正常的情况下，第二张图训练和测试误差通常会随着训练的进行而逐渐下降，并基本稳定在一个较低的损失值，抖动不大。
- 过拟合则是在测试集上的表现较差，训练出现不稳定的情况，甚至随着训练次数的增加误差反而逐渐增大，从第三张图中可以看出，虽然模型结构更复杂，参数量更多，但反而出现了较大抖动。

```
# 绘制训练和测试误差曲线
for i, model in enumerate(models):
    plt.figure(figsize=(8, 4))
    plt.plot(range(num_epochs), train_losses[i], label=f"Train {model.class.name}")
    plt.plot(range(num_epochs), test_losses[i], label=f"Test {model.class.name}")
    plt.legend()
    plt.ylim((0, 200))
    plt.show()
```

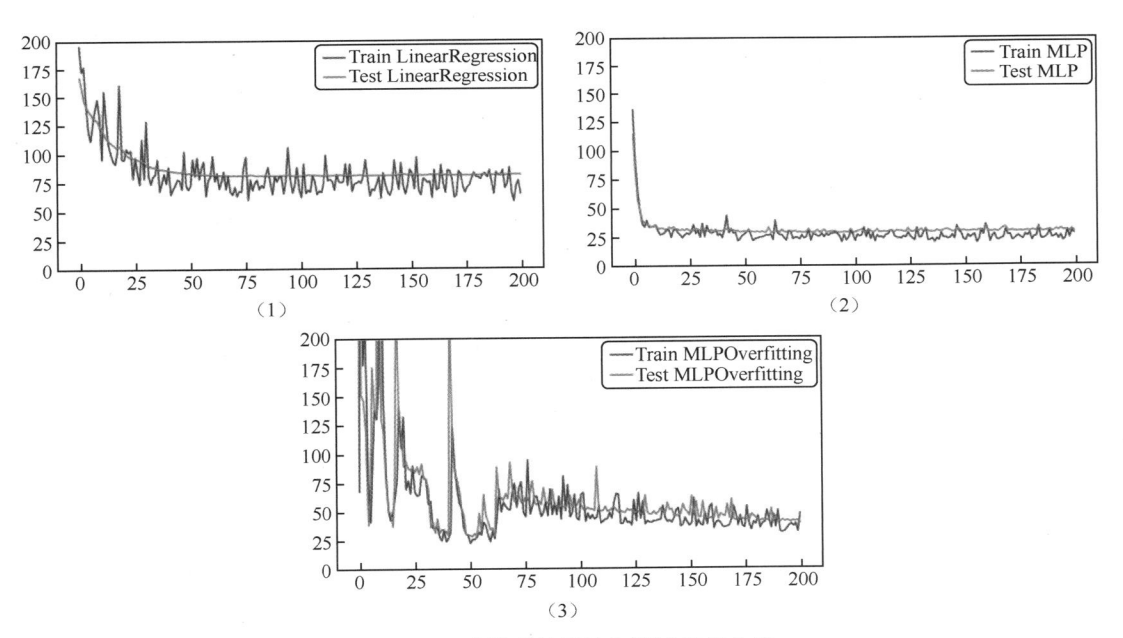

图 5-5　三类模型的训练和测试误差曲线

5.1.4 小结

在本节中，我们讲解了模型训练时经常会遇到的各种问题，主要包括模型复杂度、过拟合和欠拟合、训练误差和泛化误差等。模型复杂度跟网络深度、每层神经元个数、网络类型、连接方式等各种因素都有关系，并不是越复杂越好。

我们介绍了全局逼近定理，提到增加深度比增加宽度更加重要。过拟合问题在训练中经常会出现，就像某些同学平时学习不错，一考试就紧张，容易发挥失常。过拟合问题和模型复杂度息息相关，我们讲了它们之间的相互关系。学习的目的就是使得泛化误差尽量小，同时要避免过拟合问题。

最后，为了便于直观理解，我们又用一个代码示例演示了欠拟合、正常和过拟合三种情况。大家可以动手调整模型结构、参数和数据集，反复尝试体会。

5.2 过拟合欠拟合应对策略

前文提到，训练过程中经常会出现过拟合和欠拟合两种问题，它们都跟模型复杂度息息相关。在本节中，我们就来具体分析解决办法。

这种情况出现的本质原因是数据和模型不匹配，因此可以从数据复杂度、模型复杂度和训练策略三个方面下手。

可以类比为一个人吃饭：过拟合就是吃多了营养过剩而导致富贵病；而欠拟合则是营养不良，都是不健康的状态。如何改进呢？一是从食物端入手（数据角度），合理饮食，若过拟合就多吃水果蔬菜，少吃大鱼大肉和垃圾食品，若欠拟合就要补充营养；二是从人自身入手（模型角度），尽量自律，控制饮食，保持体型；三是从怎么吃（训练策略角度），也就是吃的过程考虑，比如细嚼慢咽、少食多餐等。

深度学习理论虽然复杂，但其基本思想和我们的日常生活是相通的。

5.2.1 数据集选择

在训练深度学习模型时，如果数据集较小，很容易出现过拟合情况，如图 5-6 所示。为什么呢？因为在较小的数据集上，模型很容易拟合训练数据，但是在新数据上的表现却很差。学习到的特征可能只对训练数据有效，对新数据并没有太大的意义。相反，如果数据集较大，模型很难出现过拟合，因为在较大的数据集上，模型很难将训练数据完全拟合。这样，模型就可以学习到更加泛化的特征，在新数据上的表现就会更好。然而，数据集过大可能导致模型的训练效率降低。因此，我们在选择数据集时，需要权衡这些因素，选择大小合适的数据集。

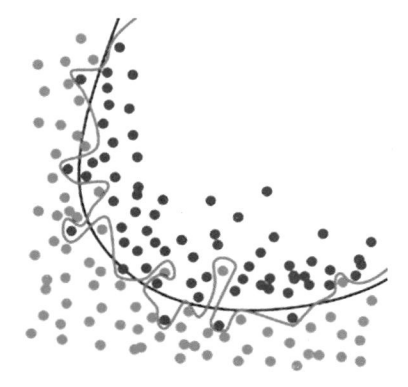

图 5-6 过拟合示意

既然提升模型泛化能力的好办法是使用更多数据进行训练，那么对于数据量有限的情况如何应对？

解决办法之一就是创建假数据，并将其添加到训练数据中，也就是采用所谓的数据增强技术。具体来说，可以对已有的训练数据进行变换，以增加数据量和多样性。

以图像数据为例，如图 5-7 所示，可以进行旋转、翻转、剪切、加入噪声、镜像、改变亮度等操作实现数据的成倍扩充。使用数据增强可以有效解决过拟合问题，提高模型在新数据上的泛化能力，因为生成的新数据可以更好地代表真实数据的分布，所以模型在新数据上的表现也会更好。

关于这部分内容，在后续章节还会进一步讲解代码实现。

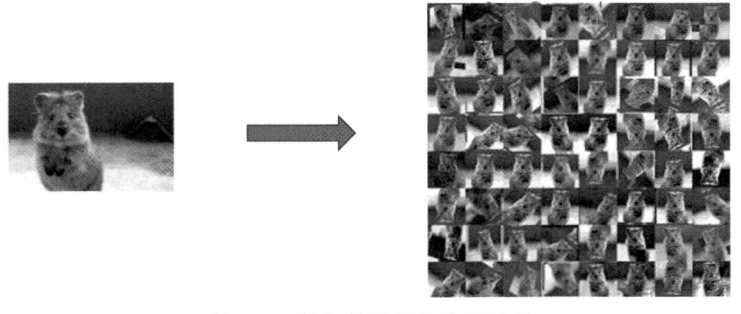

图 5-7　图像数据增强效果示意

此外，还可以使用验证集（validation set）。它并非用于训练模型本身，主要用于比较不同模型的性能并选择最优模型。

使用验证集的好处在于，可以在训练过程中对模型进行评估，而不需要等到训练结束。这样就可以及时发现模型的问题，并适时调整模型超参数或模型结构。

简单理解，如果说训练集是练习，验证集就像模拟考试，而测试集是最后真正的考试。如图 5-8 所示，通常可以把已有数据划分成上述三个数据集分别使用。

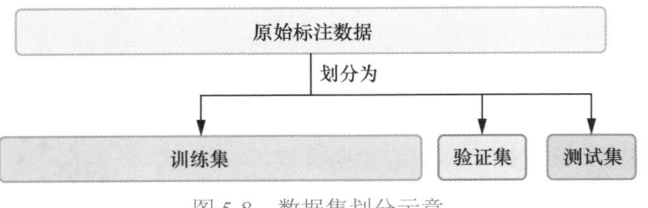

图 5-8　数据集划分示意

5.2.2　模型选择

前文讲过，过于简单的模型会带来欠拟合问题，这个解决起来比较简单——让模型复杂就行了。但是，过于复杂又会带来过拟合问题。

对于模型设计，目前公认的规律是"deeper is better"。通过实验和竞赛可以发现，对于CNN这样的网络来说，层数越多效果越好。但事物总有两面性，层数多了，也容易产生过拟合，并且计算所耗费的时间也越长。

模型设计的另一个主要思路就是使用不同的结构，比如CNN用到了卷积层，RNN用到了循环结构，Transformer用到了注意力层等，关于这些专用网络我们会在后续章节详细介绍。

总体来说，在模型选择上，最好的原则就是所谓的奥卡姆剃刀原理："选择简单合适的模型来解决复杂问题，在同样能够解释已知观测现象的模型中，挑选最简单的那一个。"换句话说，"简单够用"就是最好的选择。

5.2.3 训练策略选择

关于训练策略，各种选择和改进就比较多了。本节先讲解两种：k折交叉验证和提前终止。还有两种特别重要和常用的方法，即正则化和Dropout，在后面单独讲解。

k折交叉验证（k-fold ccross-validation）的基本思想就是把训练数据分成k个互不相交的子集，每次选择其中的一个子集作为验证集，剩下的$k-1$个子集作为训练集。

如图5-9所示，这样可以进行k次训练和验证，每次得到一个验证分数（注意，这里的k为4）。计算这k个验证分数的平均值作为最终的验证分数。每次得到的验证分数可用于优化模型，

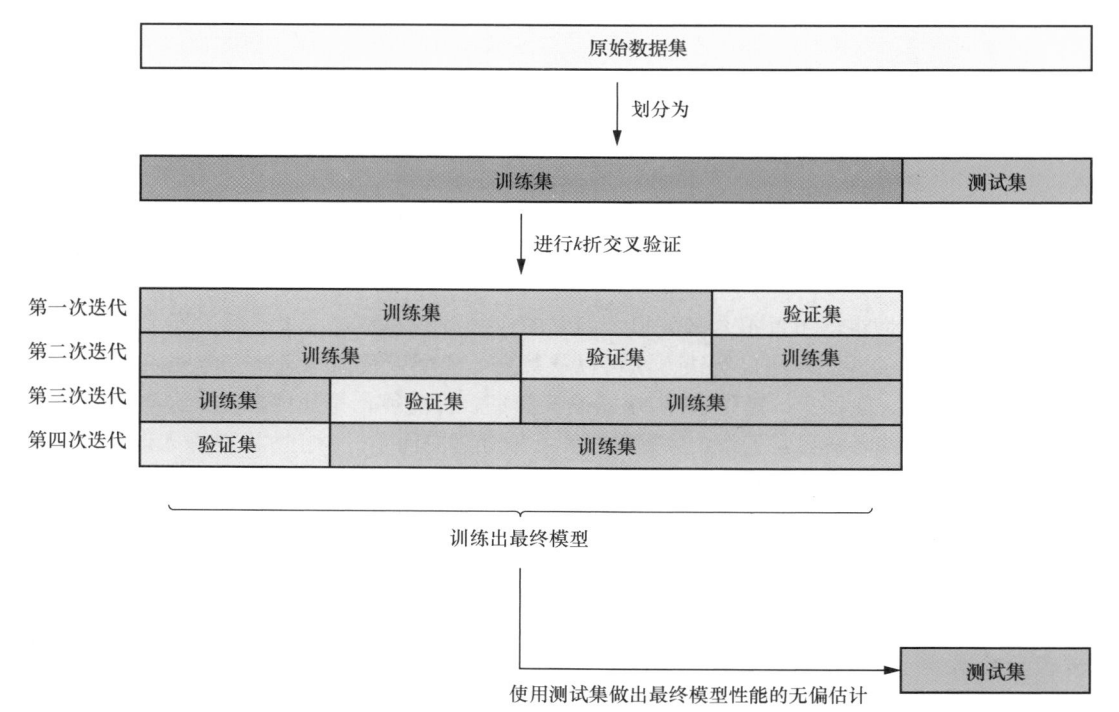

图 5-9　k折交叉验证示意

当调整模型的超参数时，比较不同超参数的验证分数并选择最优超参数。例如，在训练一个分类器时，可以在不同的学习率、正则化系数等超参数下进行 k 折交叉验证，记录每种超参数下的平均验证分数，选择分数最高时的超参数作为最终的超参数。

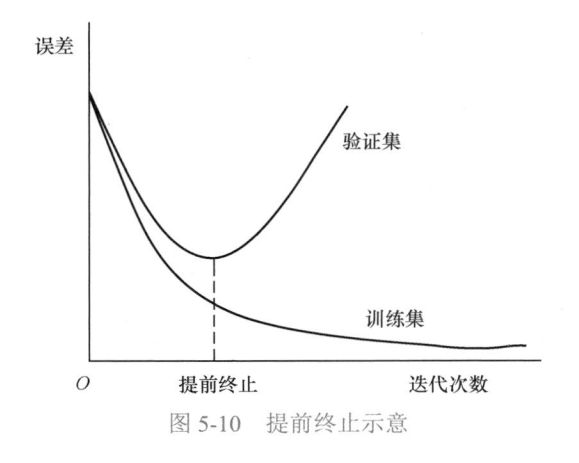

图 5-10　提前终止示意

提前终止（early stopping）是用迭代次数截断来防止过拟合的方法，即在模型对训练数据集迭代收敛之前就停止来防止过拟合。为了训练好一个神经网络，要经过很多次迭代，每次迭代称为一个"回合"（epoch）。如果回合数太少，有可能发生欠拟合；如果回合数太多，则可能发生过拟合。提前终止是为了解决需要手动设置回合数的问题。

如图 5-10 所示，具体做法是：每个回合或每 N 个回合结束后，在验证集上测试，如果发现误差增大就停止训练，并将停止后的权重作为模型的最终参数。

梗直哥：　遇到欠拟合问题时你知道该怎么解决了吗？

小　白：　如果把训练模型比作养小狗，我会像对待饿了的小狗一样解决欠拟合。首先，给它更多的训练数据，让它吃得饱饱的，这样就能学到更多东西。如果还是不够，我可能会给它更复杂的模型，比如增加神经网络的层数或者宽度，让它的"胃口"更大。还可以给它更长的训练时间，让它多吸收点营养。

5.2.4　小结

在本节中，我们讲解了过拟合和欠拟合问题的应对策略。先对这些问题进行了分析，本质上就是数据与模型的匹配问题，解决方法可以从数据、模型以及训练策略三方面入手。接着具体讲解了数据增强、验证集、模型选择、k 折交叉验证、提前终止等几种方法。这部分内容几乎是每个深度学习实践者在日常工作中频繁面对和必须处理的问题，希望大家能深入理解。

5.3　正则化

无论是机器学习，还是深度学习，一个核心问题就是模型不仅要在训练数据上表现好，而且要在新数据上泛化性能好。如果你学过机器学习，那么应该知道有很多策略可以被用来减小测试误差，它们统称为"正则化"（regularization）。前面讲的解决过拟合问题的方法，比如数据增强，某种程度上说是广义的正则化。在本节中，我们着重讲解深度学习相关的正则化技术，其可以认为是狭义的正则化，其中某些内容会涉及机器学习中的一些概念，如果你不熟悉，可以适当复习一下。

5.3.1 正则化定义

什么是正则化呢？标准定义就是对学习算法的修改，目的是减小泛化误差，而不是训练误差。提升模型泛化能力（generalization）是训练的永恒目标之一。这个概念最早是由两位美国数学家在 1970 年提出的，在深度学习出现之前就已经被使用了几十年。广义正则化，例如数据增强和提前终止，前面已介绍过。本节着重介绍狭义正则化。先介绍 L1 正则化和 L2 正则化，简单说就是在原始问题的目标函数上加一个正则项，使得解更稳定，然后扩展到范数惩罚，并讲解权重衰减。5.4 节会进一步介绍 Dropout 方法。

开始介绍具体方法之前，先来看看机器学习中的"没有免费午餐定理"，它和正则化有着密切关系。具体是指"没有一种算法或者模型能够在所有场景中都表现良好"。换句话说，需要根据问题的特征来选择合适的算法和模型，并不断优化和调整。训练模型时，正则化可以有助于降低过拟合风险，提高模型的泛化能力，但它并不能完全避免过拟合，也不能保证在所有场景中都能得到最优结果，而仅仅是一种平衡过拟合和欠拟合的手段。

以图 5-11 为例，黑点表示数据，A 线和 B 线都能够很好地拟合这几个数据点。那么，哪条曲线更好呢？仅从这几个数据点来看，我们无法判断哪条更好。面对新的数据点的时候，A 和 B 的表现就会不同。以中间图的情况，A 优于 B，但是在右图数据点情况下，B 又优于 A。"没有免费午餐定理"的重要寓意是让我们清楚地认识到，脱离具体问题空泛地谈论"什么学习算法更好"毫无意义，这是我们在正则化过程中需要特别注意的。

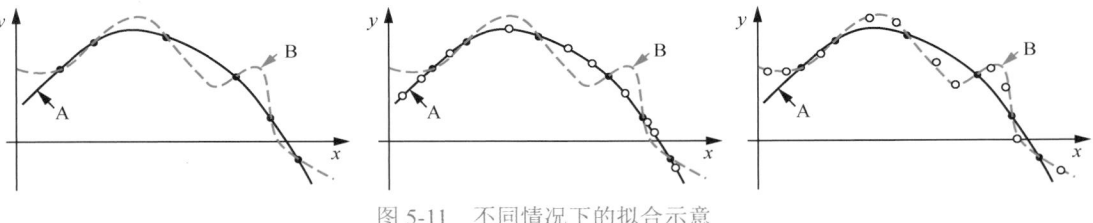

图 5-11　不同情况下的拟合示意

5.3.2 L1正则化

L1 正则化，别名为"LASSO 回归"，有时也称为 L1 范数正则化，是一种常用的正则化技巧。它通过在损失函数中加入对模型参数权重矩阵中各元素绝对值之和的惩罚项，来限制模型参数的值，其公式为

$$\text{Loss} = \text{Loss}_{\text{original}} + \lambda \sum_{i=1}^{n} (\| w_i \|)$$

其中，λ 是超参数，用来控制正则化强度。L1 正则化的效果是使得权重矩阵中尽可能多的元素

接近 0，从而达到稀疏化的目的。

下面来看看 L1 正则化的空间解释。以两个特征为例，损失函数如下：

$$w^* = \arg\min_{w} \left\{ \mathrm{MSE}(y, \hat{y}, w) + \lambda \sum_{i=1}^{n} \|w_i\| \right\}$$

其中，$\hat{y}$ 为模型输出，y 为目标输出，w 为权重参数。如图 5-12 所示，左图是损失函数在特征空间中的三维分布，上面类似漏斗形状的抛物面表示损失函数中的 MSE 部分，下面的长方体表示 L1 正则化项。$\|w_1\| + \|w_2\| = z$ 是在原点的高度为 z 的长方体。右图是沿着 z 轴俯视投影，一圈圈等高线表示有相同的损失值。没有正则化项时，沿着抛物面找参数 w 的最小值，会在漏斗的最低点找到。加上 L1 正则化项后，同时满足二者最小的意思是找它们的交点位置，显然不用走到漏斗底，因而减轻了过拟合。不知你有没有发现，这个交点恰好是 $w_1 = 0$ 的位置，也就是说降低了参数维度，参数矩阵更加稀疏，参数更少。

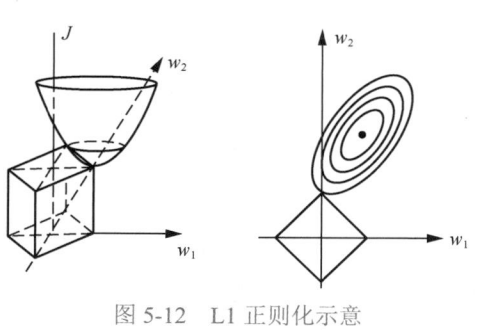

图 5-12 L1 正则化示意

5.3.3 L2 正则化

L2 正则化，又被称为"岭回归"，它在模型的损失函数中添加一个参数平方和作为惩罚项：

$$\mathrm{Loss} = \mathrm{Loss}_{\mathrm{original}} + \lambda \sum_{i=1}^{n} w_i^2$$

其中，$\mathrm{Loss}_{\mathrm{original}}$ 是原始的损失函数，λ 是正则化系数，w_i 是模型参数，n 是参数数量。之所以叫"L2 正则化"，主要是因为后面的平方项是二阶范数。如果参数值过大，则这个惩罚值也会很大，从而使得模型参数值趋于平稳，从而防止过拟合。

下面来看看 L2 正则化的空间解释。高维情况下很难可视化，我们还是以有两个特征向量的损失函数为例：

$$w^* = \arg\min_{w} \left\{ \mathrm{MSE}(y, \hat{y}, w) + \frac{\lambda}{2} \sum_{i=1}^{n} w_i^2 \right\}$$

如图 5-13 所示，左图上面类似漏斗形状的抛物面表示损失函数中的 MSE 部分，w 的平方和是二次的，所以是抛物面。下面的圆柱体表示正则化项，为什么呢？因为平方项展开就是 $w_1^2 + w_2^2 \leqslant z$，这个空间约束表示一个圆柱体。最小化前项相当于在抛物面里找最低点，加上最小化 L2 正则化项，就相当于找它们的交点。右图是俯视投影，可以看出，最后找到的最小值点不再是同心圆的圆点，而是二者的交点。总体来说，正则化项相当于给最小化加了空间约束，限制了模型复杂度。

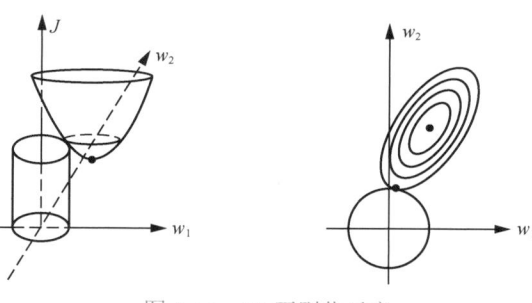

图 5-13　L2 正则化示意

对比 L1 正则化和 L2 正则化，二者有不同效果。L1 正则化倾向于产生稀疏解，即使很多权重值为 0，适用于需要稀疏性质的模型，比如特征选择；L2 正则化则倾向于小的非零权重值，更适用于优化问题，因为它会使得权重值更加平滑。需要根据数据特征和问题特征来选择正则化方法和调整正则化系数，当然也可以同时使用两种正则化方法以求得一种折中。

5.3.4　范数惩罚

正则化显然不局限于 L1 正则化和 L2 正则化，而是完全可以扩展到一般情况：

$$\text{Loss} = \text{Loss}_{\text{original}} + \lambda\Omega(\boldsymbol{w})$$

其中，$\lambda \geqslant 0$ 是正则化系数，Ω 是惩罚项，其可以是 L1、L2 正则化项，也可以是其他范数。当 $\lambda = 0$ 时，表示没有正则化。λ 越大，表示对正则化项的惩罚程度越高。这里需要注意的是，神经网络参数一般包含两种：仿射变换权重 $\boldsymbol{w}$ 和偏置 $\boldsymbol{b}$。通常我们只考虑对权重做惩罚，原因是拟合偏置所需的数据量一般比拟合权重少很多。

5.3.5　权重衰减

我们再来看看权重衰减（weight decay），它不是在损失函数上做文章，而是直接修改了最优化过程中参数的迭代方程：

$$\boldsymbol{w}_t = (1-\lambda)\,\boldsymbol{w}_{t-1} - \alpha\Delta L$$

其中，$\boldsymbol{w}_t$ 是新的权重矩阵，$\boldsymbol{w}_{t-1}$ 是前一时刻的权重矩阵，λ 是衰减因子，α 是学习率，ΔL 是梯度，也就是损失函数关于 $\boldsymbol{w}$ 的偏导数。可以证明，当使用随机梯度下降法（SGD）时，权重衰减等价于 L2 正则化，也就是说把此时的损失函数 L 代入求导后，也能推导出这个式子，但二者本质上并不同。在第 6 章，我们会讲到更多的优化算法，比如常用的 Adam 算法，此时权重衰减的正则化效果就与 L2 不一样了，这点需要注意。

小　　白：学了半天，还是感觉懵懵懂懂，正则化到底是什么？

梗直哥：正则化就像汽车的 ABS（防抱死制动系统），ABS 可以在紧急刹车时防止车轮锁死，保持车辆稳定。正则化会时不时地提醒模型不要太极端，保持稳定，而不陷入过度拟合的陷阱。它又像一根缰绳，让你在训练一匹烈马时，使它保持温顺而不会失去控制。

5.3.6　小结

在本节中，我们先回顾正则化技术的分类，分成广义正则化和狭义正则化。接着介绍了"没有免费午餐定理"，某种意义上，它是进行正则化的理论基础。然后我们详细介绍了最常用的 L1 正则化和 L2 正则化及其空间解释，详细对比了二者的差别。这两类方法可以推广到更一般意义上的范数惩罚。最后我们介绍了权重衰减。

5.4　Dropout方法及代码实现

到目前为止，我们已经讲了 5 种广义正则化方法：数据增强、提前终止、正则化、范数惩罚和权重衰减，接下来介绍第 6 种——Dropout 方法。乍一看，又多又不好记，其实只要能厘清思路，真正理解并不难。其实目的都是在解决过拟合问题，提升泛化能力，也就是实现数据和模型匹配。总体来说，可以从数据、模型和训练过程三个角度理解。数据增强当然是从数据的角度，提前终止和权重衰减都是从训练过程的角度，L1、L2 正则化以及范数惩罚研究的是损失函数，归为模型本身。本节要讲的 Dropout 方法不是研究损失函数，而是换个角度研究如何调整模型结构。

5.4.1　基本原理

Dropout 的核心思想很简单，就是在训练过程中随机"删除"一些神经元，即将其权重设为零，从而使模型不能完全依赖某些特定的特征。这样可以防止神经网络对训练集过于依赖，从而使模型更加泛化，也就是更好地适用于新的、未见过的数据。

> **注意**
> 只在训练期间随机"删除"部分输入特征，在测试期间则使用全部特征。

具体如何操作呢？如图 5-14 所示。首先，指定一个保留比例 p，即在训练过程中保留神经元的比例，通常设为 0.5。其次，每层的每个神经元都会以 p 的概率把权重设为零，同时以 $1-p$ 的概率保留权重。这样，训练过程就相当于使用了多个不同的子网络。前向传播使用留下的神经元计算网络输出，反向传播使用它们的梯度更新权重，这样就可以限制模型复杂度，防止过拟合。测试过程中，由于每个神经元的期望输出是原来的 p 倍，因此还要把权重乘以 p。

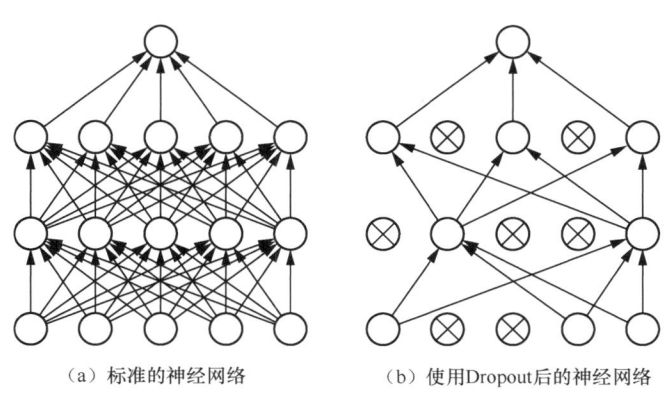

（a）标准的神经网络　　　　（b）使用Dropout后的神经网络

图 5-14　Dropout 效果示意

5.4.2　直观解释

Dropout 方法可以视作集成学习中的 Bagging 方法，它集成大量深度神经网络，并且每次有放回地选取。如图 5-15 所示，基础网络可以分解为子网络组成的集合，在 16 种可能的组合方式中，真正有效的并不多，所以并不是所有子网络都能参与到训练过程中。

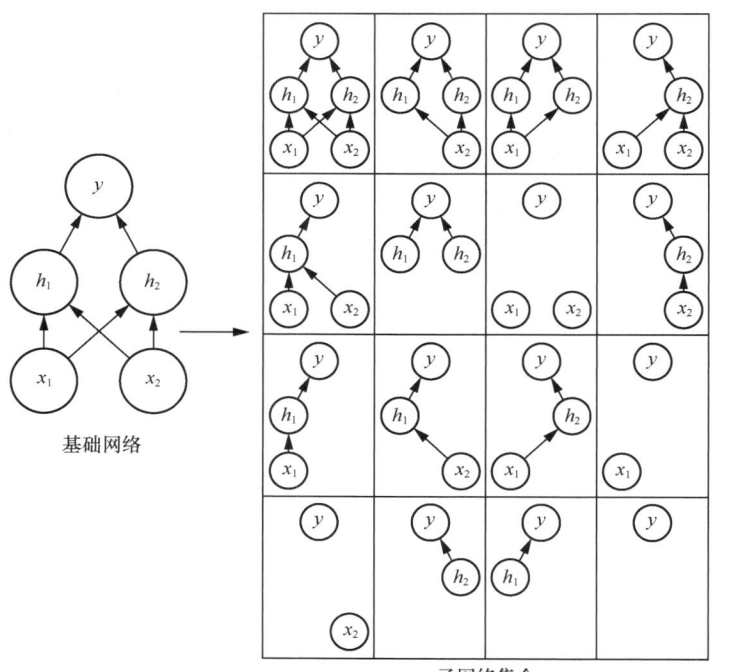

图 5-15　Dropout 方法的直观解释

具体如何让某些神经元以一定概率停止工作，也就是所谓被"删除"呢？如图 5-16 所示，在训练网络的每个单元都添加一步概率流程，也就是随机生成一个 0/1 值的向量 **r**。代码层面上实现某个神经元以概率 p 停止工作，其实就是让它的激活函数值以概率 p 变为 0，比如某一层网络的神经元个数为 1000，Dropout 概率选择 0.3，经过 Dropout 后，1000 个神经元中会有约 300 个的值被置为 0。

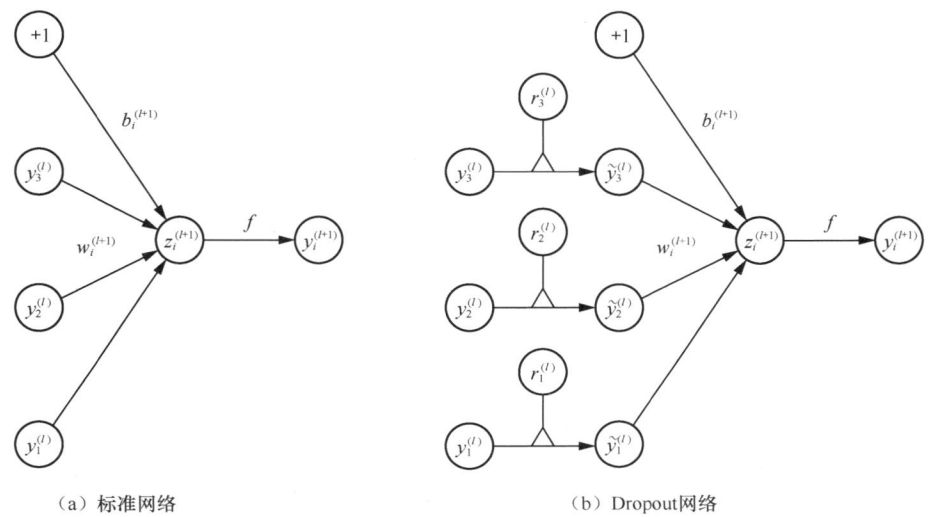

（a）标准网络　　　　　　　　　　（b）Dropout 网络

图 5-16　Dropout 实现原理示意

Dropout 方法为什么能减少过拟合呢？

首先，它本质上是一种有放回的集成学习思路，多个子网络"综合起来取平均"的策略通常可以有效防止过拟合问题，因为不同的网络可能产生不同的过拟合问题，取平均则可能让一些作用"相反的"拟合抵消。

其次，它可以减少神经元之间复杂的关系。某两个神经元不一定每次都在同一个子网络中出现，权重更新不再依赖有固定关系的隐含节点的共同作用，这就迫使网络去学习更加鲁棒的特征。从这个角度看，Dropout 有点像 L1、L2 正则，通过减小权重使得模型对丢失特定神经元连接后所表现的稳健性提高了。

最后，从生物学角度看，Dropout 类似于性别在进化中的角色。性别的出现可以繁衍出适应新环境的变体，有效阻止过拟合，即避免环境改变时物种可能面临的灭绝。某种程度上，就是先分拆，再组合，反倒能提供整体网络的适应性。

小　　白：能不能更直观地解释一下为什么 Dropout 会有效？

梗直哥：这就像训练一个团队，原本是每次都让所有人一起参与任务。Dropout 就像增加了排班，随机轮休一些人。由于是随机轮休，每个人都能掌握完成任务所需的全部能力。同时，参与任务的人少了，人会受到更好的训练。最后，当所有人一起执行任务时，效果可能会更好。

5.4.3 优缺点分析

Dropout 方法的优点如下。

- Dropout 方法可以有效地降低过拟合的风险。通过在训练过程中随机清零一定比例的输入特征，使得模型不能依赖任何一个特定的输入特征，从而使模型更加稳健，并且在新数据上的性能也更好。
- Dropout 相对来说比较简单，在实际应用中也比较方便。
- 相比其他计算开销小的正则化方法，Dropout 更有效。
- Dropout 还可以与其他形式的正则化合并，进一步提升性能。

Dropout 方法的缺点也很明显：它会降低训练效率；同时，损失函数无法被明确定义，因为每次迭代都会随机消除一些神经元的影响，所以无法确保损失函数单调递减。

多数情况下，我们只要能解决过拟合问题就心满意足了，效率上的影响不是大问题，精度上的损失也能接受，因此 Dropout 成为一种非常有效的工程化解决过拟合的方法，得到了广泛应用。

5.4.4 代码实现

为了让大家更直观地理解 Dropout 的作用，我们用一个实际的代码示例来演示在有无 Dropout 的情况下，模型的效果对比。

首先还是导入必要的库 torch、matplotlib，设置一个随机数种子；然后定义超参数，样本数设置为 20，隐藏层数量设为 200，epoch 数设为 500。后续大家动手实验的时候可以自行调整测试效果。

```python
# 导入必要的库
import torch
import torch.nn as nn
import matplotlib.pyplot as plt

# 随机数种子
torch.manual_seed(2333)

# 定义超参数
num_samples = 20 # 样本数
hidden_size = 200 # 隐藏层大小
num_epochs = 500  # 训练轮数
```

1. 数据生成

接下来我们准备生成两组随机数据，将其分别作为训练集和测试集。这里对于训练集和测试集的生成使用的是相同代码，调用 torch.linspace() 生成一个从 −1 到 1 均匀分布的向量，其中包含 num_samples 个元素，并用 torch.unsqueeze() 将其转化为二维张量 x_train 作为训练集输入。对于真值 y_train，直接用 x_train 加上 torch.randn() 生成的随机值，模拟实际问题中的数据噪声。

测试集代码和训练集一致，最后调用 Matplotlib 的 scatter() 绘制散点图，图 5-17 就是运行代码后生成的数据，训练集和测试集各 20 个样本点。

```
# 生成训练集
x_train = torch.unsqueeze(torch.linspace(-1, 1, num_samples), 1)
y_train = x_train + 0.3 * torch.randn(num_samples, 1)

# 测试集
x_test = torch.unsqueeze(torch.linspace(-1, 1, num_samples), 1)
y_test = x_test + 0.3 * torch.randn(num_samples, 1)

# 绘制训练集和测试集
plt.scatter(x_train, y_train, c='r', alpha=0.5, label='train')
plt.scatter(x_test, y_test, c='b', alpha=0.5, label='test')
plt.legend(loc='upper left')
plt.ylim((-2, 2))
plt.show()
```

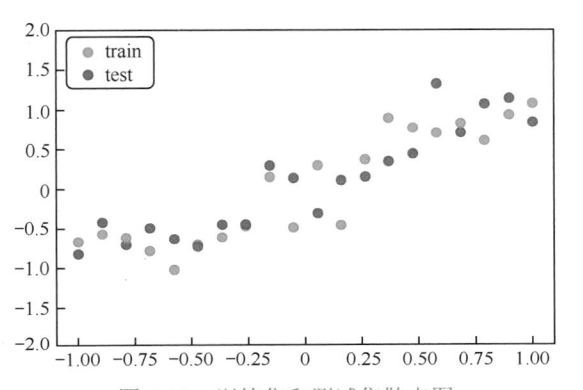

图 5-17　训练集和测试集散点图

2. 模型定义

　　然后定义两个模型：一个是可能会出现过拟合问题的网络，通过 torch.nn.Sequential() 创建，其中包含 3 个 Linear 层，激活函数使用 ReLU 函数，输入和输出的节点数均为 1；另一个是包含 Dropout 的网络，其结构与第一个网络基本一致，唯一的区别在于加入了 Dropout 层，PyTorch 框架已经封装了相关功能，直接使用即可，这里我们把概率 p 设置为 0.5。需要注意的是，Dropout 层一般放在 Linear 全连接层之后，用于在训练时将全连接层中的参数以一定概率丢弃。

```
# 定义一个可能会过拟合的网络
net_overfitting = torch.nn.Sequential(
    torch.nn.Linear(1, hidden_size),
    torch.nn.ReLU(),
    torch.nn.Linear(hidden_size, hidden_size),
    torch.nn.ReLU(),
    torch.nn.Linear(hidden_size, 1),
)
# 定义一个包含 Dropout 的网络
net_dropout = torch.nn.Sequential(
```

```
    torch.nn.Linear(1, hidden_size),
    torch.nn.Dropout(0.5),    # p=0.5
    torch.nn.ReLU(),
    torch.nn.Linear(hidden_size, hidden_size),
    torch.nn.Dropout(0.5),    # p=0.5
    torch.nn.ReLU(),
    torch.nn.Linear(hidden_size, 1),
)
```

接下来，分别训练这两个模型。选用 Adam 优化器，学习率设为 0.01，损失函数使用均方误差（MSE）。训练部分就是对两个网络分别进行预测、计算损失函数、反向传播。

```
# 定义优化器和损失函数
optimizer_overfitting = torch.optim.Adam(net_overfitting.parameters(), lr=0.01)
optimizer_dropout = torch.optim.Adam(net_dropout.parameters(), lr=0.01)

# 损失函数
criterion = nn.MSELoss()

# 分别进行训练
for i in range(num_epochs):
    # 过拟合的网络：预测、计算损失函数、反向传播
    pred_overfitting = net_overfitting(x_train)
    loss_overfitting = criterion(pred_overfitting, y_train)
    optimizer_overfitting.zero_grad()
    loss_overfitting.backward()
    optimizer_overfitting.step()

    # 包含Dropout的网络：预测、计算损失函数、反向传播
    pred_dropout = net_dropout(x_train)
    loss_dropout = criterion(pred_dropout, y_train)
    optimizer_dropout.zero_grad()
    loss_dropout.backward()
    optimizer_dropout.step()
```

3. 预测和可视化

最后要做的是测试效果，先调用 eval() 函数将两个模型的状态设置为评估模式，具体来说其实就是在测试过程中不使用 Dropout，也不会进行梯度计算。传入测试集分别进行预测，使用 Matplotlib 绘制训练集和测试集以及两个模型的拟合曲线，如图 5-18 所示，可以看到它们之间的差异。

从图 5-18 中可以看到，第一个网络在训练集上明显产生了过拟合现象，在红色的训练数据上效果非常好，但对于蓝色的测试数据就相对较差了。而所有条件都一样的网络结构在增加了 Dropout 层之后，拟合曲线变得更为稳定。通过这个例子可以看出，Dropout 在某些情况下可以有效降低过拟合的风险。

```
# 在测试过程中不使用 Dropout
net_overfitting.eval()
net_dropout.eval()

# 预测
```

```
test_pred_overfitting = net_overfitting(x_test)
test_pred_dropout = net_dropout(x_test)

# 绘制拟合效果
plt.scatter(x_train, y_train, c='r', alpha=0.3, label='train')
plt.scatter(x_test, y_test, c='b', alpha=0.3, label='test')
plt.plot(x_test, test_pred_overfitting.data.numpy(), 'r-', lw=2,
label='overfitting')
plt.plot(x_test, test_pred_dropout.data.numpy(), 'b--', lw=2, label='dropout')
plt.legend(loc='upper left')
plt.ylim((-2, 2))
plt.show()
```

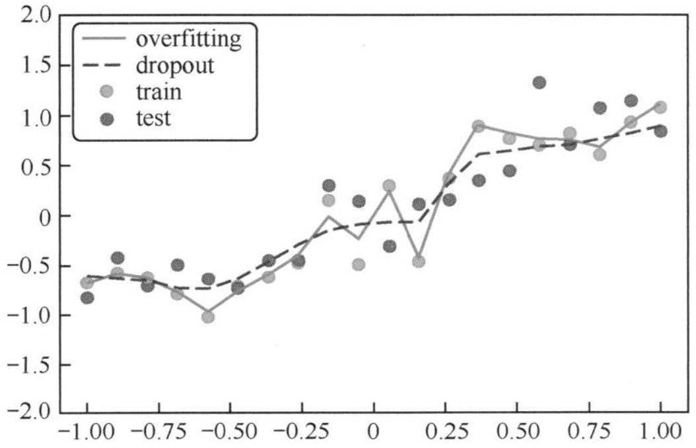

图 5-18　拟合曲线

5.4.5　小结

在本节中，我们从 Dropout 方法的工作原理和基本思想开始讲起，介绍了使用它的主要步骤。从本质上说，Dropout 方法的核心思路就是把一个大的神经网络拆分成很多个小的子网络，然后通过共享参数来减轻过拟合问题。这种方法用于全连接网络时一般会将 p 设置为 0.5 或者 0.3，基本都采用默认的配置。

接着，我们讲解了 Dropout 方法的直观解释、使用细节、减少过拟合的内在原因和优缺点。需要注意的是，这种方法虽然好用，但也不是在任何情况下都可行，比如后面我们会讲到，在卷积网络隐藏层中，卷积自身的稀疏化以及 ReLU 函数的大量使用等原因，造成 Dropout 策略的使用相对较少。

最后我们给出了 Dropout 方法的代码实现，大家可以动手调整一下模型结构、参数和数据集自行测试。

5.5　梯度消失和梯度爆炸

除了前面着重介绍的过拟合问题，梯度消失和梯度爆炸也是深度神经网络训练过程中常见的两个问题。在本节中，我们将从其根源、关键问题和解决办法等不同角度帮助你加深理解。

5.5.1 根源分析

目前优化神经网络的方法都是基于反向传播思想，即根据损失函数计算误差，通过梯度反向传播指导深度神经网络权重的更新和优化。整个深度神经网络可以视为一个复合的非线性多元函数 $f(x)$，假设模型的输出为 $g(x)$，最终的目的是找到合适的权重来最小化损失函数。以均方误差（MSE）为例：

$$\text{Loss} = \| g(x) - f(x) \|^2$$

在特征空间中损失函数如图 5-19 所示，最优权重就是图中的最小值点。对于这种寻找最小值的数学问题，采用梯度下降方法再适合不过了，这就是梯度对于深度学习至关重要的原因。

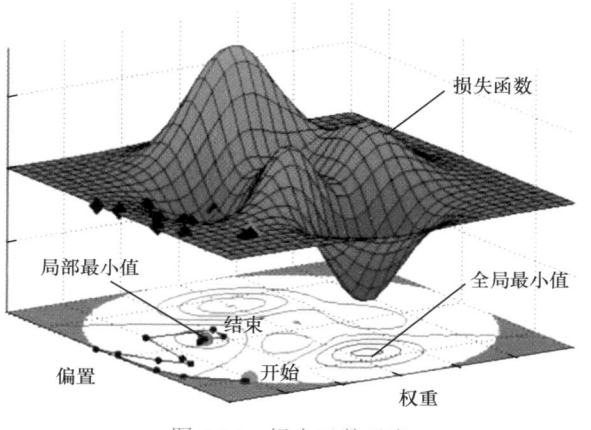

图 5-19　损失函数示意

梯度为什么会消失或者爆炸呢？原因可以从两方面分析：一方面是深度神经网络反向传播的内在问题；另一方面是采用了不合适的损失函数，比如 Sigmoid 函数。

假设我们有一个简化的神经网络，如图 5-20 所示。每个隐藏层都用一个神经元来代替，从输入层 x 经过隐藏层到输出层外的前向传播公式为

$$\boldsymbol{y} = f_3\left(\boldsymbol{w}_3 f_2\left(\boldsymbol{w}_2 f_1\left(\boldsymbol{w}_1 \boldsymbol{x}\right)\right)\right)$$

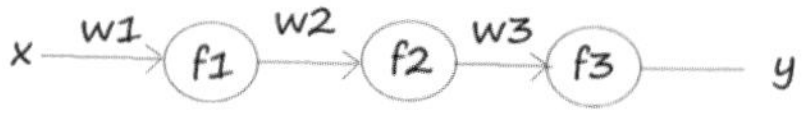

$$x \xrightarrow{\ w1\ } \boxed{f1} \xrightarrow{\ w2\ } \boxed{f2} \xrightarrow{\ w3\ } \boxed{f3} \longrightarrow y$$

图 5-20　简化版神经网络示意

如果对参数 $\boldsymbol{w}_1$ 求梯度，根据链式法则有

$$\frac{\mathrm{d}\boldsymbol{y}}{\mathrm{d}\boldsymbol{w}_1} = f_3'(\boldsymbol{z}_3) \cdot \boldsymbol{w}_3 \cdot f_2'(\boldsymbol{z}_2) \cdot \boldsymbol{w}_2 \cdot f_1'(\boldsymbol{z}_1) \cdot \boldsymbol{x}$$

其中，z_1、z_2、z_3 均为中间变量。可以看出，运用链式法则就是将激活函数的偏导数连乘。如果偏导数大于 1，那么层数多的时候，梯度更新将以指数形式增加，即发生梯度爆炸；如果它小于 1，则梯度更新将以指数形式衰减，即发生梯度消失。因此，梯度消失和梯度爆炸的根本原因在于反向传播中的链式法则。

5.5.2　梯度消失

具体来看梯度消失的情况。在计算偏导数来更新网络权重时，如果选择的激活函数不合适，梯度消失就会很明显。如图 5-21 所示，左图中使用 Sigmoid 函数时，因为梯度不可能超过 0.25（黄色线峰值），所以应用链式法则很容易发生梯度消失。右图中使用 Tanh 函数作为损失函数时，其导数曲线如右图紫色线所示，相比 Sigmoid 函数好一些，但是梯度仍然小于 1，因此也会发生梯度消失。

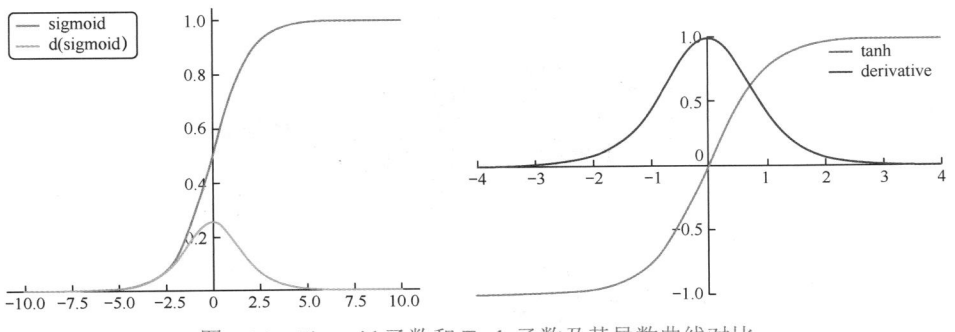

图 5-21　Sigmoid 函数和 Tanh 函数及其导数曲线对比

小　白：能不能举个现实中的例子解释梯度消失？

梗直哥：比如有一座很高的高楼，其中每一层就像深度神经网络中的一层。现在我从顶层的楼梯间扔一个小球，随着楼层的增多，小球能到达地面的可能性越来越低。当小球停下来时，就相当于发生了梯度消失。

5.5.3　梯度爆炸

再来看梯度爆炸。在深层神经网络或循环神经网络中，损失梯度可以在更新中累积而变得非常大，然后导致网络权重的大幅更新，进而使网络变得不稳定。极端情况下，权重变得非常大，导致溢出而产生 NaN 值。出现这种情况的重要原因是网络层数变多，另外的原因是初始化权重过大。

如何确定是否出现了梯度爆炸呢？它的出现往往伴随着训练过程中的一些细微信号，比如，模型无法从训练数据中获得更新，模型不稳定导致更新过程中的损失出现显著变化，模型损失变成 NaN 等。

小　　白：　能不能举个现实中的例子解释梯度爆炸？

梗直哥：　比如你在雪山顶上向下抛了一个雪球，小球在运动过程中越滚越大，当大到一定程度时，将会引发雪崩，这就类似于发生了梯度爆炸。

5.5.4　解决办法

针对深度神经网络反向传播中偏导数链式法则，研究者想了很多办法来解决其引发的梯度消失和梯度爆炸问题。

1. 梯度裁剪

这个方案主要是针对梯度爆炸提出的，其思想是设置一个梯度裁剪阈值。更新梯度时，如果超过这个阈值，就将其强制限制在不超过阈值的范围之内，以防发生梯度爆炸。如图 5-22 所示，右图应用了梯度裁剪后，相比左图未使用梯度裁剪时的梯度下降过程更加稳定。不过事实上，在深度神经网络中，相对而言，梯度消失出现的情况相对多一些。

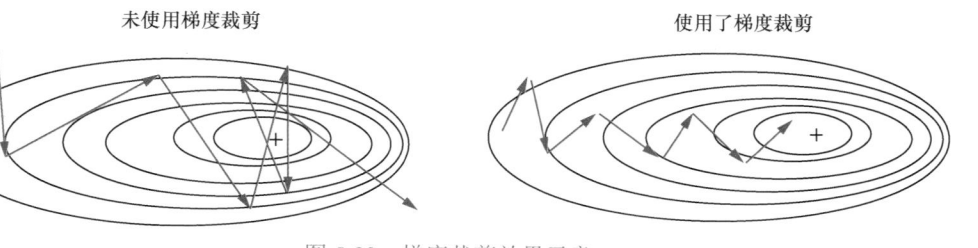

图 5-22　梯度裁剪效果示意

2. ReLU 激活函数

它的思想很简单：如果激活函数的导数为 1，就不存在梯度消失或梯度爆炸的问题了，每层网络都可以相同的速度更新。ReLU 函数就具备这样的性质，先来看它的数学表达式：

$$f(x) = \max(0, x)$$

也可以写成

$$f(x) = \begin{cases} x & (x \geqslant 0) \\ 0 & (x < 0) \end{cases}$$

ReLU 函数图像和导数曲线如图 5-23 所示。从中很容易看出，其导数在正数部分是恒等于 1 的，因此在深层网络中使用 ReLU 函数就不会导致梯度消失和梯度爆炸的问题。除此之外，它还有计算方便、速度快、能加速训练的优点。当然，它也有一些缺点：由于负数部分

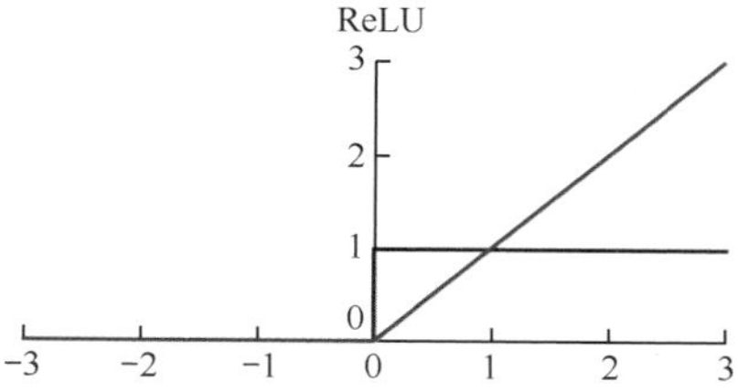

图 5-23　ReLU 函数及其导数曲线示意

恒为 0，会导致一些神经元无法被激活。人们为了规避 ReLU 的缺点，提出了各种改进版。

3. 批归一化

批归一化（batch normalization，BN）是深度学习发展的重要成果之一，已被广泛应用到各种网络中，具有加速网络收敛、提升训练稳定性的效果。具体来说，它对 N 张图片（即 1 个 batch）的某个通道进行标准化，将输出信号规范到均值为 0、方差为 1，以解决反向传播过程中的梯度问题。

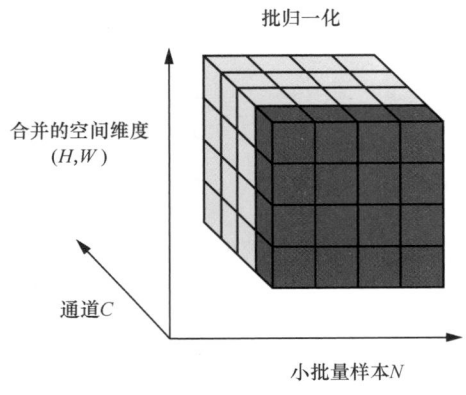

图 5-24　批归一化示意

假定神经网络中传递的张量数据如图 5-24 中的立方体所示。下式中批归一化的输入集合就是图中蓝色部分。将图 5-24 中的标蓝区域作为目标区域，先计算其均值 μ_B 和方差 σ_B^2，之后将其均值和方差分别转换为 0、1，最后将每个元素乘以 γ 再加 β 输出。其中 x_i 是输入数据，y_i 是输出，ϵ 是为了避免分母为零而添加的一个很小的数。

$$\mu_B = \frac{1}{m}\sum_{i=1}^{m} x_i$$

$$\sigma_B^2 = \frac{1}{m}\sum_{i=1}^{m}\left(x_i - \mu_B\right)^2$$

$$\hat{x}_i = \frac{x_i - \mu_B}{\sqrt{\sigma_B^2 + \epsilon}}$$

$$y_i = \gamma\hat{x}_i + \beta = \mathrm{BN}_{\gamma,\beta}\left(x_i\right)$$

批归一化的过程可以理解为对输入数据进行重新缩放和移位，这样可以保证激活值在训练过程中保持在一个更稳定的数值范围内，使网络对输入数据微小变化的表现更加鲁棒，从而减轻内部协变量偏移的影响，加快模型训练速度，有助于网络的收敛。简单理解就是将数据规整到统一区间，减少数据的发散程度，从而降低网络的学习难度。

4. 残差结构

残差网络是一种有效缓解梯度消失的网络结构，它的出现几乎导致了 ImageNet 比赛的终结。自从残差网络提出后，几乎所有的深度神经网络都离不开残差网络。相较之前几层、几十层的深度神经网络，借助残差网络可以轻松构建成百上千层的网络，而不用担心梯度消失过快的问题。究其原因，就在于残差捷径（shortcut），也就是跳线结构（见图 5-25 中的粗线）。

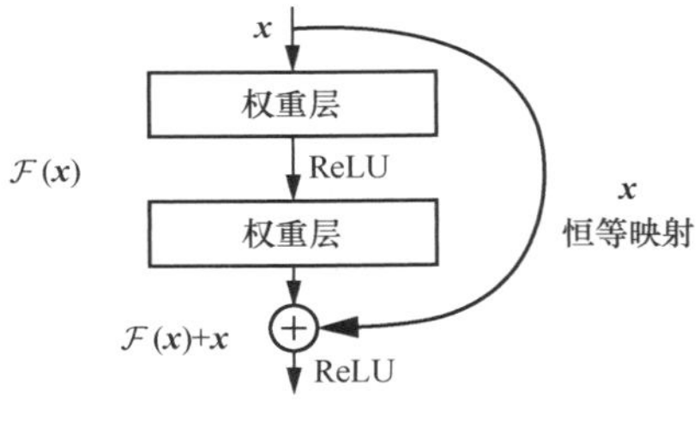

图 5-25　残差结构示意

较于以前的网络结构，这样的跨层连接结构在反向传播中具有很大的好处，以下式说明。

$$\frac{\partial \text{loss}}{\partial \boldsymbol{x}_l} = \frac{\partial \text{loss}}{\partial \boldsymbol{x}_L} \cdot \frac{\partial \boldsymbol{x}_L}{\partial \boldsymbol{x}_l} = \frac{\partial \text{loss}}{\partial \boldsymbol{x}_L} \cdot \left(1 + \frac{\partial}{\partial \boldsymbol{x}_L} \sum_{i=l}^{L-1} F(\boldsymbol{x}_i, \boldsymbol{W}_i)\right)$$

从上式可以看出，小括号中的 1 表明跳线结构可以无损地传播梯度，而前面的另一项残差梯度则需要经过带有权重的层，这表明梯度不是直接传递过来的。残差梯度不会恰巧全为 -1，而且就算其比较小，有 1 的存在也不会导致梯度消失，所以残差学习会更加容易。

5.5.5　小结

在本节中，我们先分析了梯度消失和梯度爆炸的原因，本质上是由反向传播的内在问题产生的。接着，分别讲解了解决两类问题的关键点，然后具体介绍了 4 种常见的解决办法：梯度裁剪、ReLU 激活函数、批归一化和残差结构。

5.6　模型文件的读写

前面我们讲了多种方法来训练好一个模型，目的是既让模型能够收敛，同时又不出现过拟合和欠拟合问题。当模型训练好以后，就需要对模型参数进行保存，以便部署到不同的环境中去使用。

通常，一个深度学习模型的训练需要花费很长的时间，比如几天，如果训练过程中出现了问题，无论是软件问题还是硬件问题，或者是由于外部因素（如突然断电），造成的损失是非常大的。因此，我们不仅要在最后对模型进行保存，训练过程中也应该定时保存中间结果，以避免损失。在本节中，我们就来学习模型保存的方法。

5.6.1　张量的保存和加载

在深度学习中，模型的参数一般是张量形式的。对于单个张量，PyTorch 提供了方便直接的函数来进行读写。比如我们定义如下张量 a。

```python
import torch

a = torch.rand(10)
print(a)
```

可以简单用一个 save() 函数去存储张量a，这里需要给它起一个名字，比如命名为 tensor-a，并把它放在新创建的 model 文件夹下。

```python
import os
os.makedirs("model", exist_ok=True)
torch.save(a, 'model/tensor-a')
```

这样就完成了张量的写入。此时可以在当前路径下的 model 文件夹下看到 tensor-a 这个文件。读取同样简单，只需要用一个 load() 函数就可以完成张量的加载，传入的参数就是文件的路径。

```
torch.load('model/tensor-a')
```

如果我们要存储的不止一个张量，也没有问题，save() 和 load() 函数同样支持保存张量列表。先把张量数据存储起来。

```
a = torch.rand(10)
b = torch.rand(10)
c = torch.rand(10)
torch.save([a,b,c], 'model/tensor-abc')
```

然后把张量数据读取出来。

```
torch.load('model/tensor-abc')
```

对于多个张量，PyTorch 同样支持以字典的形式来进行存储。比如我们建立一个字典 tensor_dict，然后把它存储起来。

```
a = torch.rand(10)
b = torch.rand(10)
c = torch.rand(10)
tensor_dict={'a':a, 'b':b, 'c':c}
torch.save(tensor_dict, 'model/tensor_dict')
```

相应的读取方式如下。

```
torch.load('model/tensor_dict')
```

张量的读写是不是非常简单？接下来我们看看模型参数的读写。

5.6.2 模型参数的保存和加载

模型参数一般是张量形式的，虽然单个张量的保存和加载非常简单，但整个模型中包含大大小小的若干张量，单独保存这些张量会很困难。

为了解决这个问题，PyTorch 为我们贴心地准备了内置函数来保存和加载整个模型的参数。以第 4 章的多层感知机（MLP）代码实现为例，来看看如何保存模型参数。

```
import torch
import torch.nn as nn
import torch.optim as optim
from torchvision import datasets, transforms

# 定义MLP网络
class MLP(nn.Module):
    def __init__(self, input_size, hidden_size, num_classes):
        super(MLP, self).__init__()
        self.fc1 = nn.Linear(input_size, hidden_size)
        self.relu = nn.ReLU()
        self.fc2 = nn.Linear(hidden_size, hidden_size)
        self.fc3 = nn.Linear(hidden_size, num_classes)
```

```
    def forward(self, x):
        out = self.fc1(x)
        out = self.relu(out)
        out = self.fc2(out)
        out = self.relu(out)
        out = self.fc3(out)
        return out

# 定义超参数
input_size = 28 * 28    # 输入大小
hidden_size = 512    # 隐藏层大小
num_classes = 10    # 输出大小（类别数）
```

上面定义 MLP 网络后，对其实例化，并随机生成一个输入 X。

```
# 实例化 MLP 网络
model = MLP(input_size, hidden_size, num_classes)
X = torch.randn(size=(2, 28*28))
```

然后同样是调用 save() 方法，把模型存储到 model 文件夹下，并将其命名为 mlp.params。

```
torch.save(model.state_dict(), 'model/mlp.params')
```

接下来，我们读取保存好的模型参数，重新加载模型。先把模型 params 的参数读取出来，然后实例化一个模型，接着直接调用 load_state_dict() 方法，传入模型参数 params。

```
params = torch.load('model/mlp.params')
model_load = MLP(input_size, hidden_size, num_classes)
model_load.load_state_dict(params)
```

此时两个模型 model 和 model_load 具有相同的参数，我们给它们输入相同的 X，看一下输出结果。

```
output1 = model(X)
print(output1)
tensor([[-0.0107,  0.0414,  0.0170, -0.0564,  0.1039, -0.0627, -0.0256,  0.1142,
         -0.1233,  0.1592],
        [-0.0226, -0.0832, -0.0352, -0.1938,  0.0435, -0.0203,  0.0838,  0.0771,
         -0.2488,  0.2506]], grad_fn=<AddmmBackward0>)
output2 = model_load(X)
print(output2)
tensor([[-0.0107,  0.0414,  0.0170, -0.0564,  0.1039, -0.0627, -0.0256,  0.1142,
         -0.1233,  0.1592],
        [-0.0226, -0.0832, -0.0352, -0.1938,  0.0435, -0.0203,  0.0838,  0.0771,
         -0.2488,  0.2506]], grad_fn=<AddmmBackward0>)
```

可以看到，输出的结果完全一致，说明我们成功读取参数并加载到模型中。

5.6.3 小结

在本节中，我们讲解了训练过程中模型文件的读写方法。需要特别注意的是，使用 save() 保存的是模型参数而不是整个模型，因此在模型加载参数的时候，需要我们单独指定模型结构，并且要保证模型结构和保存的时候一致，否则可能会导致参数加载失败。

第 6 章

梯度下降算法及变体：高效求解模型参数

我们已经构建了神经网络，接下来的问题是：如何使用数据训练并找到最优的参数呢？这就引入了最优化算法的相关概念。在本章中，我们将介绍这方面的基础知识，包括损失函数及其性质，梯度下降算法及其多种主流变体，并介绍如何在代码中实现这些算法。

6.1 为什么要学最优化

深度学习算法本质上就是通过训练数据来寻找模型参数的最佳值。由于模型通常是非线性的并且复杂度高，因此我们无法直接得到解析解，而是需要通过迭代逼近的方法来找到最佳解。因此，在这个过程中，优化算法起着至关重要的作用。

最优化理论（optimality theory）是应用数学的一个分支，专注于寻找函数的最优解，也就是在特定标准（例如最小化或最大化）下的最佳方案。我们通常将这个函数称为目标函数或损失函数。对它的研究涵盖了最优解的存在性、唯一性、连续性等问题以及各种不同类型的优化问题，如线性优化、非线性优化、凸优化、组合优化等。

数值优化（numerical optimization）是最优化理论的一个子领域，主要专注于解决实际的优化问题，尤其是那些不能通过解析方法求解的问题。它研究的是各种计算方法，如梯度下降算法、牛顿法和启发式优化算法等，关注点在于算法的效率、稳定性和精度。

在本节中，我们将从这些知识中筛选出与深度学习，特别是训练过程紧密相关的关键点，进行详细解释。

6.1.1 深度学习的最优化

在深度学习中，我们研究一类特殊的优化问题：寻找神经网络的一组参数 $\boldsymbol{\theta}$，能显著降低损失函数 $J(\boldsymbol{\theta})$ 的值：

$$J(\boldsymbol{\theta}) = \mathrm{E}_{(\boldsymbol{x},\boldsymbol{y}) \sim \hat{p}_{\text{data}}} L\big(f(\boldsymbol{x};\boldsymbol{\theta}), \boldsymbol{y}\big)$$

其中，x 是模型输入，y 是输出，E 是对训练样本求期望。这个损失函数通常包括整个训练集上的性能评价和额外的正则化项。深度学习模型常常有数百万甚至上亿个参数，如果使用暴力枚举的方法来寻找最优解，时间成本将非常高。最优化理论提供了一系列的最优化算法，如随机梯度下降（SGD）、动量法、RMSProp 和 Adam 等算法，用于帮助我们快速找到最优解。

深度学习和最优化虽然有紧密的联系，但它们之间存在一些重要的差异。

首先，衡量标准不同。在最优化理论中，通常有明确的衡量标准，即损失函数。而在深度学习中，我们真正关心的衡量标准（原始度量，如准确率）往往难以直接优化。因此，会选择一些如负对数似然（negative log-likelihood）或交叉熵（cross entropy）等可以更容易优化的损失函数作为替代度量，期望通过最小化这些替代度量来间接优化我们关心的原始度量。

其次，这两个领域对数据的关注点不同。在最优化问题中，我们只关注现有数据，目标是找到使得损失函数达到最小（或最大）值的解，这个解就是问题的最优方案。然而，在深度学习中，我们的主要关注点是模型的泛化能力。也就是说，不仅要在训练数据上找到损失函数的最小值，同时也希望模型在未见过的新数据（测试数据）上表现良好。这点特别重要，希望大家牢记！

最后，最优化主要关注的是数学算法，而深度学习更多地关注实现细节和多层神经网络的构建与训练。因此，虽然两者有许多相似之处，但在具体实践和研究的重点上存在显著的区别。

为了更清楚地描述深度学习和最优化的关系，我们以图形化的方式来理解，如图 6-1 所示。

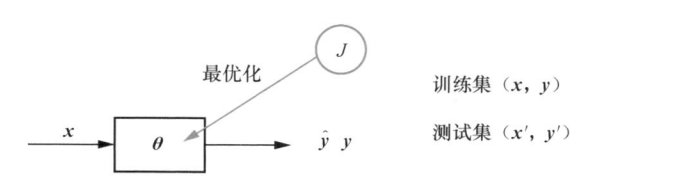

图 6-1　深度学习中的最优化示意

假设 $\hat{y}$ 是模型根据输入 x 做出的预测输出，而 y 是训练集中的实际输出。我们的目标就是计算预测输出 $\hat{y}$ 和实际输出 y 之间的损失，这通常被表示为损失函数 J。然后，使用最优化算法来不断优化模型参数 θ，以尽可能减小损失函数的值。

然而，我们的最终目标并不仅仅是在训练集(x, y)上找到最优解，还希望模型在测试集(x', y')上也能表现良好。这意味着我们不仅希望最小化训练误差，也希望最小化泛化误差，也就是说，模型应该在新的、未见过的数据上也能有良好的预测性能。

这就是深度学习比最优化更具挑战性的原因。在最优化中，我们的目标是找到一个解决方案，可以最大化或最小化目标函数。而在深度学习中，该方案不仅可以在已经观察到的数据上表现良好，而且能在尚未观察到的新数据上表现良好，这就需要模型具有良好的泛化能力，这是深度学习中的一个核心问题。

6.1.2　训练误差和泛化误差

训练误差和泛化误差是机器学习和深度学习中的概念，而不是最优化理论中的概念。

训练误差（training error）是指模型在训练数据上的误差，即用训练数据计算的损失函数值。泛化误差（generalization error）是指模型在新数据上的误差，即用测试数据计算的损失函数值。

假如用 MSE 也就是均方误差来作为衡量标准，训练误差和泛化误差的公式分别如下：

$$E_{\text{train}} = \frac{1}{N}\sum_{i=1}^{N}\left(\boldsymbol{y}_i - f\left(\boldsymbol{x}_i\right)\right)^2$$

$$E_{\text{gen}} = \mathrm{E}_{\boldsymbol{x},\boldsymbol{y}}\left[\left(\boldsymbol{y} - f\left(\boldsymbol{x}\right)\right)^2\right]$$

其中，$f\left(\boldsymbol{x}\right)$是输入 $\boldsymbol{x}$ 时所预测的输出，$\boldsymbol{y}$ 是目标输出。可以看出，最大的区别就是所使用的数据不同，两个公式都可以看作"求期望"，但是它们描述的是两种不同的计算过程。训练误差是对实际训练集数据点的操作，而泛化误差是对理论上的数据分布的描述。

我们介绍过拟合问题时讲过，随着模型复杂度增加，训练误差逐渐减小，而泛化误差不会一直减小，如图 6-2 所示，过于复杂的模型会导致过拟合问题，使得泛化误差反而增大。

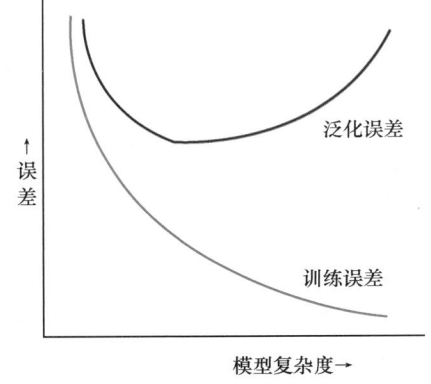

图 6-2 模型复杂度与误差间的关系示意

在日常学习中，我们还经常看到经验风险和真实风险的概念，它们来自统计学理论，本质上分别对应训练误差和泛化误差，只是在不同上下文中的说法不同。

经验风险通常指的是模型在训练集上的平均训练误差或者期望损失。在经验风险最小化的策略下，我们试图最小化训练集上的期望损失。

真实风险则是模型在全体可能数据上的期望损失，即泛化误差。由于我们无法获取所有可能的数据，因此无法直接评估真实风险。为了达到最小化真实风险的目标，我们采用最小化经验风险的策略，希望训练出的模型在未见过的新数据上也能有良好的表现。

因此，归纳起来，训练误差或经验风险关注的是模型在训练数据上的表现，而泛化误差或真实风险关注的是模型对未知数据的预测能力。在训练过程中，我们的目标是通过最小化训练误差（即经验风险）来尽可能地减小泛化误差（即真实风险）。

我们用做作业和考试来类比训练误差和泛化误差，以便更直观地理解。

你可以把做作业看作模型的训练。在这个过程中，你可能会遇到一些问题（训练数据），并且会根据所学知识（模型参数）尝试解决它们。你可能会犯一些错误，可以看作训练误差。你尽可能地修正这些错误，使得自己在这些已知的问题上表现得越来越好，这就类似于优化训练误差。

然后，在考试的时候，你会遇到一些新的问题（测试数据）。它们可能与你做过的作业类似，但也可能有些不同。在这种情况下，你需要将在作业中学到的东西应用到新的问题上，这就类似于模型的泛化。

考试成绩（泛化误差）反映的是你对知识的理解以及如何应用这些知识来解决新问题的能力。因此，一个好的学习方法（类似于一个好的模型）应该既能帮助你在作业上表现好（低训练误差），也能让你在考试中得到好成绩（低泛化误差）。

如果只是死记硬背作业上的问题和答案，可能会导致在考试中遇到新问题时无法解答，即出现过拟合现象。训练的艺术恰恰在于要找到平衡：以最小化训练误差为手段，以最小化泛化误差为目的。

此外，需要注意的是，训练误差并不一定要用上面列举的均方误差（MSE），计算方式取决于你选择的损失函数，更一般的形式如下：

$$\mathrm{E}_{\boldsymbol{x}, \boldsymbol{y} \sim \hat{p}_{\text{data}}}\left[L\left(f\left(\boldsymbol{x}; \boldsymbol{\theta}\right), \boldsymbol{y}\right)\right] = \frac{1}{m}\sum_{i=1}^{m} L\left(f\left(\boldsymbol{x}^{(i)}; \boldsymbol{\theta}\right), \boldsymbol{y}^{(i)}\right)$$

其中，L 是损失函数，它可以是任何描述模型预测值和实际值之间差距的函数，比如平方误差、交叉熵误差等。

6.1.3 常见的优化挑战

优化通常是极其困难的任务。机器学习中常常会谨慎设计目标函数和约束，以确保优化问题是"凸的"。这样的函数有非常好的性质：任何局部最优解也是全局最优解。

但是，在深度学习中训练神经网络时，会遇到各种各样的情况，很多是非凸情况。这么说不太容易理解，我们进行如下类比。

当把优化问题比作下山时，可以将目标函数或损失函数视为山的高度。我们希望找到一条路径，能够到达最低点，也就是找到函数的最小值。在这个情境下，"最优解"就是海拔最低的点。

如果山是凸的，比如它的形状像一个碗，那么无论你从哪个地方开始下山，只要始终朝着最陡的方向走（梯度下降法的基本思想），最终都能到达最低点，也就是全局最优解。在这种情况下，局部最优解（你可以到达的最低点）也是全局最优解（所有可能到达的最低点中的最低点）。

然而，如果山不是凸的，比如它有许多山谷和山峰，那么情况就会变得复杂。这时，如果始终朝着最陡的方向走，你可能会陷入一个山谷，无法走出来。这个山谷就是一个局部最优解，但它并不是全局最优解，因为还有其他山谷可能更深。在深度学习中，很多优化问题都类似于这种情况，即有许多不同的局部最优解。即使是凸优化，也有各种挑战，其中常见的重点介绍如下。

1. 病态问题

病态问题（ill-conditioned problem）是指问题的解对于条件非常敏感。条件（或数据）中即使存在极微小的噪声，也会对问题的解造成剧烈的变化，那么其健壮性（robustness）也就是系统抗扰动的能力会很差。如果某个算法是过拟合的，那么它一定是病态的。

2. 局部最小值

局部最小值（local minimum）是机器学习和深度学习模型训练中常见的问题，它指在某个局

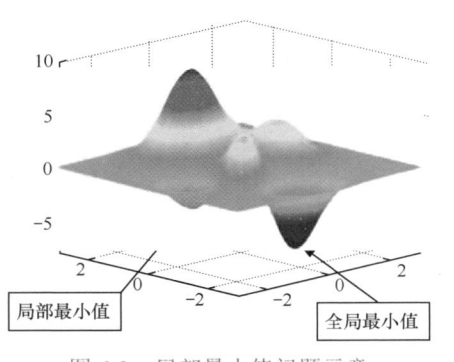

部区域内，目标函数的值小于周围所有点的值，如图 6-3 所示。局部最小值可能是全局最小值，也可能不是。

如果我们的模型存在局部最小值，则损失函数的值可能在某个点处停止减小，即使继续迭代也不会得到更优的结果。为了解决这个问题，可以使用不同的优化算法，例如随机梯度下降算法或 Adam 算法。这些算法在每次迭代时使用随机梯度来调整模型参数，从而避免局部最小值的出现。另外，也可以使用训练数据的不同子集来训练模型，从而避免局部最小值的出现。

图 6-3　局部最小值问题示意

> 小　白：我该如何判断模型获得的是局部最优解还是全局最优解？
>
> 梗直哥：这个问题很复杂，就像找对象，人无完人，你很难找到十全十美的。所以，不要纠结局部最优还是全局最优，满足你任务需求的就是你的"全局最优"。

3. 鞍点

鞍点（saddle point）是指在模型训练过程中，损失函数在某一点取得最小值或最大值，但是这个点不是全局最优解，如图 6-4 所示。鞍点可以算作一种特殊的局部最小值，它常常是由于模型的复杂度过高或者训练样本数量过少造成的。

解决鞍点问题的方法包括使用不同的优化算法、减小模型的复杂度、使用更多训练数据、随机初始化、更多超参数搜索等，基本上还是从数据、模型、搜索三个角度来考虑。

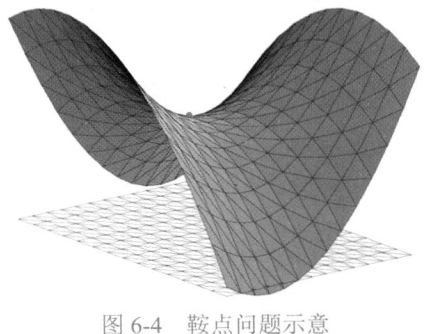

图 6-4　鞍点问题示意

4. 悬崖

多层神经网络通常存在着像悬崖一样斜率较大的区域，如图 6-5 所示，这是由于几个较大的权重相乘导致的。遇到斜率极大的悬崖结构时，梯度更新时会很大程度地改变参数值，通常会完全跳过这类悬崖（cliff）结构，使得参数弹射得非常远，造成大量已完成的优化工作成为无用功。

悬崖结构在后续要讲到的循环神经网络的损失函数中非常常见，因为长期时间序列会产生大量相乘操作。采用梯度裁剪（gradient clipping）可以避免悬崖问题的严重后果，其基本思想

是减小搜索步长，避免走入最陡下降方向的悬崖区域。

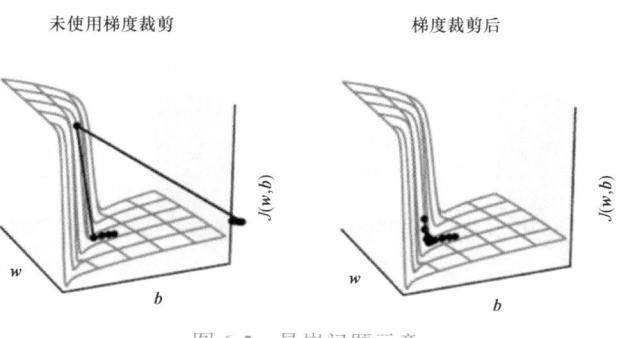

图 6-5　悬崖问题示意

5. 长期依赖

当网络结构变得极深时，优化算法会面临一个难题，即长期依赖（long-term dependency）问题。由于变深的网络结构使模型丧失了学习到先前信息的能力，优化变得极其困难。我们之前讲过的梯度消失与梯度爆炸问题就是长期依赖的体现。这种问题不仅存在于之前介绍的前馈神经网络中，如图 6-6 所示，在后续介绍的循环神经网络中体现得更加明显，因为循环神经网络要在很长时间序列的各个时刻重复应用相同操作来构建非常深的网络结构。后续我们将介绍相应的解决方法。

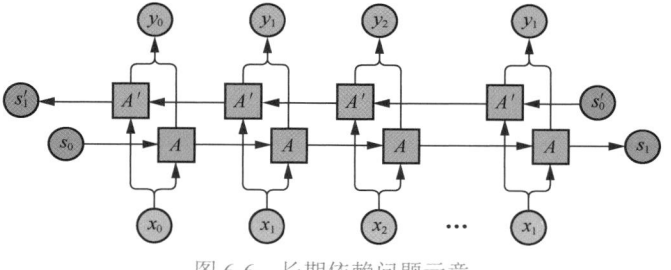

图 6-6　长期依赖问题示意

6.1.4　小结

最优化理论是求解深度学习的主要工具，二者密切相关但又有所不同。在本节中，我们主要讲解了训练误差和泛化误差的区别。最优化只关心训练误差，而深度学习需要最小化训练误差，但更关心泛化误差，也就是在测试集新数据上的误差。此外，最优化关心的是真实风险，而深度学习关心最小化经验风险，因此损失函数有很大的差别。

我们还讲解了深度学习中优化问题的主要挑战，包括病态问题、局部最小值、鞍点、悬崖和长期依赖等。这些问题在深度学习中普遍存在，我们后续介绍各类专用神经网络时还会反复提及。对于它们的解决办法有一定的原则，但也需要在实战中反复积累经验。

6.2　损失函数及其性质

到目前为止，我们陆续介绍了几个损失函数，比如均方误差（MSE）、正则化等，你有没有觉得有点混乱？公式和各种变体多了，就容易混淆，也不好记忆，在本节中，我们就来梳理一下。

6.2.1　起源和重要性

在机器学习和深度学习中，优化问题的本质是找到一个目标函数，通过最小化这个函数实现对模型参数的优化。损失函数，或者说目标函数，正是其中的关键元素，它衡量了模型预测结果与真实值之间的偏差。

损失函数的概念源自统计学和最小二乘回归。其中，最小二乘法（least squares method，LSM）作为一种基础的参数估计方法，它的核心思想就是最小化预测值和真实值之间的差异。对应到数学表达式，即有

$$\arg\min_{\boldsymbol{\theta}} \sum_{i=1}^{n} \left(\boldsymbol{y}_i - f\left(\boldsymbol{x}_i; \boldsymbol{\theta} \right) \right)^2$$

其中，$\boldsymbol{y}_i$ 是真实值，$f()$ 是预测值，$\boldsymbol{\theta}$ 是模型参数。然而，传统的最小二乘法等方法通常进行的是确定性参数估计，也就是说，它们寻找的是一个"最优"的参数值，而没有直接处理参数的不确定性。随着机器学习和深度学习技术的发展，模型和任务的复杂度日渐提升，使得损失函数也随之发展出了各种各样的扩展和变体来应对不确定性的情况。

我们都知道，概率分布是用来描述和研究不确定性的一种重要工具。在深度学习和机器学习中，概率分布可以用于描述数据内在的不确定性、模型参数的不确定性以及预测结果的不确定性。

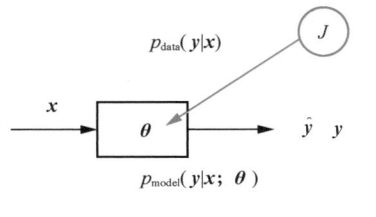

图 6-7　从概率分布理解损失函数

如图 6-7 所示，从概率分布的视角来看，数据对 $(\boldsymbol{x}, \boldsymbol{y})$ 不再被视为确定的对应关系，而是被看作具有一定不确定性的生成过程。损失函数 J 的角色也不仅局限于衡量模型预测值 $\hat{\boldsymbol{y}}$ 与真实值 $\boldsymbol{y}$ 之间的差异，它还可以被用于估计数据生成分布 $p_{\text{model}}\left(\boldsymbol{y} \mid \boldsymbol{x}; \boldsymbol{\theta} \right)$。$p_{\text{data}}\left(\boldsymbol{y} \mid \boldsymbol{x} \right)$ 是样本的真实分布。

这个过程中，根据假设不同，引入了参数估计理论中的"三剑客"：最大似然估计（maximum likelihood estimation，MLE）、最大后验（maximum a posteriori，MAP）和贝叶斯估计（Bayesian estimation）。这些方法都是用于从数据中学习和推断概率分布参数的方法。

6.2.2　最大似然估计

最大似然估计是一种非常常用的参数估计方法，在图 6-7 所示的模型中，假设参数 $\boldsymbol{\theta}$ 虽然是未知的，却是固定的。在统计学发展史上，这是频率学派的观点。

假设有一组数据，比如一个包含 m 个样本的数据集 $\mathbb{X} = \left\{ \boldsymbol{x}^{(1)}, \cdots, \boldsymbol{x}^{(m)} \right\}$，这些数据样本是独立地由某个我们并不了解的真实数据分布 p_{data} 生成的。尽管无法直接掌握这个真实的分布，但我们可以尝试假设一个分布，即模型分布 p_{model}，用它来估计真实分布。换言之，我们假设数据是由某个包含参数 $\boldsymbol{\theta}$ 的概率分布产生的。

基于这样的假设，最大似然估计就是寻找最优的参数值 $\boldsymbol{\theta}_{\text{ML}}$，使得在这个参数值的条件下，观察到的数据可能性（即似然）最大。具体地，这可以表示为如下公式：

$$\boldsymbol{\theta}_{\text{ML}} = \underset{\boldsymbol{\theta}}{\arg\max}\ p_{\text{model}}\left(\boldsymbol{y} \mid \boldsymbol{x}; \boldsymbol{\theta}\right)$$

$$= \underset{\boldsymbol{\theta}}{\arg\max} \prod_{i=1}^{m} p_{\text{model}}\left(\boldsymbol{y} \mid \boldsymbol{x}^{(i)}; \boldsymbol{\theta}\right)$$

其中，argmax 是一个取最大值索引的操作，用于找出使得后面的函数值最大的参数。然而，直接计算多个概率值的乘积通常是不太方便的，因为这可能导致数值下溢，即如果其中的一个概率值非常接近零，那么整个乘积的结果就会接近 0。为了解决这个问题，我们通常会对上面的公式取对数，从而将乘法操作转化为加法操作：

$$\boldsymbol{\theta}_{\text{ML}} = \underset{\boldsymbol{\theta}}{\arg\max} \sum_{i=1}^{m} \log\ p_{\text{model}}\left(\boldsymbol{y} \mid \boldsymbol{x}^{(i)}; \boldsymbol{\theta}\right)$$

假设模型分布 p_{model} 是高斯分布（正态分布），将其代入最大似然估计的公式中：

$$\boldsymbol{\theta}_{\text{ML}} = \underset{\boldsymbol{\theta}}{\arg\max} \sum_{i=1}^{m} \log \frac{1}{\sqrt{2\pi}\sigma} \exp\left\{ -\frac{1}{2\sigma^2}\left(\boldsymbol{y} - f\left(\boldsymbol{x}^{(i)}; \boldsymbol{\theta}\right)\right)^2 \right\}$$

在对数运算项展开后，前面几项都是常数，对找到使函数值最大的参数 $\boldsymbol{\theta}$ 的 argmax 操作没有影响。不过，我们需要注意上面公式中的负号，它使得该公式实际上等价于最小化均方误差（MSE）。换句话说，从概率分布视角看，最小二乘法就是在假定数据分布包含高斯噪声情况下最大似然估计的特例。

$$\boldsymbol{\theta}_{\text{ML}} = \underset{\boldsymbol{\theta}}{\arg\min} \sum_{i=1}^{m} \left(\boldsymbol{y} - f\left(\boldsymbol{x}^{(i)}; \boldsymbol{\theta}\right)\right)^2$$

对于分类问题，当我们谈论交叉熵时，通常是指模型预测的概率分布 $p_{\text{model}}\left(\boldsymbol{y} \mid \boldsymbol{x}; \boldsymbol{\theta}\right)$ 和真实的数据分布 p_{data} 之间的差异。此时，交叉熵损失可以看作数据集上的平均负对数似然损失，这个"平均"可以视为经验分布（数据集的分布）下的期望。在这种情况下，我们可以通过训练样本出现的频率 $\hat{p}_{\text{data}}\left(\boldsymbol{y} \mid \boldsymbol{x}\right)$ 来估计真实概率 $p_{\text{data}}\left(\boldsymbol{y} \mid \boldsymbol{x}\right)$：

$$\boldsymbol{\theta}_{\text{ML}} = \underset{\boldsymbol{\theta}}{\arg\min} \left\{ -\sum_{i=1}^{m} \hat{p}_{\text{data}}\left(\boldsymbol{y} \mid \boldsymbol{x}^{(i)}\right) \log\ p_{\text{model}}\left(\boldsymbol{y} \mid \boldsymbol{x}^{(i)}; \boldsymbol{\theta}\right) \right\}$$

其中，$\hat{p}_{\text{data}}\left(\boldsymbol{y} \mid \boldsymbol{x}^{(i)}\right)$ 是样本的概率。这个操作相当于对原来的公式进行了缩放，因为 $\hat{p}_{\text{data}}\left(\boldsymbol{y} \mid \boldsymbol{x}^{(i)}\right)$ 是一个固定的值，表示每个样本出现的频率或概率。虽然改变了数值，但对找到使函数值最大的参数 $\boldsymbol{\theta}$ 的 argmax 操作没有影响。

在二分类情况下，上式的另一种解释方式是，如果我们假设模型分布 p_{model} 是伯努利分布，同样可以得出这个结果。这个公式实际上就是交叉熵损失。换句话说，从概率分布角度来看，交叉熵损失也是最大似然估计。

> **注意**
>
> 　　再次强调，对于最大似然估计，假设模型参数 θ 是固定的，但数据含有不确定性，因此用概率分布来描述。对于最小二乘法和交叉熵损失，只是假定模型符合不同概率分布情况下最大似然估计的特例。

6.2.3　最大后验

最大后验（maximum a posteriori，MAP）则是从贝叶斯的角度来考虑参数估计问题，它假设参数 θ 是随机的，有自己的先验概率分布 $p(\theta)$。在统计学发展史上，这也是贝叶斯学派的主要观点。根据贝叶斯定理，后验概率分布与先验概率分布和似然函数的乘积成正比：

$$p(\theta\,|\,\boldsymbol{x},\boldsymbol{y}) = \frac{p(\boldsymbol{x},\boldsymbol{y}\,|\,\theta)\,p(\theta)}{p(\boldsymbol{x},\boldsymbol{y})} = \frac{p(\boldsymbol{y}\,|\,\boldsymbol{x},\theta)\,p(\boldsymbol{x}\,|\,\theta)\,p(\theta)}{p(\boldsymbol{x},\boldsymbol{y})}$$

我们通常对上面公式中的分母边际概率分布或者证据（evidence）$p(\boldsymbol{x},\boldsymbol{y})$ 不感兴趣，因为它与参数 θ 无关，是一个常数，对 argmax 操作没有影响。在监督学习中，$\boldsymbol{x}$ 是给定的，不依赖 θ，因此 $p(\boldsymbol{x}\,|\,\theta)$ 也可以看作一个常数。因此，最大后验可以简化为最大化似然函数和先验概率分布的乘积：

$$\theta_{MAP} = \arg\max_{\theta}\left\{ p(\boldsymbol{y}\,|\,\boldsymbol{x},\theta)\,p(\theta) \right\}$$

为了便于计算，通常会取对数，因为对数是单调递增函数，最大化对数后验等同于最大化后验：

$$\theta_{MAP} = \arg\max_{\theta}\left[\log p(\boldsymbol{y}\,|\,\boldsymbol{x},\theta) + \underbrace{\log p(\theta)}_{regulariztion} \right]$$

相比于最大似然估计，后面多了一项对先验概率分布取对数运算，而它就是我们前面讲过的正则化项。换句话说，正则化也可以统一到上述概率统计框架中来理解。此时，如果参数先验 $p(\theta)$ 服从拉普拉斯分布，代入上面公式的话对应 L1 正则化；如果参数先验 $p(\theta)$ 服从高斯分布，则对应 L2 正则化。

通常情况下，我们习惯最小化损失函数，这也很简单，相当于在上式前面添加负号，把 argmax 运算变成 argmin 运算：

$$\arg\min_{\theta}\left[-\log p(\boldsymbol{y}\,|\,\boldsymbol{x},\theta) - \underbrace{\log p(\theta)}_{regulariztion} \right]$$

> **注意**
>
> 　　无论你使用的是最大似然估计还是最大后验，只要你通过最小化负对数似然函数来求解参数，这个过程就可以被统称为"最小化负对数似然"。这只是一种通用的表述，并不影响所使用的是最大似然估计还是最大后验。添加负号是因为在机器学习或深度学习的优化过程中，我们通常对损失函数进行最小化。

6.2.4 贝叶斯估计

　　无论最大似然估计还是最大后验，都是所谓的"点估计"，也就是最后都会求出一组参数 θ 值。而贝叶斯估计则是直接估计 θ 的分布，因而更加复杂，当然也更加普遍或者通用。这样一来，它的目标函数就变了。使用贝叶斯公式，我们可以得到：

$$\underbrace{p\big(\theta \mid y,x\big)}_{\text{posterior}} = \frac{\overbrace{p\big(y \mid x,\theta\big)}^{\text{likelihood}}\overbrace{p\big(\theta\big)}^{\text{prior}}}{\underbrace{p\big(y \mid x\big)}_{\text{evidence}}}$$

　　其中，等号左边是后验（posterior），右边分子是似然函数（likelihood）和先验（prior），分母是证据（evidence）。在实际使用时，往往也会对上式取对数作为损失函数。

6.2.5 损失函数的性质

　　由于优化算法研究的对象是损失函数，因此损失函数在数学上的性质对于最优化求解的过程是非常重要的，接下来我们就来介绍深度学习中损失函数应该具备的性质。

1. 可微性和可导性

　　首先我们来看函数的可微性和可导性，它们是高等数学中的精髓。

　　可微性指的是函数在任意一点处都有一个导数，它可以帮助我们更好地理解函数的变化趋势。可导性是指函数有连续的导函数。可微可导是最优化算法的基本前提，因为梯度下降算法需要使用损失函数的导数来更新模型参数，寻找迭代的方向。

　　你可能会问，ReLU 函数就不是可微的吗？如图 6-8 所示，其在 0 值处就没有导数。的确，这个位置可画多条切线，但我们只需要一条。但是由于这里出现 0 值的概率极低，任意选择一个子梯度就可以了，因此依然可以使用，当然也有一些改进版的 ReLU 函数可以保证可微性。

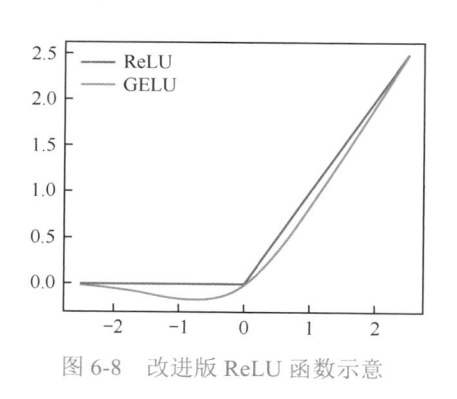

图 6-8　改进版 ReLU 函数示意

2. 凸性

优化算法通常用于最小化或最大化一个目标函数，因此损失函数的凸性可能会影响优化算法的性能。如图 6-9 所示，左图的凸函数是指在所有点处都向上弯曲的函数，类似于弯曲的桥身，也就是说凸函数任意两点的割线位于函数图像上方；右图的凹函数则是指在所有点处都向下弯曲的函数，类似于弯曲的河床。

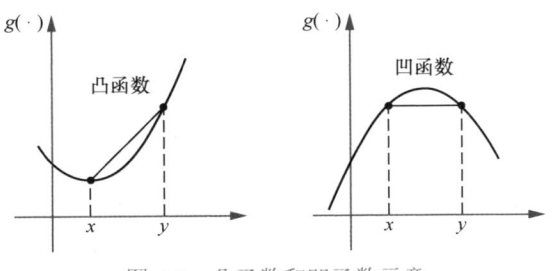

图 6-9　凸函数和凹函数示意

在深度学习中，凸性是很重要的一个因素，因为它可以帮助我们确定使用哪种优化算法来最小化模型的损失函数。如果损失函数是凸的，表明有一个单谷，即使在函数的多个局部最小值处也是如此，可以使用最优化算法来找到函数的全局最小值。有时损失函数并不是凸函数，需要使用更复杂的最优化算法，如拟牛顿法或共轭梯度法，才能有效地找到函数的全局最小值。

怎么判断一个损失函数的凸性呢？方法很多。通过计算损失函数的二阶导数，我们可以直接判断损失函数是否是凸函数。如果损失函数的二阶导数大于 0，则损失函数是凸函数。如果损失函数单调递增或单调递减，则损失函数是凸函数。如果损失函数的值存在局部最小值或局部最大值，则损失函数是凹函数。如图 6-10 所示，我们常用的对数损失函数、均方误差损失函数都是凸函数。

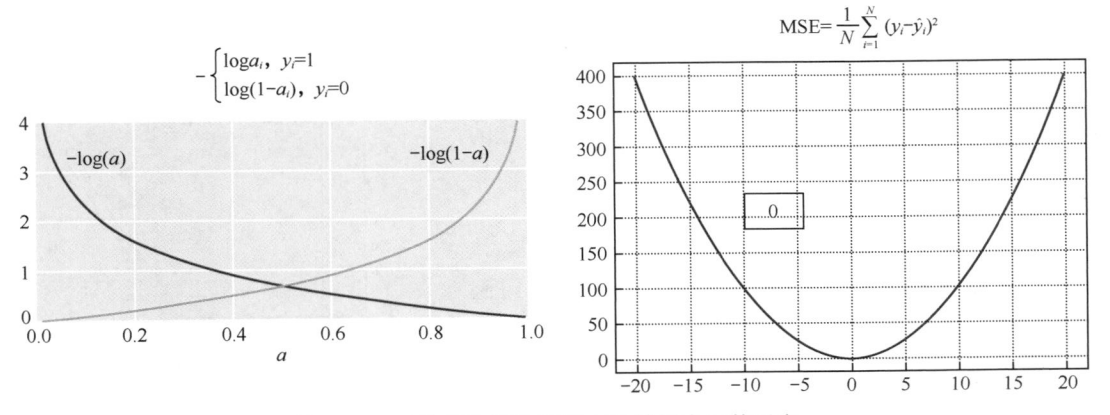

图 6-10　对数损失函数和均方误差损失函数示意

 小　　白：能不能举个例子说明什么是凸函数和非凸函数?

梗直哥：凸函数就像一个 U 型山坡，从哪儿往上爬都是往山顶走，没有坑坑注注的地方。而非凸函数就像起伏不平的地形，时而上升时而下降，让你摸不着头脑，也找不到明确的"最低点"。

3. 凸约束和凸优化

这两个概念比较抽象，我们用下山的例子来类比，以帮助你理解。

假定你站在山顶，想要找到下山最快的路线。我们前面讲过，在凸优化问题中，这个"山"是凸形的，就像一个碗或者漏斗，无论你从哪个方向开始下山，最终都能找到一条下山最快的路线。

如图 6-11 所示，左图中凸约束就像在下山过程中遇到的一些限制。比如，有些路可能被封锁了，或者有一些地方太陡峭，我们不能走。这就像在优化问题中，有些解可能是不符合约束条件的。比如在 $x^2 \leq 1$ 这个约束条件下，我们只能在 -1 和 1 之间的区域内寻找解。而对于右图中非凸优化问题，你可以想象自己在一处充满山谷和山峰的地形中寻找最低点。在这种情况下，你可能会找到一个位置，觉得这就是最低点，但实际上，如果你能跨过山峰或者山谷，可能会找到一个更低的位置。

凸目标和凸约束　　　　　　　　非凸目标和非凸约束

图 6-11　凸约束和非凸约束示意

现在深度学习的大多数优化问题事实上是极其复杂的非凸优化问题。你可能对此感到困惑，那怎么办呢? 这种情况下，如何找到一个好的解呢? 这就像在复杂地形中找到一个"合理的"最低点。

实际上，虽然我们无法保证找到的是全局最低点，但通常可以找到一个"合理的"最低点，即使这个解可能并不是全局最优的。通过寻找非凸优化问题中的"凸"结构，例如，找到某个区域，虽然它不是全局的，但在这个区域内，问题看起来就像是凸的，然后在这个区域内找到一个局部最优解。这就意味着尽管深度学习涉及复杂的非凸优化问题，但我们仍然能够找到一些非常好的解。

4. Jensen 不等式

Jensen 不等式是一个数学定理，它既可以看作凸函数的重要性质，也可以被认为是凸函数的一个数学表述，在最优化、概率论、机器学习、统计物理学等领域都有相关应用。这个定理最初由丹麦数学家 J.L.W.V. Jensen 在 1906 年提出。

直接讲解比较抽象，我们先来形象地理解一下。你可以想象一只空碗，底部是向下凸起的，这就是凸函数的图像。当你从碗的一边看过去，你会发现，不管你选择碗的哪两点，两点间的线段始终在碗的上方，这就是 Jensen 不等式在几何上的直观解释。

用数学语言表示 Jensen 不等式就是：在凸函数 f 上，任意两点 $(x_1, f(x_1))$ 和 $(x_2, f(x_2))$ 之间的线段总是位于函数图像上方。用公式可以表示为

$$tf(x_1) + (1-t)f(x_2) \geqslant f(tx_1 + (1-t)x_2)$$

其中，t 是一个介于 0 和 1 之间的权重系数，用来对 x_1 和 x_2 进行加权。该公式表明，无论碗里的哪两个点，它们之间的线段总是高于碗的底部。在概率论中，Jensen 不等式给出了期望的函数和凸函数期望间的关系，简单来说，就是"函数的期望"总是大于或等于"期望的函数"。

$$E[f(x)] \geqslant f(E[x])$$

单看数学公式不好理解，我们打个比方。想象一下，你有两种方式来享用一块巧克力。

- 每天一小块：你将这块巧克力分成 7 小块，每天吃一小块。这样，你每天都能感受到一点点快乐。
- 一周的快乐集中到某一天：你选择在周末的一天吃掉整块巧克力，这一天，你感受到了很大的快乐，但在一周的其他 6 天里，你没有吃到巧克力，就无法感受这种快乐。

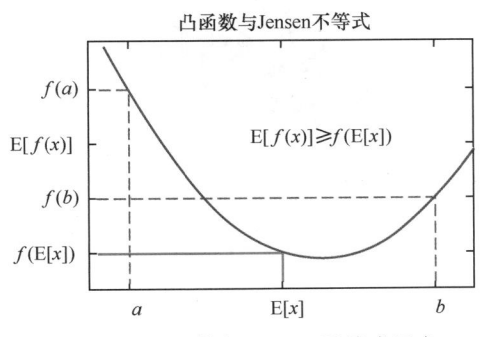

图 6-12 凸函数与 Jensen 不等式示意

因为快乐有一定的"饱和点"，所以一次性吃掉可能并不会让你感到比每天吃一小块更快乐。换句话说，Jensen 不等式告诉我们，对于某些事物，适量而分散的享受可能会带来比集中享受更大的总体满足。

从图 6-12 中也可以直观地看出函数的期望与期望的函数之间的关系。

对于连续的变量，我们用积分表示期望，Jensen 不等式变为

$$\int f(x)p(x)\mathrm{d}x \geqslant f\left(\int xp(x)\mathrm{d}x\right)$$

在深度学习中，Jensen 不等式被广泛应用。假设我们有一个似然函数 $L(x;\theta)$，其中 x 是观察到的数据，θ 是模型参数，那么负对数似然函数就是 $-\log L(x;\theta)$。我们的目标是找到一个参数 θ，使得这个函数在所有数据上的值最小。

这可以理解为在尝试最小化负对数似然函数的期望$\mathrm{E}\big[-\mathrm{log}L(\boldsymbol{x};\boldsymbol{\theta})\big]$。由于负对数似然函数是一个凸函数，根据 Jensen 不等式，这个问题可以通过最小化它的一个下界$-\mathrm{log}\big(\mathrm{E}\big[L(\boldsymbol{x};\boldsymbol{\theta})\big]\big)$来解决，也就是把求函数的统计量变成求统计量的函数，后者在大多数情况下计算更简单。在模型的训练过程中，我们通常关注的是模型在所有样本上的平均表现，而不是模型在某一个特定样本上的表现。

> **注意**
>
> 　　对于这部分内容，如果你感觉复杂，暂时看不懂也没关系，不影响接下来内容的学习。在《破解深度学习（核心篇）：模型算法与实现》的变分推断部分中，我们将再次深入讲述。

6.2.6　小结

在本节中，我们从概率分布的角度重新梳理了损失函数的定义，主要讲解了最大似然估计、最大后验和贝叶斯估计。

回归问题中大量使用的均方误差（MSE）或者最小二乘法其实就是似然函数为高斯分布时的最大似然估计；分类问题中使用的交叉熵损失函数也是最大似然估计。正则化方法可以看成最大后验的特殊情况：L2 正则化对应先验是高斯分布，L1 正则化对应先验是拉普拉斯分布。对于贝叶斯估计我们暂时没有展开讲，这类损失函数在更加复杂的深度神经网络（如概率图模型）中大量使用。

接着，我们讲了损失函数的性质。可微性和可导性是能够使用梯度下降算法求梯度，进而寻找损失函数最小值的基础。损失函数的凸性是保证能找到最小值的理论基础，原则上只有凸优化问题才有全局最小值，但实际问题很复杂，大部分是非凸优化问题，不一定有全局最小值，而只有局部最小值。这种情况下我们可以用凸约束把非凸优化问题转化为凸优化问题，从而可以使用梯度下降算法求解。

最后我们讲解了 Jensen 不等式，它是在进行一些复杂损失函数推导和证明的过程中特别重要的一个定理，尤其是在变分推断中会大量用到。这个暂时只要有一个印象就行了，后续会重点讲解。

本节内容是高度概括和梳理性质的，对一些没有机器学习基础的读者可能略有困难。不过别着急，可以补充一些这方面的知识，或者后续再反复理解；对于学过却一直特别困惑的读者可能比较适合，希望能帮你从更高角度认识损失函数的精髓。

6.3　梯度下降算法

前面我们讲到，在深度学习中损失函数中如果有 Sigmoid 函数、对数、指数等函数时叫作"超越方程"，它没有解析解，只能借助最优化分析中的算法通过搜索逼近来求解。在本节中，我们就来介绍其中最常用的一种算法：梯度下降算法。虽然都叫作算法，但再次强调，它不是机器学习的算法，而只是一种搜索算法！

6.3.1 搜索逼近策略

面对下面这样一个复杂的损失函数式子，如何找到突破口求解它呢？

$$w^* = \arg\min_{w} \left\{ \frac{1}{m} \sum_{i=1}^{m} L\big(y_i, f(x_i; w)\big) \right\}$$

函数的凸性保证了它有最小值，这就是我们寻找的目标。当样本点已知的时候，也就是 x、y 已知时，损失 $J = L\big(y, f(x; w)\big)$ 就是参数 w 的函数。

先来看最简单的情况，假定损失函数是二次函数，如图 6-13 所示。

注意，此时坐标轴不是前面讲算法时的样本特征了，横轴是参数 w，先假定只有一个参数，纵轴是损失 J。什么时候 J 值最小呢？显然是在图中的最低点，此时的横轴坐标就是要找的目标参数了。具体怎么找这个最小值呢？答案也很朴素，就是搜索。人们在不知道该怎么办的时候，往往都会采取这一招，数学方法也是一样。搜索策略的研究是最优化理论的核心，也是整个机器学习求解的基础。

讲到搜索这个动作，是不是首先要确定方向，否则很容易南辕北辙，背道而驰。如图 6-14 所示，从红线的起始红点开始走，如果往上走，那么是找不到最低点的。其次要确定速度，即一次走多远，是一小步一小步地走，还是一大步一大步地走呢？数学家就是把这些朴素的想法变成了数学语言。方向就是斜率，数学上用导数来表示，曲线向下走就是沿导数的负方向。注意，导数本身也是函数，随着横轴参数值变化而变化。如果用开车来类比，导数就像方向盘，需要不停地调整，但只要整体方向向下，就能开到谷底。

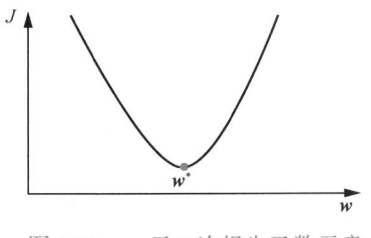

图 6-13 一元二次损失函数示意

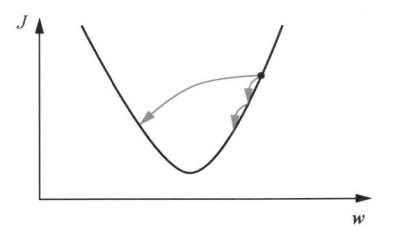

图 6-14 学习率效果示意

走路有快有慢，搜索也是一样，具体怎么控制速度呢？在导数前面加个系数 α 就可以了，α 叫作学习率（learning rate）。如果还用开车来类比，α 就像是油门。

二维的情况明白了，那么梯度下降算法中的"梯度"又是什么意思呢？

6.3.2 梯度

通常横轴表示的特征显然不止一个，而是有更多维度。例如房价除了和面积相关，还和城市、地段、朝向、政策等各种因素相关。此时，损失函数就是一个起伏不定的曲面，甚至无法用图像进行可视化展示。对多变量所求的偏导数就叫作梯度（gradient）。

简单理解，梯度就是函数曲面的陡度，而偏导数就是某个具体方向上的陡度，梯度就等于所有方向上偏导数的向量和。图 6-15 中给出了一个含有两个自变量函数梯度的例子。

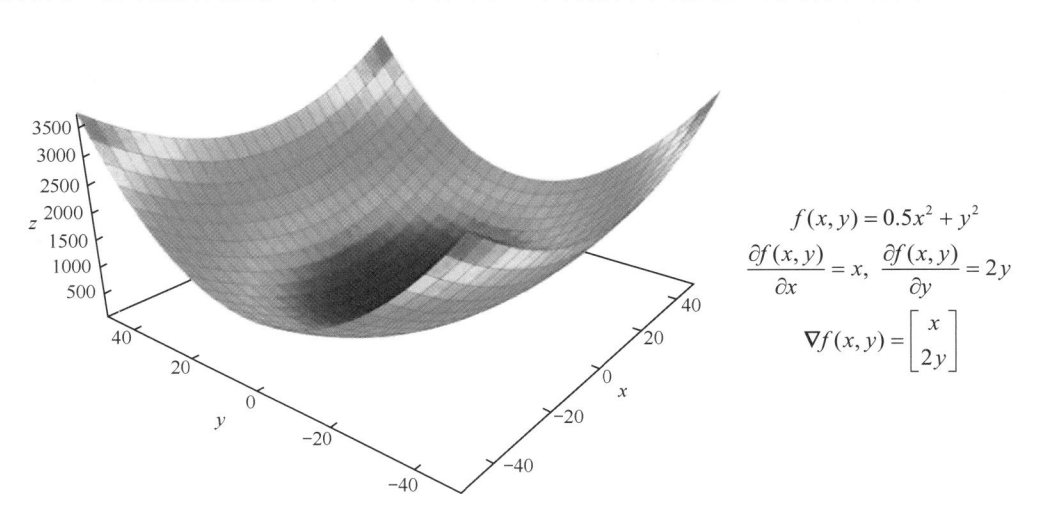

$$f(x, y) = 0.5x^2 + y^2$$

$$\frac{\partial f(x, y)}{\partial x} = x, \quad \frac{\partial f(x, y)}{\partial y} = 2y$$

$$\nabla f(x, y) = \begin{bmatrix} x \\ 2y \end{bmatrix}$$

图 6-15　二元损失函数示意

多数情况下，虽然损失函数本身复杂，不易求解，但是只要它是连续可导的，一般就能求偏导数。当然，这也是我们应用梯度下降算法的前提。实际情况下，参数 w 的维度可能很高，但不管多高，意思是一样的。总梯度可以用向量 ∇J 来表示，其中每个元素都是对某一个参数求偏导数。换句话说，梯度就是多个维度综合起来最陡的那个方向。具体每个偏导数怎么求呢？这就涉及复合函数求偏导数的链式法则啦！

小　　白：　梯度到底是什么？它是一个数字吗？为什么能指示方向呢？

梗直哥：　梯度其实就是一个向量，它包含了一个函数在每个变量方向上的变化率。比如利用梯度下降算法时，梯度就像一个导航仪，告诉你如何在函数的"地形"上走，当然就是朝着变化率最大的方向。

6.3.3　偏导数链式法则

这部分是微积分的内容，如果你不熟悉或者忘了也没有关系，并不影响后续的学习，因为大多数情况下，PyTorch 这样的框架都有自动求导功能。不过最好还是大致知道它的原理。我们前面讲反向传播时讲过，其实也不复杂。

假定 J 是嵌套了多层函数的复合函数 $J(w_0, \cdots, w_n) = f\big[g_1(\cdot), \cdots, g_M(\cdot)\big]$，外层是 f，内层是

很多个 g，那么对其中变量 w_i 的偏导数就等于先对 f 求每个 g_j 的偏导数，再求每个 g_j 对 w_i 的偏导数，然后把所有不同的 M 项累加起来，这就是所谓的链式法则。

$$\frac{\partial J}{\partial w_i} = \sum_j^M \frac{\partial f}{\partial g_j} \frac{\partial g_j}{\partial w_i}$$

如图 6-16 所示，参数的偏导数就像起伏不平的山区地形。

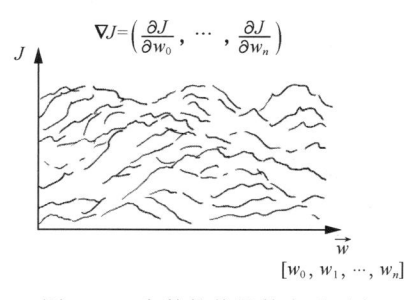

图 6-16 参数的偏导数直观示意

到这里，想必你已经对梯度和梯度下降的概念有了更深刻的认识。我们再回过头来看看学习率的重要性。

6.3.4 学习率

为了便于说明，我们还是回到一维的情况。如图 6-17 所示，学习率太小，也就是每步变化都很小，会导致收敛慢，显然很笨拙。反之，学习率太大会导致反复横跳，不容易收敛，在后续代码示例中也能看到这种情况。因此，选择一个合适的学习率是非常重要的，它是使用梯度下降算法时需要调整的重要超参数。

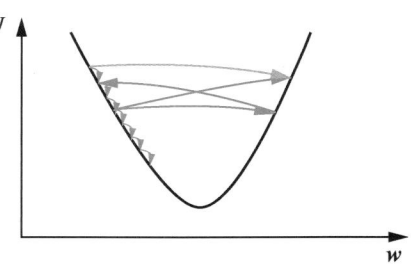

图 6-17 学习率效果示意

6.3.5 梯度下降算法

有了梯度和学习率，参数更新就很简单了，$t+1$ 时刻用原来的参数减去学习率乘以梯度就可以了：

$$w_{t+1} = w_t - \alpha \nabla J$$

归纳起来，梯度下降算法的目标是求解损失函数，它有三个要素：一是初始值；二是梯度，也就是把握好方向盘，确保一路向下；三是学习率，也就是油门。

按照上面的式子不断更新迭代，就如同在连绵起伏的山里开越野车一样，如图 6-18 所示，这就是所谓的梯度下降算法。

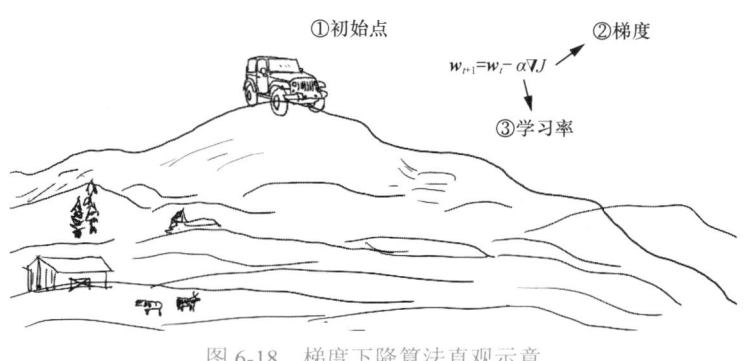

①初始点

②梯度

$w_{t+1}=w_t-\alpha \nabla J$

③学习率

图 6-18　梯度下降算法直观示意

6.3.6　小结

在本节中，我们讲解了面对复杂的损失函数如何用最优化方法求解，也就是梯度下降算法。我们先以最简单的二次函数曲线为例，介绍了搜索逼近的基本思想，其中的核心概念就是梯度，它可以指引搜索的方向。对于多维度情况，梯度可以用偏导数链式法则来获得。

梯度搜索的过程中，除了方向，步子大小也很重要，深度学习中使用学习率来调整搜索的快慢程度。初始值、梯度和学习率构成了梯度下降算法的三要素，也是决定一个学习算法能否高效训练、快速找到最优参数解的关键。

在本章后续内容中，我们将着重讨论它们的变体和优化。

6.4　梯度下降算法的各种变体

在 6.3 节中，我们介绍了梯度下降算法的基本原理，它是深度学习中极为关键且普遍应用的模型参数优化策略。自被提出后，梯度下降算法经历了持续发展，衍生出众多变体。表 6-1 展示了不同优化器的发展历程和改进方向，图 6-19 则展示了它们之间的相互关系。

表 6-1　不同优化器的发展历程和改进方向

优化器	年份	学习率	梯度
Momentum	1964		√
AdaGrad	2011	√	
RMSProp	2012	√	
AdaDelta	2012	√	
Nesterov	2013		√
Adam	2014	√	√
AdaMax	2015	√	√
Nadam	2015	√	√
AMSGrad	2018	√	√

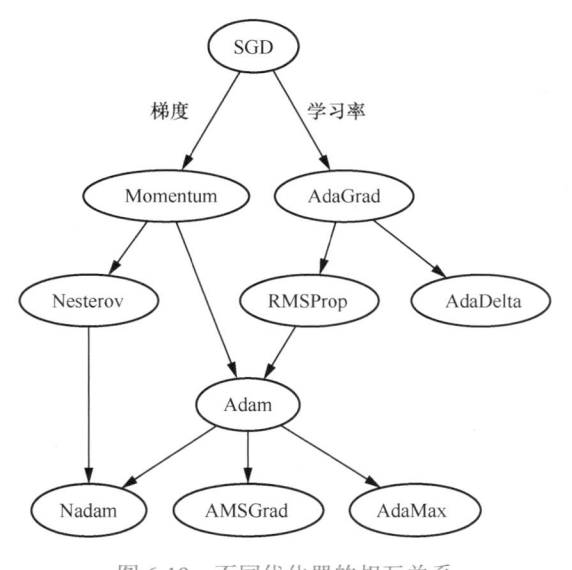

图 6-19 不同优化器的相互关系

在本节中，我们将深入介绍这些变体方法的异同。这些方法看起来可能会有些复杂，但当前实际应用最广泛的其实只有两种：随机梯度下降法（SGD）和 Adam 优化器。因此，这两种方法是你需要重点理解的，其他方法则只需要搞懂逻辑关系和基本原理。

6.4.1 加速版改进：随机梯度下降法

最基础的梯度下降算法也称为批量梯度下降法。因为是在整个数据集上进行操作，其优势显著：梯度方向能更准确地代表样本总体，能更精确地指向极值所在方向。然而，这样做的缺点也很明显：

- 无法保证优化函数达到全局最优解，只有当损失函数是凸函数时，才能保证找到全局最优解；
- 当处理大型数据集时，计算时间可能会非常长；
- 如果函数形态复杂，可能在局部最小值附近震荡，而不能直接收敛到最优解；
- 对于初始值的选择非常敏感，可能陷入局部最优解。

随机梯度下降法（stochastic gradient descent，SGD）是对基础梯度下降算法的改进，基本原理是在每次迭代中只用一个样本 (x_i, y_i) 来计算梯度 $\nabla L(w; x_i, y_i)$，然后根据这个梯度调整参数：

$$w \leftarrow w - \alpha \cdot \nabla_w L$$

其中，w 表示参数值，α 表示学习率。每次迭代后，检查函数值是否已经减小到满足预期，如果是则停止迭代，否则继续。

如图 6-20 所示，对比批量梯度下降法，随机梯度下降法的优点在于：每次迭代只用一个样本计算梯度，收敛速度快，不易受当前样本引导而落入局部最优解。然而，事物总是有两面性，随机梯度下降法的缺点也比较明显：这样的参数更新策略可能会引入噪声，导致方差较大，使得算法收敛过程不稳定，甚至有时无法有效收敛。

针对这些问题，科学家们提出了多种改进方法，其中之一就是动态学习率。下面是常见的几种动态学习率策略。

- 反比例学习率

$$\alpha_t = \frac{\alpha_0}{1+t}$$

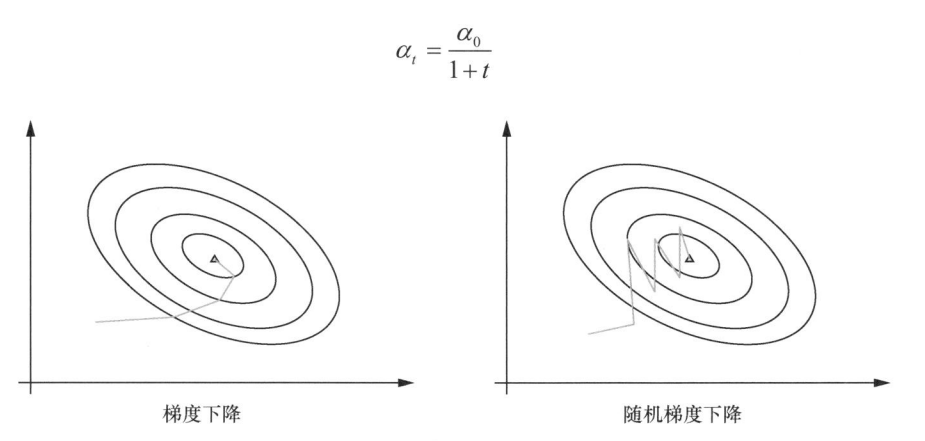

图 6-20 随机梯度下降示意

其中，t 表示当前的迭代次数，α_0 表示初始学习率。

- 反比例平方学习率

$$\alpha_t = \frac{\alpha_0}{t^2}$$

- 指数衰减学习率

$$\alpha_t = \alpha_0 \cdot \gamma^t$$

其中，γ 是一个小于 1 的常数。

除了上述例子，也可以根据模型的训练情况来自定义动态学习率。本章后续也会介绍这方面的代码示例。

6.4.2 折中版改进：小批量随机梯度下降法

批量梯度下降法和随机梯度下降法都有局限性：前者在大数据集上计算量大、速度慢，而后者在参数搜索过程中可能出现震荡。那么，有没有一种方法既能克服计算速度的问题，又能减少搜索震荡呢？答案就是小批量随机梯度下降法（mini-batch stochastic gradient descent，MB-SGD），其核心思想就是在每次迭代中，选取小批量的随机样本来计算梯度，并据此更新模型参数。以下是它的参数更新公式：

$$w \leftarrow w - \alpha \frac{1}{m} \sum_{i=1}^{m} \nabla_w L\left(w, b, x^{(i)}, y^{(i)}\right)$$

$$b \leftarrow b - \alpha \frac{1}{m} \sum_{i=1}^{m} \nabla_b L\left(w, b, x^{(i)}, y^{(i)}\right)$$

首先，初始化参数 w 和 b。然后，在每次迭代中，假设从训练集中随机抽取 m 个样本，$L\left(w, b, x^{(i)}, y^{(i)}\right)$ 是损失函数，$\nabla_w L\left(w, b, x^{(i)}, y^{(i)}\right)$ 和 $\nabla_b L\left(w, b, x^{(i)}, y^{(i)}\right)$ 分别表示对 w 和 b 的梯度。与随机梯度下降法相比，主要体现在梯度的计算方式变了。

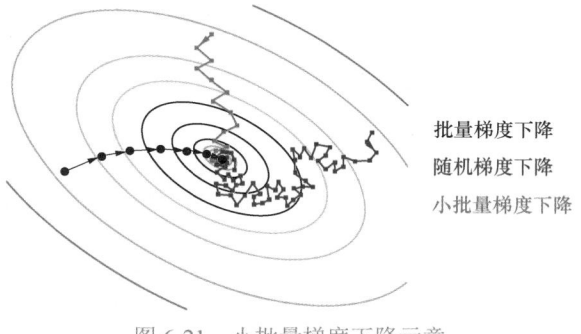

批量梯度下降
随机梯度下降
小批量梯度下降

图 6-21　小批量梯度下降示意

如图 6-21 所示，和前面两种方法相比，小批量随机梯度下降法的优点明显：与批量梯度下降法相比，训练速度更快；与随机梯度下降法相比，梯度计算更加稳定，震荡较少。通过调整批量大小，这种方法能使得训练速度既不过快，也不过慢。

当然，小批量随机梯度下降法也有挑战，主要是学习率 α 和批量大小 m 的调整。学习率影响参数更新的步长，通常设置在 0.001 到 0.1 之间。设置过小可能导致训练缓慢，但可以提高收敛精度；设置过大可以加快训练，但可能降低收敛精度。

批量大小 m 确定了每次迭代中用于计算梯度的样本数量，一般设置为 $32 \sim 256$。确定 m 时需要考虑多种因素：

- 较大批量能提供更准确的梯度估计，但回报递减；
- 较小批量无法充分利用多核架构，因此通常会设置一个最小阈值（如 32）；
- 如果数据能并行处理，内存使用与批量大小成正比，这常常是批量大小的一个制约因素；
- 在 GPU 计算中，批量大小为 2 的幂时可以更有效地利用资源；
- 小批量的随机性可以带来一定的正则化效果。

值得注意的是，我们通常在每次抽取小批量样本前打乱数据顺序，这样可以让模型见到更具代表性的样本，仿佛每次都可以见到新样本。

6.4.3　一阶动量改进版：动量法

上面几种方法都是在求梯度的方式上做文章，还有没有更好的改进方案呢？接下来要介绍的动量法（momentum method）是经典且有效的改进，像 PyTorch 这样的深度学习库通常会将其直接集成到 SGD 方法中。

动量法的灵感源于物理学中的动量概念。在物理学中，动量是一个向量，其大小是物体质量和速度的乘积：$p = mv$，方向与速度一致。动量守恒定律意味着在没有外力作用时，系统总动量恒定。如图 6-22 所示，两个弹性球水平碰撞，在不受其他力影响的情况下，它们的动量保持守恒，一个球减速意味着另一个球加速。

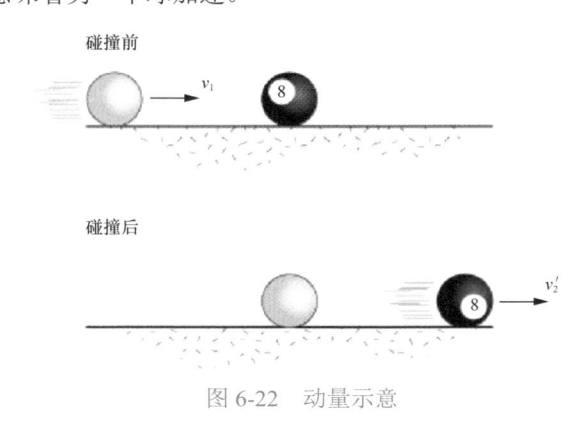

碰撞前

碰撞后

图 6-22　动量示意

深度学习中，假设质量单位为 1，速度 v 可以直接看作动量，它的计算方法与物理学中的动量并不完全一样，是通过记录过去梯度的变化并将其加到当前梯度上来实现的。这种方法又称为"一阶动量"，由 Yann LeCun 在 20 世纪 90 年代初期提出，表示过去各个时刻梯度的线性组合。也就是说，t 时刻的梯度下降方向不仅由当前点的梯度方向决定，还受到过去梯度下降方向的影响。

$$\boldsymbol{m}_t = \beta_1 \cdot \boldsymbol{m}_{t-1} + (1 - \beta_1) \cdot \boldsymbol{g}_t$$

其中，$\boldsymbol{m}_t$ 是当前时刻 t 的一阶动量，$\boldsymbol{m}_{t-1}$ 是前一时刻的动量，$\boldsymbol{g}_t$ 是当前时刻的梯度。权重 β_1 又称为动量因子，其经验值为 0.9，意味着下降方向主要取决于此前累积的梯度，并稍微考虑当前时刻的梯度，这好比在高速公路上行驶的汽车要转弯时不能太急，否则容易出事。动量法的核心思想就是让模型更新更加平稳，从而使学习更加顺畅。

有了上式中经过平衡后的梯度，再使用下面的式子来迭代更新参数：

$$w \leftarrow w - \alpha \boldsymbol{m}_t$$

其中 α 依然是学习率。图 6-23 直观地比较了 4 种梯度下降算法的效果。

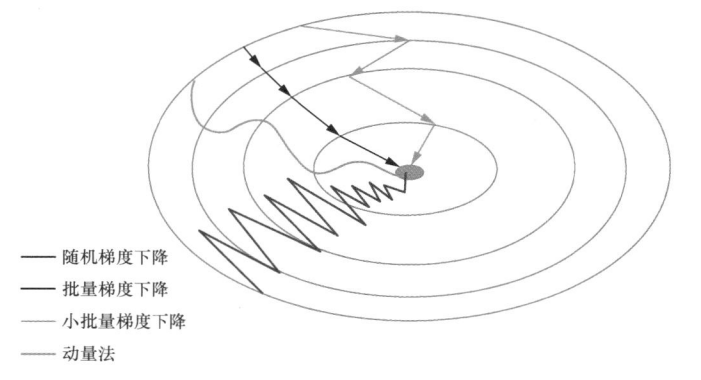

随机梯度下降
批量梯度下降
小批量梯度下降
动量法

图 6-23　4 种梯度下降算法的效果对比示意

从优点角度看，动量法的好处是能够加速收敛并跳过局部最小值，减少了由于学习率过大引起的振荡，并且减轻了对初始值选择的敏感性。

此外，它有助于缓解如图 6-24 所示的梯度下降中的病态问题，即某些参数方向上曲率较小而其他参数方向上曲率较大。通过分别累加 w_1 和 w_2 两个方向上的梯度分量，w_1 方向上的分量将互相抵消，而 w_2 方向上的分量得到加强，从而有助于更快地达到最小值。

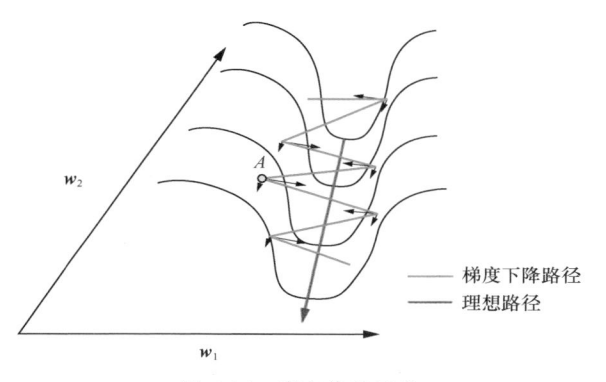

图 6-24 病态收敛示意

从缺点角度看，动量法需要维护一个额外的动量项，可能会导致收敛速度稍微减慢。

6.4.4 二阶动量改进版：AdaGrad算法

AdaGrad 算法通过使用二阶动量来改进梯度下降算法，开启了"自适应学习率"优化算法的新时代。与 SGD 及其衍生算法不同，AdaGrad 算法并不是使用相同的学习率来更新所有参数，具体是什么原理呢？

深度神经网络通常包含大量的参数，其中不是所有参数都会被频繁使用。对于经常更新的参数，我们已经积累了大量关于它的信息，因此希望减少单个样本的影响，让学习率较小；对于偶尔更新的参数，由于我们了解的信息较少，希望能从每个偶然出现的样本中学习更多信息，即希望学习率较大。那么，问题来了，到底如何动态衡量历史更新频率呢？这就是二阶动量的作用了，它将每一维度上的历史梯度 g_τ 的平方进行叠加。

$$V_t = \sum_{\tau=1}^{t} g_\tau^2$$

把一阶动量 m_t 和二阶动量 V_t 代入下面的式子，计算当前时刻的下降梯度 η_t，其中 α 为学习率：

$$\eta_t = \alpha \cdot \frac{m_t}{\sqrt{V_t + \epsilon}}$$

一般为了避免分母为 0，会添加一个小的正数项 ϵ。参数更新越频繁，二阶动量越大，相当于学习率越小。最后，把 η_t 代入下式进行参数更新：

$$w_{t+1} = w_t - \eta_t$$

AdaGrad 算法在处理稀疏特征时表现出色。稀疏特征是指在大量样本中出现频率较低的特征，在训练模型时，这些特征的更新频率较低，而一旦更新可能会产生显著影响，导致模型无法优化到理想状态。假设我们采用传统的梯度下降算法训练，在每次迭代时每个参数都会被更新，但是由于稀疏特征出现的频率低，梯度相对较小，会导致模型收敛速度慢。

这类特征在许多应用场景中很常见，对于文本分类问题，每篇文章中可能存在大量仅出现一次的单词，如图 6-25 所示。如果单词在文本行中出现，则其对应的值为 1，否则为 0，这将产生一个极度稀疏的矩阵。AdaGrad 算法通过调整每个特征的学习率来减少对稀疏特征的频繁更新。

	text
0	Eddard Stark is a king in the north.
1	A king but one king : kings are everywhere.
2	Hodor was different : he was not a king .
3	But the North could not change without him.

	king	was	the	not	But	him	one	north	kings	is	in	he	Eddard	everywhere	different	could	change	but	are	Stark	North	Hodor	without
0	1	0	1	0	0	0	0	1	0	1	1	0	1	0	0	0	0	0	0	1	0	0	0
1	2	0	0	0	0	0	1	0	1	0	0	0	0	1	0	0	0	1	1	0	0	0	0
2	1	2	0	1	0	0	0	0	0	0	0	1	0	0	1	0	0	0	0	0	0	1	0
3	0	0	1	1	1	1	0	0	0	0	0	0	0	0	0	1	1	0	0	0	1	0	1
	4	3	2	2	1	1	1	1	1	1	1	1	1	1	1	1	1	1	1	1	1	1	1

图 6-25 文本分类问题示意

对比 SGD 方法，AdaGrad 不仅能有效处理稀疏特征，对学习率的自动调整还能大大加快模型的训练进程。如图 6-26 所示，左图为 SGD，右图为 AdaGrad，明显其振荡小、收敛快。当然，AdaGrad 也有缺点：每次迭代中学习率都降低，可能会在训练后期变得极小，导致收敛速度缓慢；另外，AdaGrad 对不同参数学习率的调整方式是不变的，不能针对不同任务做出自适应调整。

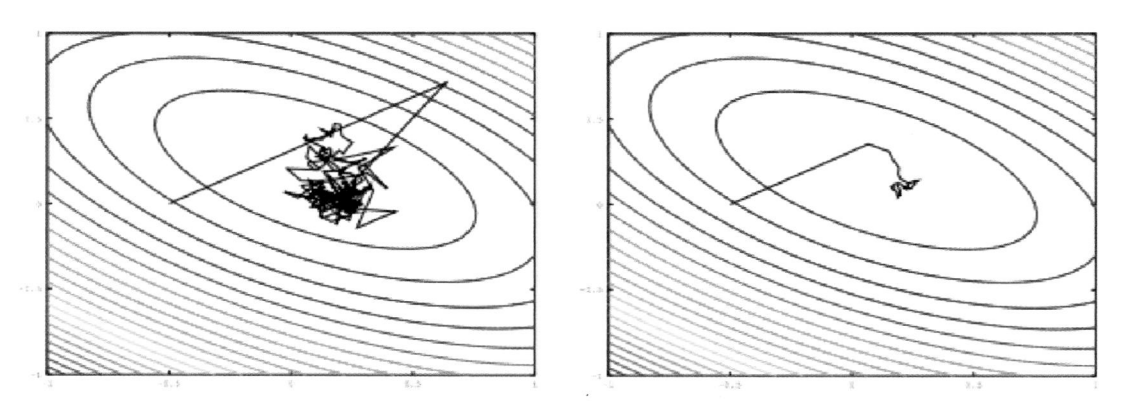

图 6-26 SGD 与 AdaGrad 效果对比示意

6.4.5　自动调整学习率：RMSProp和AdaDelta算法

AdaGrad 算法通过二阶动量优化了学习率的调整，但往往存在学习率过早衰减，导致收敛速度缓慢。对此，Geoffrey Hinton 在 2012 年提出了 RMSProp（root mean square propagation）算法进行改进。几乎在同时期，Matthew D. Zeiler 提出了 AdaDelta 算法。这两种方法都引入了衰减因子，以控制过去梯度平方的累加量，使得它们更关注近期的梯度信息。

考虑到 AdaGrad 单调递减的学习率变化过于激进，RMSProp 算法改变了二阶动量计算方法，即不累积全部历史梯度，而只关注过去一段时间窗口的下降梯度，调整了衰减率系数 β_2：

$$V_t = \beta_2 V_{t-1} + \left(1 - \beta_2\right) g_t^2$$

$$\eta_t = \alpha \cdot m_t / \sqrt{V_t + \epsilon}$$

$$w_{t+1} = w_t - \eta_t$$

其中，g_t 是当前时刻的梯度，V_{t-1} 是历史动量，w 是网络参数。直接看公式不太好理解，我们来解释一下。

想象你正在山地骑自行车，需要根据地形（梯度）来决定踩脚踏板的力度和方向。使用 β_1 就如同你参考过去几次踩脚踏板的经验来决定这次应该怎么踩，才能使骑行更加平稳，不会因为路上一个小坎儿就摔倒。使用 β_2 则如同你不断检查自己的脚踏板踩踏力度，如果发现某个方向上经常用力过猛，你会在该方向上稍微轻踩一些，避免失去控制。简而言之，β_1 帮助我们平滑地决定参数更新的方向，而 β_2 帮助调整更新的大小或速率，以避免过度更新。

RMSProp 算法的优势在于其能够自动调整学习率，从而加快模型的收敛速度。此外，它可以有效地避免学习率过大或过小的问题，优化学习率调整过程。从实现角度看，该算法较为简单，适用于各种优化问题。如图 6-27 所示，分别展示了经典的梯度下降算法和 RMSProp 算法的效果。可以看出，RMSProp 算法的收敛速度更快，且振荡较小。

然而，RMSProp 算法也有其不足之处。例如，处理稀疏特征的效果可能不够理想；超参数（如衰减率 β 和学习率 α）的调整都需要一定经验。此外，其收敛速度可能不如后续出现的优化算法，如 Adam 算法。

AdaDelta 算法同样是自动调整学习率，它由两部分组成：梯度积分和更新规则。梯度积分就是对这些梯度进行累加，并记录下来。

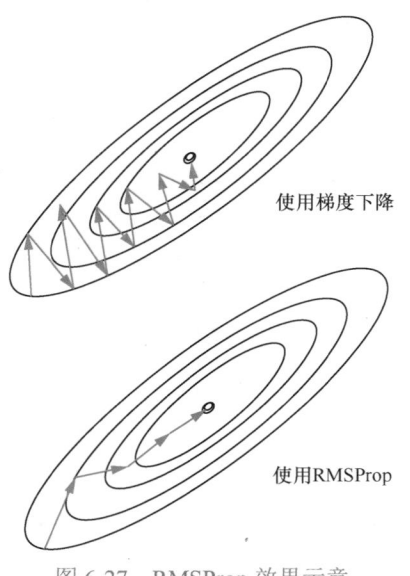

图 6-27　RMSProp 效果示意

$$\Delta w = -\frac{\sqrt{E\left[\Delta w^2\right] + \epsilon}}{\sqrt{E\left[g^2\right] + \epsilon}} \cdot g$$

其中，Δw表示权重的更新量，g 表示当前梯度，$E\left[g^2\right]$表示梯度积分，$E\left[\Delta w^2\right]$表示权重更新量的积分，ϵ 是一个很小的正数，用于防止分母为 0 的情况。经对比可发现 RMSProp 与 AdaDelta 算法非常类似。

与 RMSProp 算法相比，AdaDelta 算法的优势在于其不需要手动调整学习率，节省了调参时间。此外，它能够在训练过程中避免出现"饱和"现象，使得训练过程更为稳定。不足在于因为无法显式地调整学习率，收敛可能会比较慢。另外，该算法需要维护梯度和权重更新的积分，可能会增加空间复杂度。

6.4.6　自适应动量：Adam算法

最后，我们来看目前最常用的梯度下降算法 Adam，该算法于 2014 年提出，融合了各种方法的优点。如前所述，动量法（SGD-M）在 SGD 的基础上引入了一阶动量，而 AdaGrad、RMSProp 和 AdaDelta 又引入了二阶动量。当我们同时使用一阶动量和二阶动量时，就得到了 Adam 算法，其全称为自适应动量（adaptive momentum）估计。这种算法特别适合初学者使用，因为它能够快速收敛且效果优良。在下面的公式中，m_t 和 v_t 分别代表一阶矩和二阶矩估计向量。

$$m_t \leftarrow \beta_1 \cdot m_{t-1} + \left(1-\beta_1\right) \cdot g_t$$
$$v_t \leftarrow \beta_2 \cdot v_{t-1} + \left(1-\beta_2\right) \cdot g_t^2$$

其中，g_t 是当前时间步的梯度，β_1 和 β_2 是两个衰减率超参数，一般取值分别为 0.9 和 0.999，分别控制一阶动量 m_t 和二阶动量 v_t。$\hat{m}_t$ 和 $\hat{v}_t$ 分别是对一阶矩和二阶矩的偏差校正，可以理解为对 m_t 和 v_t 的更新。

$$\hat{m}_t \leftarrow m_t / \left(1-\beta_1^t\right)$$
$$\hat{v}_t \leftarrow v_t / \left(1-\beta_2^t\right)$$

最后一步是更新参数θ_t：

$$\theta_t \leftarrow \theta_{t-1} - \alpha \cdot \hat{m}_t / \left(\sqrt{\hat{v}_t} + \epsilon\right)$$

其中，α 是学习率，分母中 ϵ 是为了保证分母非零。

6.4.7　算法大串联及讨论

一下子介绍了这么多优化算法，是不是觉得公式众多，容易混淆？有没有办法可以把它们整合在一个框架中，以便理解和记忆呢？

下面我们就提供一种思路，把这些算法串联起来，通过比较，帮你梳理出它们的异同，以加深对内在原理的认知。先定义优化参数 w、目标函数 $f(w)$、初始学习率 α。前面介绍的各种算法都可以看成按下列步骤对每个 epoch 进行的迭代优化。

（1）计算目标函数当前梯度：

$$g_t = \nabla f\left(w_t\right)$$

（2）根据历史梯度计算一阶动量和二阶动量：

$$\boldsymbol{m}_t = \phi\left(\boldsymbol{g}_1, \boldsymbol{g}_2, \cdots, \boldsymbol{g}_t\right)$$

$$V_t = \psi\left(\boldsymbol{g}_1, \boldsymbol{g}_2, \cdots, \boldsymbol{g}_t\right)$$

（3）计算当前时刻参数更新量：

$$\boldsymbol{\eta}_t = \alpha \cdot \boldsymbol{m}_t / \sqrt{V_t}$$

（4）迭代更新权重参数：

$$\boldsymbol{w}_{t+1} = \boldsymbol{w}_t - \boldsymbol{\eta}_t$$

不同优化算法在（1）和（2）对梯度的计算以及一阶动量和二阶动量的处理方式上均有所不同。SGD-M 在基本的随机梯度下降法（SGD）上引入了一阶动量 $\boldsymbol{m}_t$。AdaGrad、RMSProp 和 AdaDelta 算法则在 SGD 的基础上增加了二阶动量 V_t。尽管 Adam 算法包含了一个额外的偏差校正步骤，但其本质上仍然是基于不同 $\boldsymbol{m}_t$ 和 V_t 的方法。

在（3）中，α 是设定的初始学习率，$\alpha / \sqrt{V_t}$ 是实际的学习率，或者步进长度，而 $\boldsymbol{m}_t$ 则是实际的下降方向。不同算法形式上类似，区别在于执行的下降方向不同。例如 SGD 的下降方向就是当前位置梯度的反方向，RMSProp 算法由于为每个参数设定了不同的学习率，因此其下降方向是被缩放过的一阶动量方向。由于下降方向的差异，不同算法可能会找到完全迥异的局部最优点。

既然像 Adam 以及后来的 Nadam 等优化算法已经十分先进，为何许多研究者依然坚持使用相对初级的 SGD 呢？其实这与驾车类似。有些人喜欢自动挡，简单易操作，就像 Adam 算法一样。但专业的驾驶者可能更偏爱手动挡，因为它让驾驶更加有挑战性、趣味性。对于一般用户而言，如果不打算进行精细的参数调整，Adam 算法"即插即用"的特性更具吸引力，但这并不意味着它能应对所有场合。如果想深入理解数据，更自如地控制优化过程中的各种参数，从而取得更好的效果，很多时候 SGD 反而更方便。因此，哪种优化算法最优是没有定论的，取决于数据和使用习惯。

在实践中，以下是一些有益的建议。

- 充分了解你的数据，如果数据非常稀疏，考虑使用自适应学习率算法。
- 优先选择熟悉的算法，以便参数调整。
- 快速验证新模型效果时先使用 Adam；在模型发布前，使用 SGD 进行精细优化。
- 初步实验时使用小数据集，并确保充分打乱数据集，以防止某些特征过于集中而导致学习程度不均匀，影响优化方向。
- 可以考虑组合使用不同的算法。
- 在训练过程中，要持续监控训练和验证数据上的目标函数值以及精度指标。
- 设计一个合适的学习率衰减策略，比如定期衰减策略，即每过几个 epoch 就降低一次学习率。

6.4.8 小结

在本节中，我们讲解了梯度下降算法的各种变体：早期的 SGD 和 MB-SGD，基于一阶动量的 SGD-M，基于二阶动量的 AdaGrad 及其两种改进版 RMSProp 和 AdaDelta，还有自适应动量的 Adam 算法。我们给出了各种变体的传承和改进关系，然后用统一的框架描述了不同方法的主要流程及差异，并且就不同情况下的最佳策略选择进行了讨论，给出了调参建议。

6.5 梯度下降算法代码实现

经过前面的学习，大家已经对梯度下降算法及其变体有了比较全面的了解。在本节中，我们来看看它的代码实现。

6.5.1 梯度下降过程

首先我们以二维平面内的梯度下降为例，让大家观察一下梯度下降的过程。定义一个函数 $f(x)=x^2+4x+1$，它的图像是一条开口向上的抛物线。假设它就是我们在实际应用时的损失函数。定义一个梯度初始值，为便于展示，我们选择 -10，对于学习率，这里设一个比较大的值，如 0.9。xs 和 ys 是两个空数组，用来记录每次梯度下降的值。

```python
# 导入必要的库
import torch
import matplotlib.pyplot as plt

# 定义函数
def f(x):
    return x ** 2 + 4 * x + 1

# 定义初始值
x = torch.tensor(-10., requires_grad=True)

# 迭代更新参数
learning_rate = 0.9

# 用于记录每一步梯度下降的值
xs = []
ys = []
```

下面开始迭代更新梯度。目标是找到使函数 $f(x)$ 取得最小值时的 x 坐标。我们用 for 循环迭代 100 轮，每轮先计算曲线上某点的纵坐标 y，然后把这个点的横纵坐标分别存入 xs 和 ys 中。接下来反向传播，求这个点的梯度，并更新 x 的值。这里的 with torch.no_grad() 表示下面的计算不需要自动求导计算梯度，计算完成后把梯度清零。最后打印更新后的 x 值，可以看到该值接近 -2，与用代数法求解方程 $f(x)=x^2+4x+1$ 最小值所得的结果一致。

```python
# 开始迭代
for i in range(100):
```

```
    # 计算预测值和损失
    y = f(x)

    # 记录参数和损失
    xs.append(x.item())
    ys.append(y.item())

    # 反向传播求梯度
    y.backward()

    # 更新参数
    with torch.no_grad():
        x -= learning_rate * x.grad

        # 梯度清零
        x.grad.zero_()

# 打印结果
print(f'最终参数值：{x.item()}')
```

最终参数值：−2.000000238418579

进一步可视化这个结果。用 x_origin 和 y_origin 绘制这条二次函数曲线，如图 6-28 所示，曲线上的点就是每轮迭代的结果。可以看到从 x = −10 开始很快就收敛到最小值 x = −2 附近了。因为这里的学习率设置得比较大，可以看到收敛的过程基本就是在反复横跳。通过这个例子，也能看出学习率不能设置得过大。大家可以自行调整学习率的数值，观察其收敛效果的变化，从而更好地理解学习率对梯度下降的影响。

```
    # 显示真实的函数曲线
x_origin = torch.arange(-10, 10, 0.1)
y_origin = f(x_origin)
plt.plot(x_origin, y_origin,'b-')

    # 绘制搜索过程
plt.plot(xs,ys,'r--')
plt.scatter(xs, ys, s=50, c='r')    # 圆点大小为 50
plt.xlabel('x')
plt.ylabel('y')
plt.show()
```

再来看一个更加复杂的二维函数使用梯度下降算法搜索最小值的例子。假定二维函数 $z = x^2 + 2y^2$，梯度下降算法中，我们通常使用如下公式来更新参数：

$$x_{i+1} = x_i - \alpha \frac{\partial z}{\partial x}$$

$$y_{i+1} = y_i - \alpha \frac{\partial z}{\partial y}$$

其中，x 和 y 分别表示自变量，z 表示因变量，$\frac{\partial z}{\partial x}$ 和 $\frac{\partial z}{\partial y}$ 分别表示偏导数。

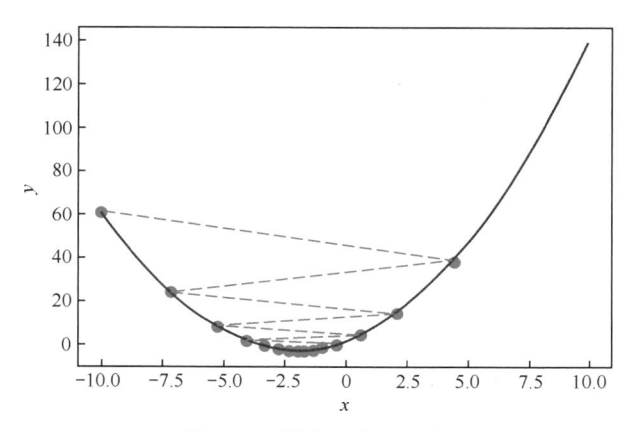

图 6-28 梯度下降可视化

梯度下降算法最小化目标函数的代码实现如下。首先还是定义函数，这里改成二维函数。然后让 x 和 y 的初始值仍为 -10。三维坐标系下需要记录三个坐标，所以要记录的数值增加了一个 zs，学习率设置为 0.1。

```python
# 定义函数
def f(x, y):
    return x ** 2 + 2* y ** 2

# 定义初始值
x = torch.tensor(-10., requires_grad=True)
y = torch.tensor(-10., requires_grad=True)

# 记录每一步的值
xs = []
ys = []
zs = []

# 迭代更新参数
learning_rate = 0.1
```

然后同样迭代 100 轮，通过 x、y 确定 z 的值，也就是损失函数的值。对 z 进行反向传播，更新 x 和 y 的值，每轮迭代梯度清零。可以看到，二维函数的最终参数值均为接近 0 的值。

```python
# 开始迭代
for i in range(100):
    # 计算预测值和损失
    z = f(x, y)

    # 记录参数和损失
    xs.append(x.item())
    ys.append(y.item())
    zs.append(z.item())

    # 反向传播
    z.backward()

    # 更新参数
```

```
        x.data -= learning_rate * x.grad
        y.data -= learning_rate * y.grad

        # 梯度清零
        x.grad.zero_()
        y.grad.zero_()

# 打印结果
print(f' 最终参数值: x={x.item()}, y={y.item()}')
```

最终参数值：$x = -2.0370367614930274e{-}09$，$y = -6.533180924230175e{-}22$

绘制图像的方法如下，仍然使用 Matplotlib。因为是三维图像，所以这里要设置 projection= '3d'。运行代码后，可以看到三维空间下的梯度下降路径，如图 6-29 所示。

```
# 绘制图像
ax = plt.figure().add_subplot(projection='3d')
ax.plot(xs, ys, zs, 'r-')
ax.scatter(xs, ys, zs, s=50, c='r')   # 圆点大小为 50，颜色为红色
plt.show()
```

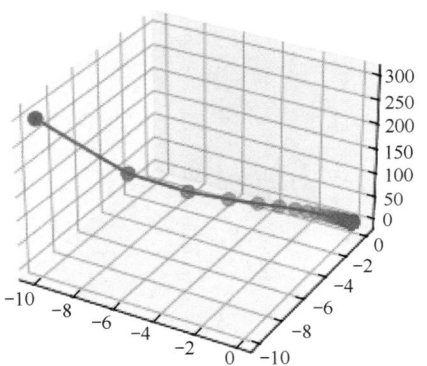

图 6-29　梯度下降三维可视化

下面我们再看一个用二维坐标等高线表示的梯度下降过程。借助等高线来表示 z 的值，可以更直观地看到梯度下降的过程。生成的图像如图 6-30 所示。

```
# 绘制原始的二维函数图像
X, Y = torch.meshgrid(torch.arange(-10, 10, 0.1), torch.arange(-10, 10, 0.1),
indexing='ij')
Z = f(X, Y)
plt.contour(X, Y, Z, levels=30)

# 绘制搜索过程曲线
plt.plot(xs, ys, 'r-')
plt.scatter(xs, ys, s=50, c='r')   # 圆点大小为 50
plt.show()
```

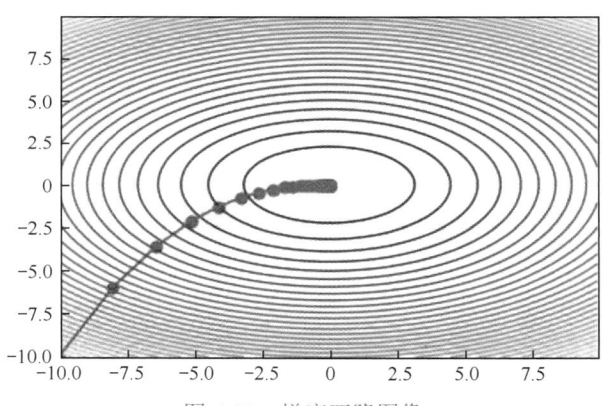

图 6-30　梯度下降图像

6.5.2　不同优化器效果对比

各种梯度下降算法的改进策略到底孰优孰劣，不妨运行一下代码，对比效果。

首先导入必要的库，这里我们要构造数据集，所以调用 torch.utils.data 模块下的包，DataLoader 和 TensorDataset 用于构造数据加载器，random_split 则用于划分数据集。

用于生成数据的函数还是之前的 $f(x,y)=x^2+2y^2$，样本数量定义为 1000。X 和 Y 都用 torch.rand() 来生成，默认服从均匀分布，即取任何值的概率一样。

Z 等于 $f(X,Y)$ 再加一个扰动项，对于扰动项我们使用 torch.randn()，默认服从均值为 0、标准差为 1 的正态分布。

最后定义一个 dataset 来接收这些数据，torch.stack() 是整合张量的函数，dim 是整合的维度，这里 dim=1 表示在列方向上整合 X、Y、Z，生成下面输出中的数值，包含三列，分别对应 X、Y、Z 的数据。

```python
# 导入必要的库
import torch.nn as nn
from torch.utils.data import DataLoader, TensorDataset  # 用于构造数据加载器
from torch.utils.data import random_split  # 用于划分数据集
import torch.optim as optim

# 定义函数
def f(x, y):
    return x ** 2 + 2 * y ** 2

# 定义初始值
num_samples = 1000  # 1000个样本点
X = torch.rand(num_samples)  # 均匀分布
Y = torch.rand(num_samples)  # 均匀分布
Z = f(X, Y) + torch.randn(num_samples)  # 高斯分布扰动项

dataset = torch.stack([X, Y, Z], dim = 1)
```

```
dataset[0]
tensor([ 0.2104,  0.0472, -0.3298])
```

　　然后准备按 8 : 2 划分数据集，train_size 和 test_size 分别是训练集和测试集的样本数量。调用 random_split() 方法随机将数据集打散，其中 lengths 传入一个数组，分别是训练集和测试集的样本数量。

　　调用 DataLoader() 将数据封装成数据加载器。每种深度学习框架都有相应的数据加载器，其作用是把数据分批次加载，处理成模型所需的格式。

　　这里出现了一个 narrow() 函数，其作用是对数据进行切分操作，传入的 3 个参数分别表示切分的维度、从哪里开始切分和切分多少，比如 1、0、2 表示按列切分、从第 0 列开始切分、切分两列。后面的 1、2、1 表示按列切分、从第 2 列开始切分、切分 1 列。

　　最终在 train_dataloader 和 test_dataloader 里，输入 X 就是 dataset 的前两列数据，输出 Y 就是 dataset 的第三列数据。

　　传入 batch_size 表示批处理大小，以及 shuffle 表示是否进行打乱，因为前面是随机切分的，所以不需要继续打乱了。

```
# 按照8 : 2划分数据集
train_size = int(0.8 * len(dataset))
test_size = len(dataset) - train_size

train_dataset, test_dataset = random_split(dataset=dataset, lengths=[train_size,
test_size])

# 将数据封装成数据加载器
train_dataloader = DataLoader(TensorDataset(train_dataset.dataset.narrow(1,0,2),
train_dataset.dataset.narrow(1,2,1)),
                              batch_size=32, shuffle=False)
test_dataloader = DataLoader(TensorDataset(test_dataset.dataset.narrow(1,0,2),
test_dataset.dataset.narrow(1,2,1)),
                              batch_size=32, shuffle=False)
```

　　下面定义一个非常简单的模型，只有一个维度为 8 的隐藏层的全连接网络。

```
# 定义一个简单模型
class Model(nn.Module):
    def __init__(self):
        super().__init__()
        self.hidden = nn.Linear(2, 8)
        self.output = nn.Linear(8, 1)

    def forward(self, x):
        x = torch.relu(self.hidden(x))
        return self.output(x)
```

　　损失函数用均方误差（MSE）。这里我们要比较的模型有 6 个，分别是 SGD、带动量的 SGD、AdaGrad、RMSProp、AdaDelta 和 Adam，所以 models 中要定义 6 个模型。然后定义 6 个优化器，把它们放入 opts 中。

　　接下来定义的是训练和测试的误差数据，因为要记录每个优化器在每轮下的结果，所以它们的格式都是包含 6 个数组的数组。最后定义超参数，迭代 50 轮，学习率设置为 0.01。

```python
# 定义损失函数
loss_fn = nn.MSELoss()

# 初始化模型序列
opt_labels = ['SGD', 'Momentum', 'Adagrad', 'RMSprop', 'Adadelta', 'Adam']
models = [Model(), Model(), Model(), Model(), Model(), Model()]

# 优化器列表
SGD = optim.SGD(models[0].parameters(), lr=learning_rate)
Momentum = optim.SGD(models[1].parameters(), lr=learning_rate, momentum=0.8,
nesterov=True)
Adagrad = optim.Adagrad(models[2].parameters(), lr=learning_rate)
RMSprop = optim.RMSprop(models[3].parameters(), lr=learning_rate)
Adadelta = optim.Adadelta(models[4].parameters(), lr=learning_rate)
Adam = optim.Adam(models[5].parameters(), lr=learning_rate)
opts = [SGD, Momentum, Adagrad, RMSprop, Adadelta, Adam]

# 定义训练和测试误差历史记录数组
train_losses_his = [[],[],[],[],[],[]]
test_losses_his = [[],[],[],[],[],[]]

# 超参数
num_epochs = 50
learning_rate = 0.01 # 学习率
```

下面给出的是模型训练和测试的函数，每轮训练都包含训练和测试两部分，训练部分读取数据以后，会循环调用 6 个模型全部进行一次训练。然后将损失临时记录下来。测试部分和训练部分执行的功能一样，只不过不需要进行梯度更新操作。最后，将临时记录的损失记录到历史记录数组中。

```python
# 模型训练和测试
for epoch in range(num_epochs):
    # 当前epoch每个模型在训练集上的总损失列表
    train_losses = [0,0,0,0,0,0]
    # 遍历训练集
    for inputs, targets in train_dataloader:
        # 迭代不同的模型
        for index, model, optimizer, loss_history in zip(range(6), models, opts,
train_losses_his):
            # 预测、损失函数、反向传播
            model.train()
            outputs = model(inputs)
            loss = loss_fn(outputs, targets)
            optimizer.zero_grad()
            loss.backward()
            optimizer.step()
            # 记录loss
            train_losses[index] += loss.item()

    # 当前epoch每个模型在测试集上的总损失列表
    test_losses = [0,0,0,0,0,0]
    # 在测试数据上评估，测试模型不计算梯度
```

```
with torch.no_grad():
    # 遍历测试集
    for inputs, targets in test_dataloader:
        # 迭代不同的模型
        for index, model, optimizer, loss_history in zip(range(6), models,
opts, test_losses_his):
            # 预测、损失函数、反向传播
            model.eval()
            outputs = model(inputs)
            loss = loss_fn(outputs, targets)
            test_losses[index] += loss.item()

# 计算loss并记录到历史记录中
for i in range(6):
    train_losses[i] /= len(train_dataloader)
    train_losses_his[i].append(train_losses[i])
    test_losses[i] /= len(test_dataloader)
    test_losses_his[i].append(test_losses[i])
```

最后，我们绘制出 6 种模型的收敛曲线，如图 6-31 所示。可以看到，AdaDelta 的效果最差，其他的则都收敛得较好。前文提到，AdaDelta 会收敛得比较慢，这里就体现出来了，因为它不会显式地调整学习率。这里训练了 50 个 epoch，虽然开始时收敛得慢，但最后基本都能很好地收敛。

```
# 绘制训练集损失曲线
for i, l_his in enumerate(train_losses_his):
    plt.plot(l_his, label=opt_labels[i])
plt.legend(loc='best')
plt.xlabel('Epochs')
plt.ylabel('Loss')
plt.show()
```

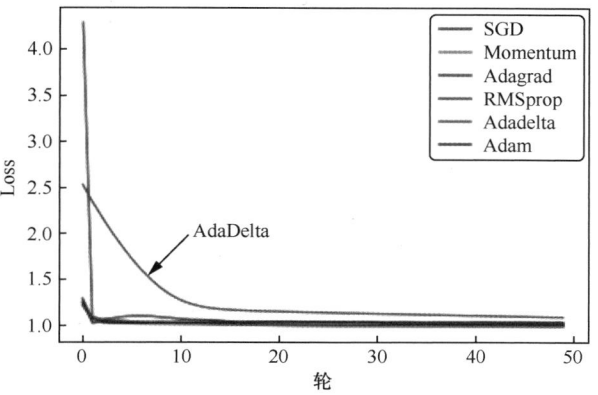

图 6-31 训练集 6 种模型的收敛曲线

在测试集上，情况跟训练集类似，如图 6-32 所示，多数算法没有出现明显的过拟合现象，这说明我们的数据切分比较合理，如果测试集和训练集情况差异很大，可能就要认真检查数据和模型了。

```
# 绘制测试集损失曲线
for i, l_his in enumerate(test_losses_his):
    plt.plot(l_his, label=opt_labels[i])
plt.legend(loc='best')
plt.xlabel('Epochs')
plt.ylabel('Loss')
plt.show()
```

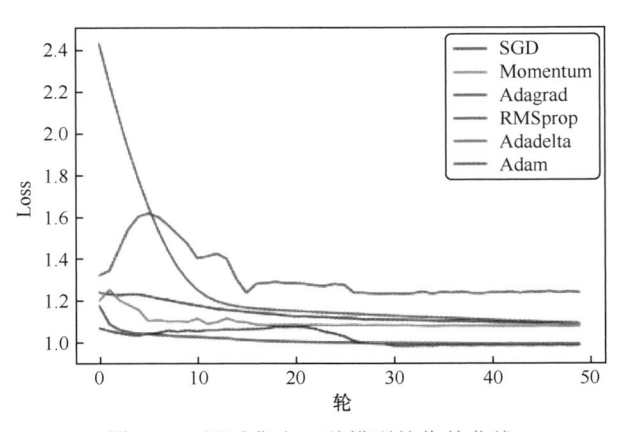

图 6-32　测试集上 6 种模型的收敛曲线

6.5.3　小结

在本节中，我们学习了梯度下降算法的代码实现，分别在二维和三维坐标系下展示了梯度收敛的过程；然后随机生成了一套数据集，利用它测试了 6 种梯度下降优化器的效果，并进行了对比。在定义每种优化器时，一般都要传入一个学习率，那么对它的选取有什么好方法吗？接下来，我们就来讲解学习率调节器。

6.6　学习率调节器

本章前几节我们详细介绍了从基础的梯度下降算法，到动量法及各种变体，再到 Adam 算法的发展演进过程。其中，动态调整学习率是帮助模型快速收敛的有效办法，在本节中，我们就来看看学习率调节器是什么，以及具体如何应用。

6.6.1　简介

在讲调节器之前，先来思考调整学习率时需要考虑哪些因素。学习率本质上是模型参数的更新速率，如何调整涉及模型训练的各个方面：

- 模型复杂度；
- 训练数据的规模；

- 目标任务复杂度；
- 优化器的类型；
- 损失函数变化情况；
- Batch size。

以上种种因素都会直接影响学习率的设定。既然这个问题这么复杂，不少研究者就设想，能不能自动进行调整学习率呢？于是就出现了学习率调节器。

顾名思义，学习率调节器就是用来调整学习率的工具，它能够在训练过程中根据预先定义的节奏调整学习率。一般来讲，在训练开始时将学习率设置为相对较大的值，允许快速收敛。随着训练的持续进行，学习率会逐渐降低，使模型收敛到最优，从而获得更好的性能。简单理解，就是在一开始大步流星地探索，探索得差不多了就逐渐减小步幅，但依然要步步为营。

6.6.2   常见的学习率调节器

下面我们看看有哪些常见的学习率调节器，如图 6-33 所示，分别是学习率衰减、指数衰减、余弦学习率调节和预热。

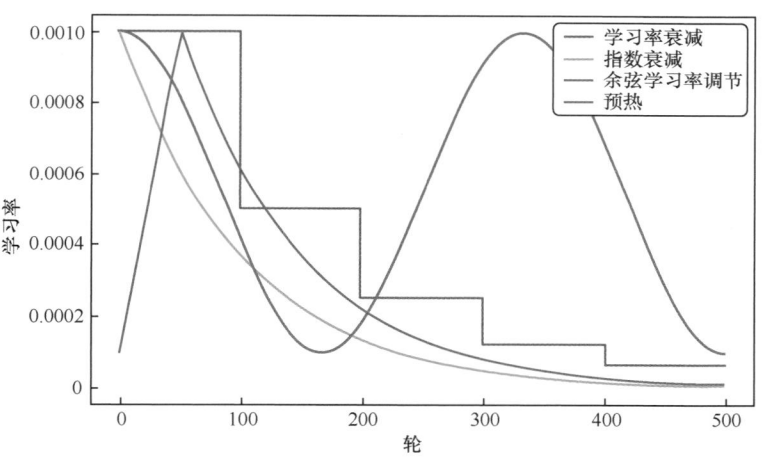

图 6-33   常见学习率调节器示意

- 学习率衰减（learning rate decay）是最简单的策略，如图中蓝色线所示。在训练过程中，每达到一定次数就将学习率降低指定的比例，例如每训练 100 轮就降低为原来的一半。
- 指数衰减（exponential decay），如图中黄色线所示。每次迭代时将学习率乘以一个衰减率，从而使学习率逐渐降低。对应公式为

$$lr = lr_0 \times decay\_rate^{global\_step}$$

其中，lr_0 是初始学习率，$decay\_rate$ 是衰减率，global_step 是当前迭代的次数。需要注意的是，由于呈指数级变化，因此这里衰减率最好不要设置得太小。

- 余弦调节（cosine annealing）是根据余弦函数来调节学习率的方法，如图中绿色线所示。它能让学习率先降低，再升高，实现循环往复的效果。t 时刻的学习率 lr_t 为

$$lr_t = lr_{min} + \frac{lr_{max} - lr_{min}}{2} \cdot \left(1 + \cos\left(\frac{T_{cur}}{T_{max}} \cdot \pi\right)\right)$$

其中，lr_{min} 和 lr_{max} 分别是学习率的最小值和最大值，T_{cur} 是当前迭代次数，T_{max} 是最大迭代次数。

- 预热（warmup）是指在训练神经网络模型时，将学习率慢慢从较小值逐渐提升到较大值的过程，如图中红色线所示。这样做的目的是避免在训练开始时出现梯度爆炸或梯度消失的情况，使模型的训练更加稳定。其 t 时刻学习率 lr_t 为

$$lr_t = lr_{min} + \frac{lr_{max} - lr_{min}}{steps} \cdot t$$

其中，lr_{min} 和 lr_{max} 分别是学习率的最小值和最大值，t 是当前迭代次数，$steps$ 是预热迭代次数。为简单起见，使用线性变化过程，当然也可以使用其他更复杂的曲线。预热后可以接续其他学习率调节器，比如图 6-33 中就是先预热再接续指数衰减。

6.6.3 代码实现

接下来进入代码实现部分，我们会通过一个实验来看如何使用学习率调节器。首先导入必要的库 torch、numpy、matplotlib，大家都很熟悉了。DataLoader 和 TensorDataset 主要用于构造数据加载器，random_split 用来划分数据集。

```python
# 导入必要的库
import torch
import numpy as np
import matplotlib.pyplot as plt
import torch.nn as nn
from torch.utils.data import DataLoader, TensorDataset # 用于构造数据加载器
from torch.utils.data import random_split # 用于划分数据集
```

然后定义函数 $f(x,y) = x^2 + 2y^2$，生成 1000 个样本数据，按 7∶3 调用 random_split() 划分数据集，分别将训练集和测试集封装成 DataLoader。这部分代码在前面章节已经详细介绍，这里就不展开说明了。

```python
# 定义函数
def f(x, y):
    return x ** 2 + 2 * y ** 2

# 定义初始值
num_samples = 1000 # 1000个样本点
X = torch.rand(num_samples) # 均匀分布
Y = torch.rand(num_samples) # 均匀分布
Z = f(X,Y) + 3 * torch.randn(num_samples)
```

```
dataset = torch.stack([X, Y, Z], dim = 1)
# 按7：3划分数据集
train_size = int(0.7 * len(dataset))
test_size = len(dataset) - train_size

train_dataset, test_dataset = random_split(dataset=dataset, lengths=[train_size,
test_size])

# 将数据封装成数据加载器
train_dataloader = DataLoader(TensorDataset(train_dataset.dataset.narrow(1,0,2),
train_dataset.dataset.narrow(1,2,1)), batch_size=32)
test_dataloader = DataLoader(TensorDataset(test_dataset.dataset.narrow(1,0,2),
test_dataset.dataset.narrow(1,2,1)), batch_size=32)
```

接下来我们会定义一个最简单的模型，使其包含 8 个神经元的隐藏层。输入维度为 2，对应前面定义的 X 和 Y，输出维度为 1，也就是前面的 Z。forward() 函数定义前向过程，经过隐藏层和激活函数 ReLU，最后输出。

```
# 定义一个简单模型
class Model(nn.Module):
    def __init__(self):
        super().__init__()
        self.hidden = nn.Linear(2, 8)
        self.output = nn.Linear(8, 1)

    def forward(self, x):
        x = torch.relu(self.hidden(x))
        return self.output(x)
```

6.6.4　模型训练对比

接下来我们通过模型训练来对比有无学习率调节器的实际效果。

定义超参数，epoch 数设为 100，学习率设为 0.1。在实际操作时学习率一般不会设置这么大，这里为了能更直观地了解其作用，故意调大一些。损失函数还是均方误差（MSE）。然后定义一个循环使 with_scheduler 分别为 True 和 False，用于对比有无学习率调节器。后面的代码大家就很熟悉了，即定义误差数组、模型、优化器。然后定义学习率调节器，这里使用的是指数衰减，直接调用 torch.optim.lr_scheduler 的 ExponentialLR()，传入优化器 optimizer 和衰减率即可，衰减率设定为 0.99。不同的调节器参数略有不同，但用法基本一致。

然后是迭代训练，遍历训练集、测试集，分别记录 loss。在循环的最后部分，如果要根据前面设定好的调节器更新学习率也非常简单，只需调用 scheduler.step() 即可更新，框架都已经封装好相关功能了，所以使用起来非常方便。这里通过已定义的 with_scheduler 进行区分就能对比了。最后分别绘制训练和测试的误差曲线，如图 6-34 所示。

```
# 超参数
num_epochs = 100
learning_rate = 0.1 # 学习率，故意调大一些更直观

# 定义损失函数
```

```python
loss_fn = nn.MSELoss()

# 通过一个训练对比有无学习率调节器的效果
for with_scheduler in [False, True]:

    # 定义训练和测试误差数组
    train_losses = []
    test_losses = []

    # 初始化模型
    model = Model()

    # 定义优化器
    optimizer = torch.optim.SGD(model.parameters(), lr=learning_rate)

    # 定义学习率调节器
    scheduler = torch.optim.lr_scheduler.ExponentialLR(optimizer, gamma=0.99)

    # 迭代训练
    for epoch in range(num_epochs):
        # 在训练数据上迭代
        model.train()
        train_loss = 0
        # 遍历训练集
        for inputs, targets in train_dataloader:
            # 预测、损失函数、反向传播
            optimizer.zero_grad()
            outputs = model(inputs)
            loss = loss_fn(outputs, targets)
            loss.backward()
            optimizer.step()
            # 记录loss
            train_loss += loss.item()

        # 计算loss并记录到训练误差
        train_loss /= len(train_dataloader)
        train_losses.append(train_loss)

        # 在测试数据上评估,测试模型不计算梯度
        model.eval()
        test_loss = 0
        with torch.no_grad():
            # 遍历测试集
            for inputs, targets in test_dataloader:
                # 预测、损失函数
                outputs = model(inputs)
                loss = loss_fn(outputs, targets)
                # 记录loss
                test_loss += loss.item()

        # 计算loss并记录到测试误差
        test_loss /= len(test_dataloader)
        test_losses.append(test_loss)

        # 是否更新学习率
        if with_scheduler:
```

```
        scheduler.step()

# 绘制训练和测试误差曲线
plt.figure(figsize=(8, 4))
plt.plot(range(num_epochs), train_losses, label="Train")
plt.plot(range(num_epochs), test_losses, label="Test")
plt.title("{0} lr_scheduler".format("With" if with_scheduler else "Without"))
plt.legend()
# plt.ylim((1, 2))
plt.show()
```

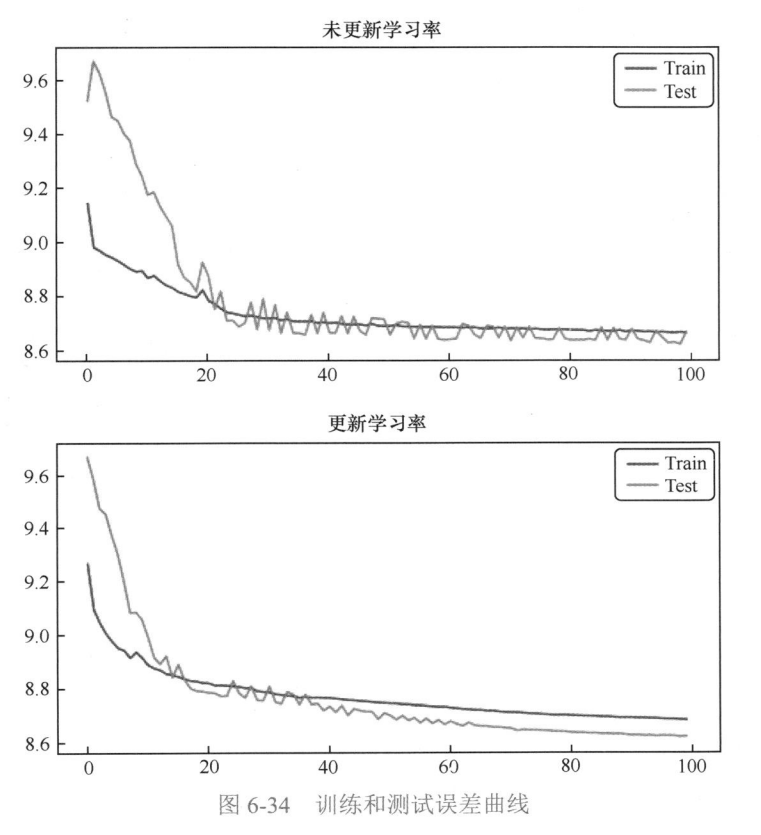

图 6-34　训练和测试误差曲线

从图 6-34 中可以看出，主要区别在于测试集曲线抖动更明显一些。在训练初期，有无学习率调节器区别不大，都有一定抖动，但随着训练的进行，使用学习率调节器能更稳定地更新参数，可避免左右横跳。希望通过这个例子，大家能更直观地理解学习率调节器的作用。

6.6.5　常见学习率调节器的实现

最后介绍如何实现常见的学习率调节器。学习率衰减直接调用 StepLR()，传入 step_size 和衰减率即可。

```
# 学习率衰减，例如每训练100次就将学习率降低为原来的一半
scheduler = torch.optim.lr_scheduler.StepLR(optimizer, step_size=100, gamma=0.5)
```

指数衰减调用刚刚使用的 ExponentialLR()。

```
# 指数衰减，每次迭代将学习率乘以一个衰减率
scheduler = torch.optim.lr_scheduler.ExponentialLR(optimizer, gamma=0.99)
```

余弦调节调用 CosineAnnealingLR()，传入最大迭代次数和最小学习率，可以看到这里并没有定义最大学习率，因为默认 optimizer 设定的初始学习率就是调节器的最大学习率，这一点需要注意。

```
# 余弦调节，optimizer设定的初始学习率为最大学习率，eta_min是最小学习率，T_max是最大迭代次数
scheduler = torch.optim.lr_scheduler.CosineAnnealingLR(optimizer, T_max=100, eta_
min=0.00001)
```

还可以通过 LambdaLR() 自定义学习率调节器，比如用自定义的 lambda 函数实现指数衰减。

```
# 自定义学习率，通过一个lambda函数实现自定义的学习率调节器
scheduler = torch.optim.lr_scheduler.LambdaLR(optimizer, lr_lambda=lambda epoch:
0.99 ** epoch)
```

预热也可以通过 LambdaLR() 自定义实现。

```
# 预热
warmup_steps = 20
scheduler = torch.optim.lr_scheduler.LambdaLR(optimizer, lr_lambda=lambda t: min(t
/ warmup_steps, 0.001))
```

6.6.6　小结

学习率调节器就是用来调整学习率的工具，能够在训练过程中根据预先定义的节奏自动调整学习率，使得训练更加高效和稳定。本节列举了几种常见的学习率调节器，包括学习率衰减、指数衰减、余弦调节、预热。我们依次完成了代码实现，并设计实验对比了不同调节器的效果。

第 7 章

基础卷积神经网络：图像处理利器

前文讲过，深度学习本质上研究的是数据和模型的匹配，着力解决"过拟合问题"，提升模型的泛化能力，而这可以从数据、模型和训练过程三方面入手。第 6 章我们学习了梯度下降算法，专注于训练过程。

从本章开始，我们将聚焦模型设计本身。传统的多层感知机使用的是全连接网络，人们在此基础上开发了更多高效的专用网络，包括卷积神经网络、循环神经网络、注意力网络及其各种变体。本章先来介绍图像处理利器：卷积神经网络。

7.1 为什么要用卷积神经网络

卷积神经网络（CNN）是深度学习中的一种重要算法，主要用于处理图像和视频数据。在本节中，我们先从全连接层存在的问题和局限开始讲起。

7.1.1 全连接层的问题

之前我们介绍的神经网络大都依赖全连接层，这种结构使得每个神经元都与前一层的所有单元相连。虽然通过这种方式能学习数据间的非线性关系，但也带来了一些问题。

- 全连接层需要大量的参数。比如，假设一层神经网络有 1000 个输入单元和 100 个输出单元，那么它需要 1000×100=10 万个权重参数和 100 个偏置参数。这么多的参数会增加训练时间，并且容易造成过拟合。所以，如果神经网络包含很多全连接层，参数数量就会变得极其庞大，也因此导致全连接层对计算资源要求很高。更多的参数意味着需要更多的计算资源来进行训练和推理，这对于计算资源有限的系统来说是一个挑战，特别是对于大型模型。

- 全连接层对小规模数据集并不友好。在数据量较少的情况下，大量的参数很可能导致过拟合。同时全连接层对空间相关数据的处理能力有限。它并未假设输入数据的空间属性，因此无法有效处理空间相关的数据。例如，全连接层很难利用图像数据中像素之间的空间位置关系。

- 全连接层对序列数据的处理效果不佳。它不能保留序列元素之间的顺序信息，例如文本数据中单词的顺序非常重要，但全连接层无法保存这种顺序信息。

7.1.2　多层感知机的局限

多层感知机，也就是仅使用全连接层的深度神经网络。除了上述全连接层的问题外，多层感知机在处理实际应用的时候还有很多局限性。例如，人工智能的一大类问题涉及图像处理，而多层感知机在这方面遇到了两个显著的困难：平移不变性和局部性问题。

平移不变性（translation invariance）指的是模型对输入数据的平移不敏感。假设我们有 n 维的输入数据 x 和一个平移矩阵 T，其中 T 是一个 $n \times n$ 的矩阵。对于平移不变的模型 f，任意的 x 和 T，都满足 $f(x)=f(Tx)$。这意味着，如果我们将输入数据 x 平移一小段距离，则模型应该能够正确地识别输入中的目标，如图 7-1 所示。然而，多层感知机很难学习这种平移不变性，因为它是由许多全连接层组成的，其中每层的权重参数都是固定的。

图 7-1　平移不变性示意

局部性（locality）是指模型对输入数据的局部信息敏感。在许多应用中，输入数据通常包含大量局部信息，这些信息往往可以帮助我们识别数据中的模式。如图 7-2 所示，在图像分类任务中，可以借助图像局部信息识别对象。然而遗憾的是，多层感知机很难学习这种局部性。

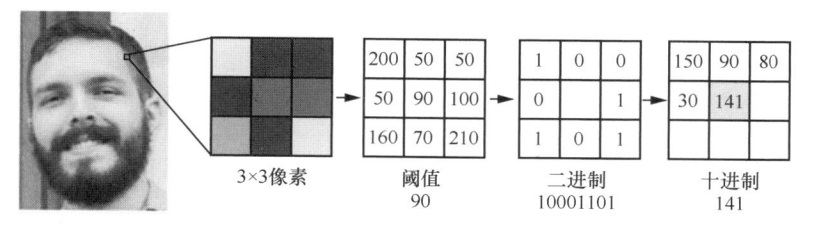

图 7-2　局部性示意

正是上述问题促使科学家们思考如何改进多层感知机这样由全连接层组成的网络，由此发展出了卷积神经网络等一系列更加强大的高级模型。

7.1.3　解决思路

问题明确了，怎么解决呢？一个可行的思路是优化全连接网络，减少参数数量，同时融入空间信息。这就引出了著名的卷积神经网络。这种网络的发展起源于神经科学实验，是人工智能受生物学研究启发的一个成功案例。

1962 年，美国神经生理学家 Hubel 和 Wiesel 对猫视觉神经元如何响应眼前图像的研究，极大地深化了人类对动物视觉系统的理解，因此获得了诺贝尔生理学或医学奖。如图 7-3 所示，他们的主要发现是：视觉系统的神经元对特定的条纹反应最强烈。

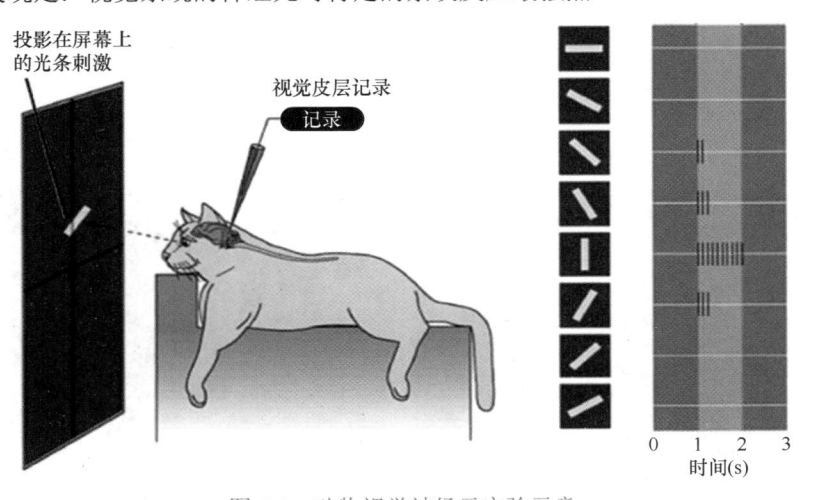

图 7-3　动物视觉神经元实验示意

1998 年，受此研究启发，Yann LeCun 等人提出了使用图像卷积来改进传统神经网络的全连接层，以便识别手写字符，结果表现良好。这项工作对图像识别和计算机视觉领域产生了深远影响，也是现今计算机视觉中的关键技术之一。简单来说，视觉系统对鲜明的边缘信息较为敏感，而卷积运算能有效捕获图像中的这类关键特征。

> 小　白：卷积神经网络是专门为处理图像数据而生的吗？
>
> 梗直哥：虽然卷积神经网络刚出现时是图像处理的救世主，但现在已经是各领域的多面手了，也能用来处理音频、文本甚至是视频等数据。

7.1.4　小结

在本节中，我们首先分析了全连接层的主要问题以及多层感知机在处理某些问题上的局限性，如缺乏平移不变性和对局部特征的捕获能力。受神经生物学的启发，人工智能科学家们引入了图像卷积运算，以解决这些问题。在 7.2 节中，我们将详细介绍图像卷积的基本原理。

7.2　图像卷积

7.1 节我们研究了全连接层的主要问题，引出了图像卷积的概念。本节就来详细介绍什么是图像卷积，这要从卷积运算开始讲起。

7.2.1　卷积

卷积其实是一种数学运算，常用于信号处理和图像处理领域。其基本思想是两个函数点积，并通过滑动窗口的方式计算整个输入数据的值。对于一维情况：

$$(f*g)(t) = \int_{-\infty}^{\infty} f(\tau)g(t-\tau)\mathrm{d}\tau$$

其中，f 和 g 分别表示输入函数和卷积核函数，*表示卷积运算符，t 表示时间，τ 表示滑动窗口的位置。二维情况稍微复杂点，有两个变量。

$$(f*g)(x,y) = \int_{-\infty}^{\infty}\int_{-\infty}^{\infty} f(x',y')g(x-x',y-y')\mathrm{d}x'\mathrm{d}y'$$

其中，(x',y') 表示滑动窗口的位置。

卷积可以用火车进山洞的例子来形象地理解。如图 7-4 所示，$f(t)$ 是山洞，$g(t)$ 是火车，要想进山洞，首先要把火车掉过头来对着山洞，这个操作就是 $g(t-\tau)$，其中负号表示掉头。简单地说，卷积有点像求两个函数叠加后的面积，大家可以通过这个例子体会"卷"的含义。

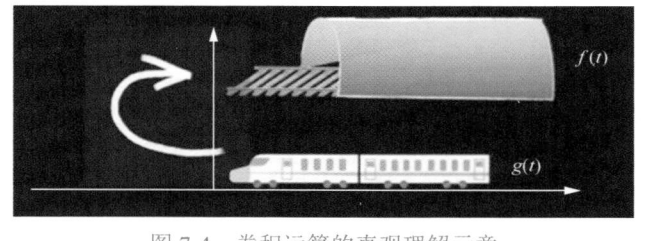

图 7-4　卷积运算的直观理解示意

在卷积神经网络的术语中，第一个函数 f 常叫作输入（input），第二个函数 g 往往叫作核函数（kernel function），输出的卷积值常常称为特征图（feature map）。

卷积是很多工程学科中的重要概念，其数学基础来自积分和函数论，由 18 世纪数学家 Bernoulli 提出。卷积是傅里叶分析和线性系统理论的重要概念，在信号处理、概率论、图像处理、信息论、生物信息学和金融数学等领域有着广泛应用，被大量用于信号的滤波和预处理、特征检测和提取、线性系统建模等。

7.2.2　图像卷积

　　7.1 节讲过，图像卷积最早由 1962 年两位诺贝尔奖获得者在研究猫视觉皮层特点时提出，1998 年被 Yann LeCun 等人应用到了手写数字识别中，用来学习图像的特征，并提出了著名的卷积神经网络，后来得到了广泛应用。温故而知新，了解各种概念和理论的发展历史，常常十分有助于加深理解。这些例子也说明，跨界研究有助于相互启发，对于机器学习和深度学习的研究十分重要。

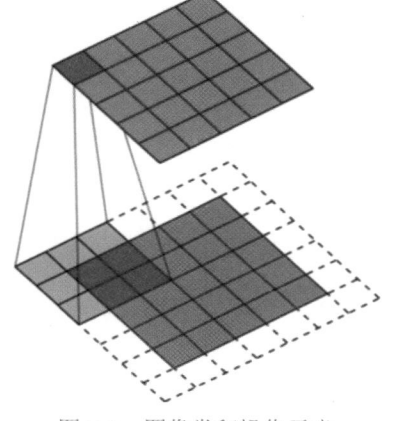

图 7-5　图像卷积操作示意

　　先来看看图像卷积的核心思想。如图 7-5 所示，其基本思想是：循环遍历，对应元素相乘求和。之所以要遍历主要是因为两个图像大小不一样，输入图像比较大，而核图像一般比较小。

　　从图 7-5 中可以看到，中间蓝色的输入图像周围还补了一些虚线构成的元素，这一步称为"填充"，主要是为了保证输出图像与输入图像大小一致，具体后面会详细讲解。图像卷积公式如下：

$$(\boldsymbol{I}*\boldsymbol{K})(x,y) = \sum_{s=-\infty}^{\infty} \sum_{t=-\infty}^{\infty} \boldsymbol{I}(s,t) \cdot \boldsymbol{K}(x-s,y-t)$$

其中，$\boldsymbol{I}$ 是输入图像，$\boldsymbol{K}$ 是卷积核，* 是卷积运算的符号，(x,y) 是输出图像中的像素坐标。由公式可以看出，它和数学中的卷积差别不大，只是将一维变成了二维，但实际执行时显然不可能出现正负无穷，因此会略微不同。以二维图像为例，图像卷积运算过程如图 7-6 所示。

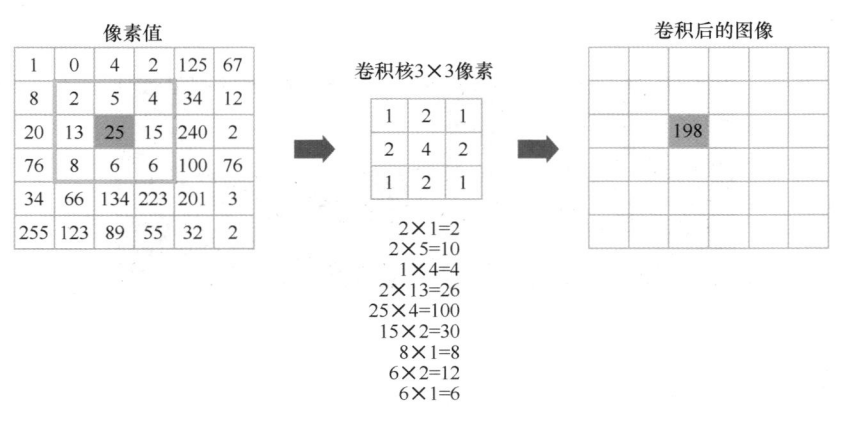

图 7-6　图像卷积运算过程

　　把核图像作为滑动窗口套到输入图像上，例如窗口中心值为 25 这个像素时，把对应元素相乘再相加之后的结果作为原来元素位置的输出值。公式如下：

$$(I*K)(x,y) = \sum_s \sum_t I(x+s, y+t) K(s,t)$$

和前面公式对比，无穷改成了有限集合。好像感觉有些不对劲，没体现出核函数中 $x-s$、$y-t$ 的翻转效果。没错，这个运算其实执行的是和卷积非常类似的互相关运算，而不是真正的卷积。

7.2.3 互相关运算

互相关（cross-correlation）运算是 20 世纪 50 年代信号处理领域提出的，用于检测两个信号或图像之间的相似性。它和卷积的最大不同在于不需要对信号进行时延或翻转。这两者的公式非常像，只有符号之差。

$$(I*K)(x,y) = \sum_s \sum_t I(s,t) K(x-s, y-t)$$

$$(I*K)(x,y) = \sum_s \sum_t I(x+s, y+t) K(s,t)$$

事实上，为了方便，大部分深度学习框架用互相关运算替代了卷积运算。其实二者在执行中差别确实不大。为了说明清楚，我们来看一个例子，如图 7-7 所示。

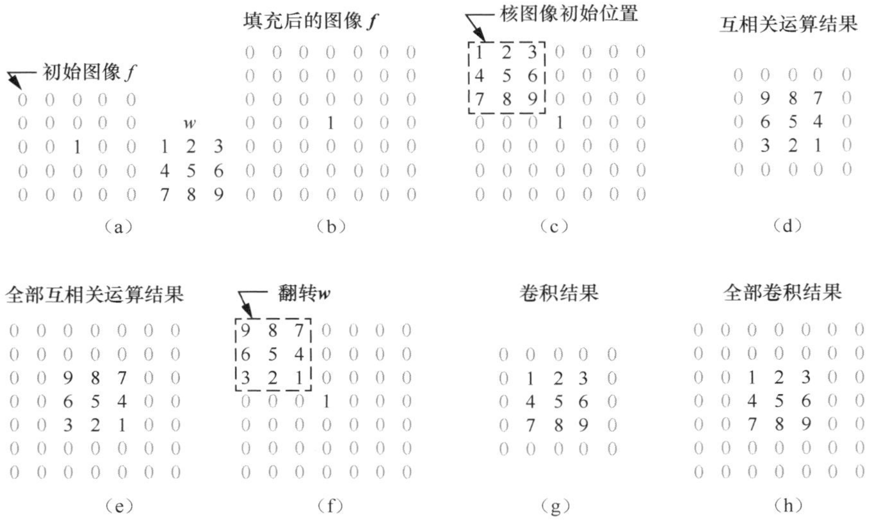

图 7-7 卷积和互相关运算结果示意

在图 7-7 中，图 7-7(a) 是输入图像，假定只有一个元素是 1，其他元素都是 0。w 是核图像。为了使输出图像大小不变，先把输入图像填充一圈零元素，得到图 7-7(b)。先来看看互相关运算是如何操作的。图 7-7(c) 中把核图像 w 放到输入图像上滑动，然后对应元素相乘再把结果累加。比如开始全是 0，当滑动到右下方位置时，只有 9 套上了 1，其他乘积都是 0，所以结果为

9，以此类推，得到互相关运算的结果如图 7-7(d) 和图 7-7(e) 所示，其中图 7-7(e) 是对填充后图 7-7(b) 进行的运算。从结果上看，相当于把核图像 w 翻转了 $180°$。

再来看图像卷积。从公式上看，核 w 这项的时延体现在图像上，相当于先如图 7-7(f) 一样翻转，再进行互相关运算，得到图 7-7(g) 和图 7-7(h)。因为核是自己定义的，所以如果一上来就定义翻转的核，两种运算就没有差别了。因此，为了方便，在深度学习中二者干脆等价了。

通过对图像像素和特定的卷积核（如 Sobel 核、Prewitt 核等）进行卷积操作，可以提取图像中的边缘、角点、纹理等特征。如图 7-8 所示，这些特征对于图像中目标的检测识别有着非常重要的意义。

输入图像   卷积核   特征图

 $\begin{bmatrix} -1 & -1 & -1 \\ -1 & 8 & -1 \\ -1 & -1 & -1 \end{bmatrix}$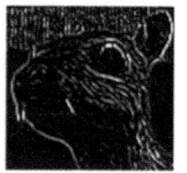

图 7-8 卷积操作结果示意

把这样的运算加入神经网络中，将极大地提升模型的运算效率和性能。

> 小　白：既然卷积神经网络用的是互相关运算，为什么不称为互相关神经网络呢？
>
> 梗直哥：说起来，这有一定的历史原因，在信号处理领域，卷积和互相关在很多情况下表现非常相似。而且名字这种事儿向来是众口铄金，就好像茴香豆的"茴"虽有四种写法，但是最终我们见到的还是用得最多的写法。

7.2.4 小结

在本节中，我们从卷积的数学定义出发，探讨了其发展历程：起初卷积在信号处理领域用于特征提取，然后受神经生物学启发被引入图像处理领域进行特征检测，最后与神经网络结合形成了卷积神经网络并取得了重大发展。

我们详细介绍了图像卷积的原理和运算过程，并指出了其与互相关运算的密切关系。值得注意的是，现代深度学习框架通常使用互相关运算代替真正的图像卷积，以简化运算。最后，我们讨论了图像卷积的重要应用。

在 7.3 节中，我们将讨论卷积层，即卷积运算与神经网络的结合。

7.3 卷积层

在 7.2 节中，我们介绍了图像卷积的概念。图像卷积和神经网络相结合就是卷积层（convolution

layer）了。卷积神经网络一般是由卷积层、池化层和连接层这三种不同的层组成的。

7.3.1 网络结构

顾名思义，卷积层就是应用图像卷积操作的神经网络隐藏层。我们先用一个例子来说明它的组成。

如图 7-9 所示，输入图的尺寸为 $6×6×3$，其中 3 是它的深度（即 R、G、B 三色通道）。卷积层是两个 $4×4×3$ 的滤波器（filter），在这里就是核函数。注意，滤波器的深度必须和输入图像的深度相同。通过图像卷积后可以各自得到一个 $3×3$ 的特征图。之所以小了一圈，主要是因为核图像放到输入图像上时不是从左上角开始，而是错位了一个像素，并没有进行填充，因此比原图像减少两个像素。图 7-9 的例子中只使用了一个卷积层，通常来说，我们会使用多个卷积层的滤波器，来获得更深层的特征信息。两个特征图组成 $3×3×2$ 的张量后，经过 ReLU 激活函数，输出最后的图像。对比经典的神经元模型，这里把 WX 的矩阵点积改为了图像卷积操作。

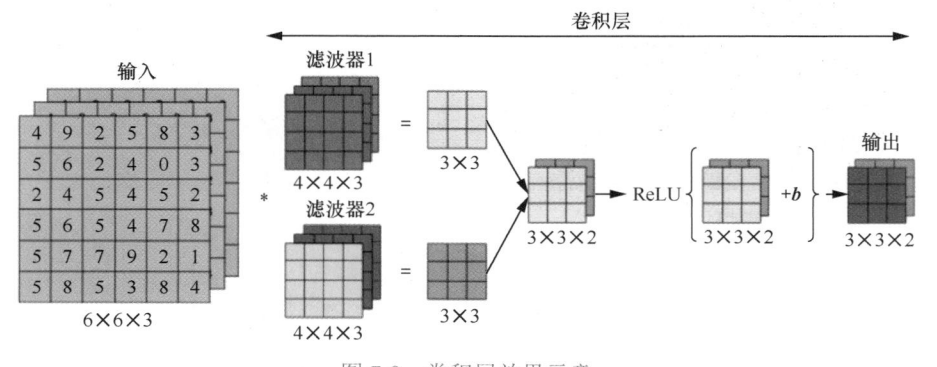

图 7-9　卷积层效果示意

数学上还是非常好理解这种改进。最大的差别在于线性模型中 W 的列数必须和 X 的行数一致才能使矩阵相乘，但是图像卷积中 W 可以很小。就像不同的斜率可以改变直线形状一样，在图像卷积中，不同的核 W 也可以对输入图像进行各种变换，最终的效果就是提取图像特征。

小　　白：　那么该如何选择卷积层尺寸呢？

梗直哥：　卷积层，也可以说卷积核，其大小可以从 $1×1$、$3×3$、$5×5$ 等常见的尺寸中挑选。选取的时候应考虑特征大小、模型层数等因素，并和步幅、填充等相匹配，后面会详细介绍。

7.3.2 感受野

感受野是指神经元或神经网络中对外部输入信息有响应的区域。在计算机视觉中，感受野通常是指卷积神经网络中卷积核的大小和形状。在生物学中，感受野指的是神经元对于特定刺激的反应范围。在前面的例子中，感受野的大小就是 3×3，9 个元素合并成 1 个元素。

　　感受野的大小和形状决定了神经元能够捕获到的图像局部结构的复杂度和范围。较小的感受野可以捕获到更精细的局部特征，而较大的感受野则可以捕获到更广泛的空间结构。通过堆叠多个卷积层，可以实现从局部到全局的逐渐集成，从而捕获到复杂的视觉模式。

　　类比现实世界中的例子，如图 7-10 所示，人的眼睛看到一扇门时，所关注的点最后合并成一个刺激：门是开着还是关着。图上方的车也是一样，看到左上图的黄色矩形框这个输入，叠加绿框这个感受野扫描，最终输出一个判断：这是车。反映到图像卷积中，黄框区域对应 5×5 的输入图像，叠加 3×3 的感受野后变成一个绿色像素，经过多层处理进一步可以浓缩成右下图中特征图的 1 个像素。

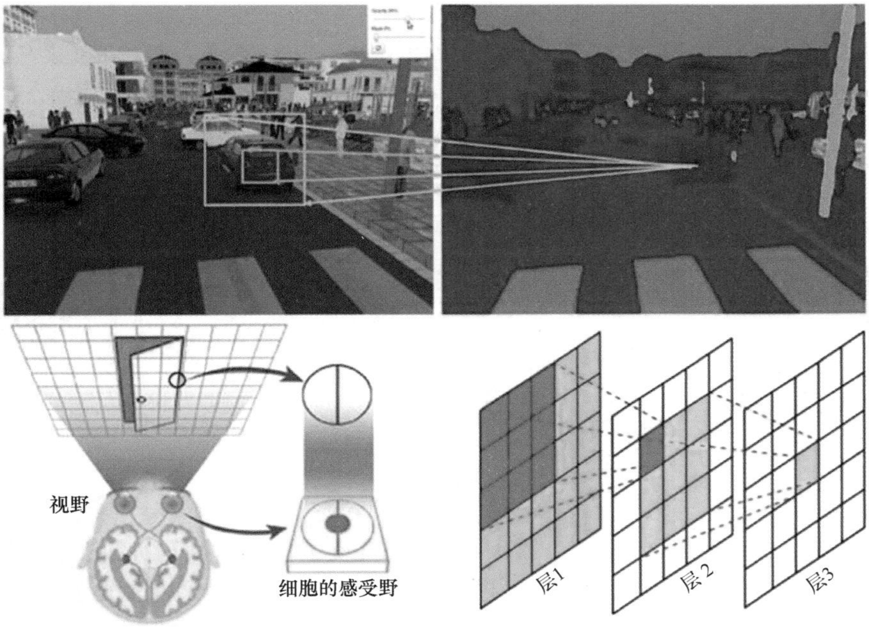

图 7-10　感受野效果示意

7.3.3　与全连接层的区别

　　在本章开头，我们讲过全连接层的各种问题，那么卷积层为什么能对此产生改进效果呢？刚才我们提到二者之间的最大区别在于卷积运算，用图像卷积替代了全连接层神经元线性模型中的矩阵点积。它有两大特点：卷积层通过使用较小的卷积核，大大减少了模型参数；卷积运算时会在输入图像上滑动。这些特点进一步带来了很多好处，具体如下。

1. 稀疏交互

传统神经元使用矩阵乘法建立输入 / 输出间的连接关系，意味着每个输出单元都与每个输入单元产生交互。如图 7-11 左图所示，图中连线密密麻麻，权重连接非常多。使用了很小的卷积核后的卷积神经网络就具备稀疏交互的性质。图 7-11 右图就是使用了 3×3 的卷积核，神经元只和前一层的三个神经元相关，网络连接大大地减少，变得更加稀疏。如此一来，可以通过只有几十到上百个像素点的卷积核来检测更小但是更有意义的图像特征，好比是拿了个放大镜在图像上到处看，极大地降低了对模型参数量的存储需求，也提高了运算效率。

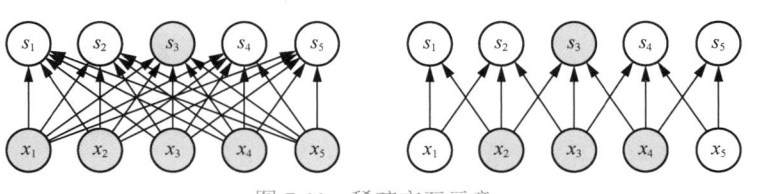

图 7-11 稀疏交互示意

2. 参数共享

参数共享是指在卷积神经网络中，多个不同位置的神经元（在同一层中）使用相同的权重参数。这意味着卷积核在图像的不同位置使用相同的权重进行运算，从而减少了网络需要学习的参数数量。参数共享的思想基于一种假设，即在图像中的不同位置，同种特征可能具有相似的表示。

如图 7-12 所示，黑色箭头表示的权重参数在同一层不同节点间得到了共享。这种方法把模型的存储需求显著地降低至 k 个参数，通常比输入图像的 m 小很多个数量级。因此，借助滑动运算，图像卷积在参数存储需求和运算效率方面极大地优于全连接网络中的矩阵乘法运算。

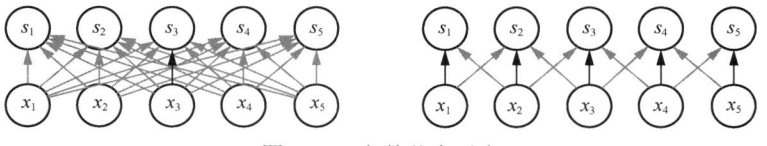

图 7-12 参数共享示意

3. 平移等变性

正是卷积运算的滑动特性赋予了卷积神经网络平移等变性（translation equivariance）。在目标检测任务中，如果输入图像中的目标位置发生了平移，那么最终检测到的目标框也应相应地移动。这意味着，当输入经过变换后，输出也会发生对应的变换。对于平移的目标，经过卷积运算后，能够得到相同的特征输出。如果 f 代表特征，g 代表变换，用数学公式表示平移等变性：

$$f\big(g(x)\big) = g\big(f(x)\big)$$

我们通过一个例子进一步说明。如图 7-13 所示，假设变换 g 是将图像向右下方平移一段距离，函数 f 是检测目标的位置（例如输出坐标）。$f\big(g(x)\big)$ 就是先将图像向右下移，再检测到目标；$g\big(f(x)\big)$ 则是先检测到目标，再往右下移。这二者的输出是一样的，与施加变换的顺序无关。

7.3.4　小结

本节介绍了卷积层，它是卷积神经网络中最重要的概念。我们详细说明了卷积层的构成和卷积核的效果。它既是对输入图像的一种线性变换，又有特征提取的效果。接着，我们介绍了感受野的概念，它就如同从小小的门洞里看世界，充分说明了卷积核的汇聚效果。

卷积层和全连接层的最大区别是用卷积运算替换了神经元线性模型中的矩阵乘法。它有两个特点：一是核变小，参数量减少；二是滑动运算。由此给卷积层带来了三个好处：稀疏交互、参数共享和平移等变性。与多层感知机相比，卷

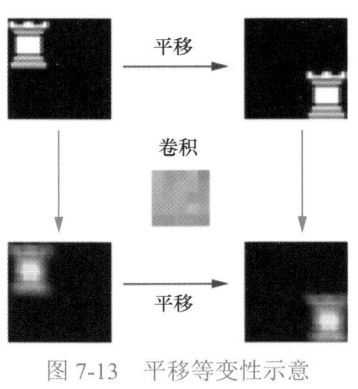

图 7-13　平移等变性示意

积神经网络实现了模型结构上的大大瘦身、参数量上的大大减少以及训练效率和特征提取能力上质的飞跃。希望读者能用心体会图像卷积的这些特性。

7.4　卷积层常见操作

7.3 节讲到，图像卷积和矩阵相乘的最大区别在于卷积核大小变了，而且是滑动的。这在实际操作中带来了很多现实的问题，比如在输入图像边缘卷积核越界了怎么办？滑动步长该如何确定？对结果有什么影响？输入图像是 RGB 三通道的彩色图像时如何处理？在本节中，我们就来回答上述问题。

7.4.1　填充

先来看看卷积核和输入图像叠加时越界怎么处理。很简单，如图 7-14 所示，在外围补上一圈的 0，即所谓的填充（padding）操作。这样卷积核就可以对输入图像的所有像素进行卷积运算，而不会忽略边缘像素。

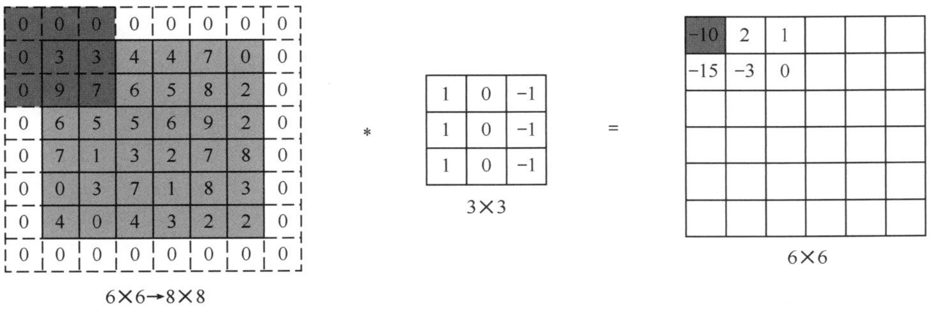

$$6\times6\rightarrow8\times8 \qquad * \qquad 3\times3 \qquad = \qquad 6\times6$$

图 7-14　填充效果示意

在使用填充操作时需要确定填充的大小，一般来说是卷积核大小的一半。对于奇数来说，通常采用除以 2 后向下取整的值，比如对于 3×3 的卷积核，填充大小就是 1。

7.4.2 步长

步长（stride）是指卷积核在输入图像上滑动时移动的步幅。如图 7-15 所示，假设我们有一个 5×5 的输入图像，并使用一个 3×3 的卷积核。在进行卷积运算时，会把卷积核的中心对齐输入图像的左上角，然后对输入图像的这个子区域进行卷积运算。接着，把卷积核向右移一个像素，并对输入图像的下一个子区域进行卷积运算。以此类推，直到对整个输入图像进行了卷积运算。

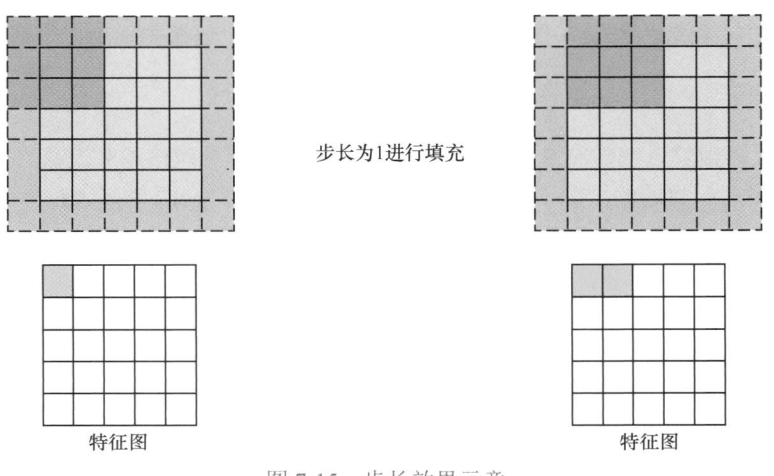

图 7-15　步长效果示意

我们可以通过调整步长来改变卷积核在输入图像上滑动的距离。例如，如果步长是 2，则卷积核会每次向右移动两个像素。这会导致卷积核对输入图像进行卷积运算的次数减少，但同时也会使得输出图像的大小成倍减小。这个参数值就是缩小的具体倍数，比如步长为 2，输出大小就是输入的 1/2；步长为 3，输出大小就是输入的 1/3，以此类推。

通常来说，步长的值为 1 或 2。再强调一下：使用较大的步长可以减少卷积运算的次数，并减小输出图像的大小，这可以减少计算量，但同时也可能导致信息损失。因此，在选择步长时，需要权衡计算量和信息损失的问题。

7.4.3 卷积常见参数关系

输入图像大小为 $n×n$，卷积核大小为 $f×f$，填充大小为 p，步长为 s，输出图像大小为 $o×o$。如果已知 n、f、p、s，可以求得 o，计算公式如下：

$$o = \left\lfloor \frac{n+2p-f}{s} \right\rfloor + 1$$

其中，"⌊ ⌋"是向下取整符号，用于结果不是整数时进行向下取整。

卷积核的大小一般为奇数 × 奇数，1×1、3×3、5×5、7×7 都是常见的。为什么没有偶数 × 偶数呢？原因是奇数 × 奇数具有如下特点。

- 更容易填充。在卷积时，我们有时需要卷积前后的尺寸不变，这时就要用到填充。假设图像大小为 $n×n$，卷积核大小为 $f×f$，填充大小设为 $(f-1)/2$ 时卷积后的输出仍为 $n×n$。但如果 f 是偶数的话，$(f-1)/2$ 就不是整数了。
- 更容易找到卷积锚点。在卷积神经网络中，进行卷积操作时一般会以卷积核模块的一个位置为基准进行滑动，这个位置通常就是卷积核模块的中心，即卷积锚点。若卷积核大小为奇数 × 奇数，卷积锚点很好找，自然就是卷积核模块中心，但如果卷积核大小为偶数 × 偶数，就没有办法确定锚点了，因为以哪个位置为锚点似乎都不怎么合适。

7.4.4 多通道卷积

实际上，大多数输入图像有 RGB 三个通道，这里就涉及卷积核和滤波器（filter）两个术语的区别。在只有一个通道的情况下，卷积核就相当于滤波器，这两个概念是一致的。但在一般情况下，它们是完全不同的两个概念，每个滤波器恰好是多个卷积核的集合。

举例来说，多通道卷积的计算过程如图 7-16 所示。将 RGB 图像的每个通道与滤波器中对应的卷积核进行卷积运算，然后求和并加上偏置项后，拼接成一个单通道输出。最终得到的卷积图像某种程度上说就是综合原始图像各个通道信息的结果。

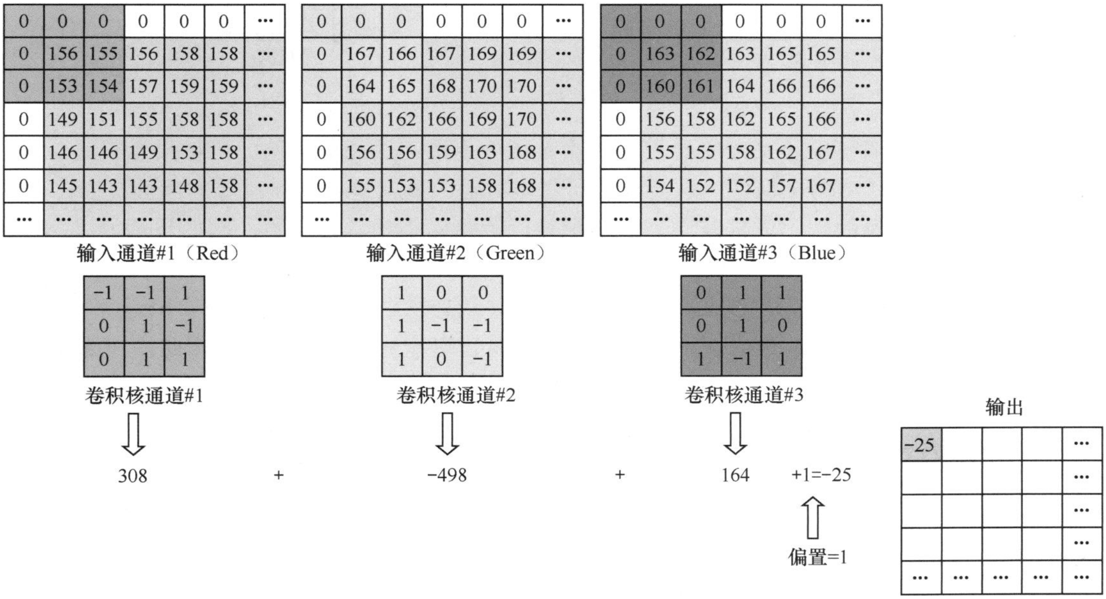

图 7-16 多通道卷积示意

上面的多通道卷积过程可以进一步抽象为如图 7-17 所示的模型。

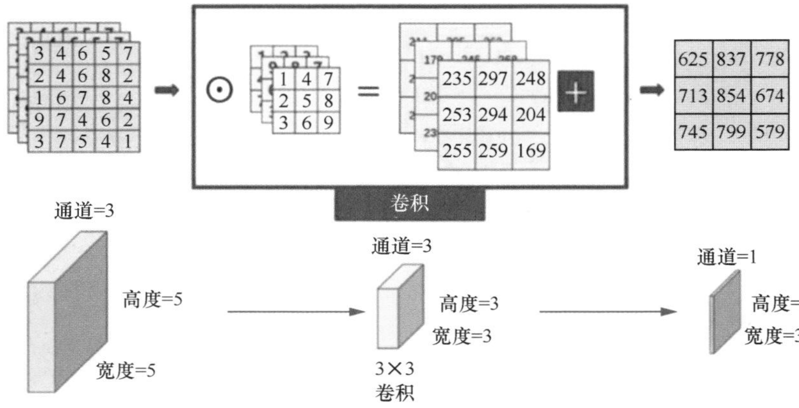

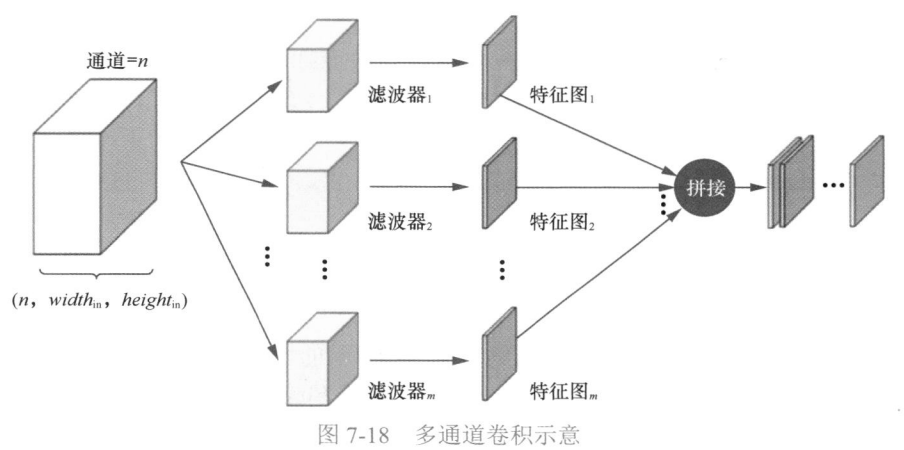

图 7-17　多通道卷积示意

在图 7-17 中，第一排表示多通道卷积的过程，第二排是它的模型结构示意。其中，黑色方框表示的图像卷积层被抽象为其下对应的模块，三个卷积核组成了一个滤波器。在实际的卷积层中，这样的滤波器可以有多个，从而使得输出特征图也是多通道，如图 7-18 所示。

图 7-18　多通道卷积示意

从图 7-18 中可见，滤波器个数决定了输出通道数。需要注意的是，不同特征图对应不同滤波器的输出，并非对应 RGB 这样的颜色通道。

和全连接层相比，使用图像卷积的一个重要好处就是能大大减少参数量。那么，多通道卷积是否可以进一步减少参数量呢？这就是分组卷积的妙用了。

7.4.5　分组卷积

如图 7-19 所示，图中分成上下两部分，上半部分展示的是到目前为止本章讲解的全连接卷积或者标准卷积方式。概括来说，若输入特征图尺寸为 $H \times W \times c_1$，卷积核尺寸为 $h_1 \times w_1 \times c_1$，输出特征图尺寸为$H \times W \times c_2$，则标准卷积层的参数量为$(h_1 \times w_1 \times c_1) \times c_2$。注意，这里有$c_2$个滤波器，所以最后输出深度为$c_2$。

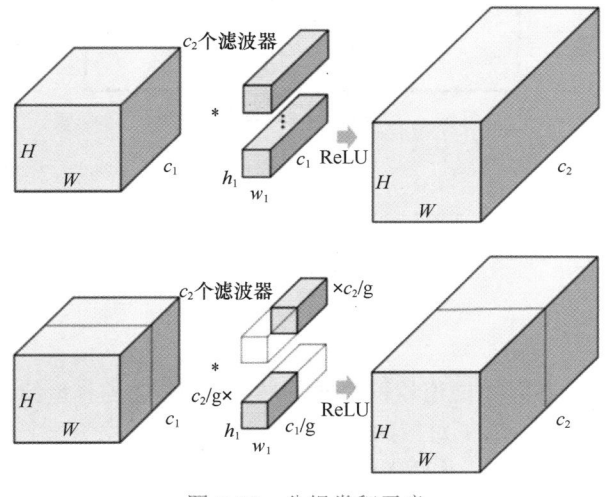

图 7-19　分组卷积示意

下半部分展示了分组卷积操作。将输入特征图按照通道数分成 g 组，则每组输入特征图的尺寸为$H \times W \times (c_1 / g)$，对应的卷积核尺寸为$h_1 \times w_1 \times (c_1 / g)$，每组输出特征图尺寸为$H \times W \times (c_2 / g)$。将 g 组结果拼接（concatenation），得到最终尺寸为$H \times W \times c_2$的输出特征图。分组卷积层的参数量为$h_1 \times w_1 \times (c_1 / g) \times (c_2 / g) \times g = h_1 \times w_1 \times c_1 \times c_2 / g$。显然，通过这种分组卷积的方式可以进一步减少参数量。

7.4.6　小结

在本节中，我们讲解了卷积层的常见操作，从最简单的填充、步长选择，到卷积核大小选择、卷积常见参数的计算，原理并不复杂。后面又介绍了稍复杂的多通道卷积和分组卷积操作，只要能明确卷积核和滤波器的异同，这部分也不难。需要注意的是，卷积图像操作涉及大量矩阵运算，因此搞清楚张量大小是非常重要的，这点在学习和实践中要特别留心。

7.5　池化层

前面我们学习了卷积层的相关知识。在卷积神经网络中，卷积过程结束之后，往往就会进入一个叫作池化（pooling）的层。它的本质其实就是采样，以便压缩信息，将输入的多个特征映射到更小的特征空间中，从而使网络变得更紧凑。在本节中，我们就来详细介绍池化层的网络结构和具体细节。

7.5.1　卷积神经网络典型结构

卷积神经网络通常包含如下三种典型的层：

- 第一种是卷积层，并行计算多个卷积产生的一组线性激活响应，然后通过非线性激活函数，比如 ReLU 函数；
- 第二种是池化层，用来进一步调整输出，简单来说，就是对于输入的特征图（feature map）选择某种方式进行降维压缩，以加快运算速度；
- 第三种是全连接层（fully connected layer），有时为了分类还会增加一个 Softmax 层。

7.5.2　最大池化和平均池化

最大池化（max pooling）类似于卷积过程，如图 7-20 所示，对一个 4×4 特征图区域内的值，用一个 2×2 的滤波器，以步长 2 进行扫描，选择最大值输出到下一层。

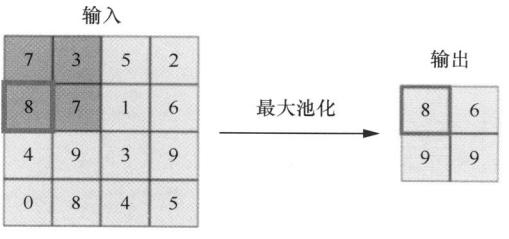

图 7-20　最大池化示意

平均池化（average pooling）则是把取区域最大值改为求区域平均值。我们用一个例子看看最大池化和平均池化的区别。如图 7-21 所示，输入特征图4×4，池化窗口2×2，以步长为 2 进行扫描，分别可以得到不同的池化结果。除上述两种方法，还有中值池化、随机池化等不同的池化策略。

特征图

1	3	2	5
0	8	7	0
6	3	1	9
2	3	0	7

最大池化

8	7
6	9

平均池化

3	3.5
3.5	4.25

图 7-21　平均池化示意

小　　白：什么时候用最大池化，什么时候用平均池化呢？

梗直哥：这取决于任务的目的。最大池化能够保留图像的最显著特征，比较适合目标检测这类任务。平均池化适用于需要整体特征信息的情况，例如图像分类任务。希望大家能够学会针对不同任务采用相应的池化方法。

在池化的过程中，还有一些细节问题需要注意。例如，填充输入边界有助于控制池化层的输出大小，这个操作与卷积层类似。

在池化层后使用全连接层时，可以使用填充来确保输入和输出大小相同。步长是指在池化运算期间窗口每次滑动的距离。步长越大，窗口在输入图像上的滑动距离就越大，意味着输出的特征图就越小。反之，步长越小，窗口在输入图像上的滑动距离就越小，输出的特征图就越大。

最大池化常用步长为 2，滤波器大小为 2×2，此时的效果为：特征图高度、宽度减半，通道数不变。多通道池化有许多不同的池化策略，比如在每个通道上先单独进行池化，再拼接，以捕获不同通道中的不同特征；也可以混合池化，在通道维度和空间维度上使用池化窗口以及全局池化等。

7.5.3 池化层特点

卷积层具备平移等变性和空间等变性（equivariance），而池化层具备不变性（invariance），包括平移（translation）、旋转（rotation）和缩放（scale）不变性。等变性和不变性这两个概念比较容易混淆，这里我们区分一下。

如图 7-22 所示，等变性指的是先缩放再卷积，与先卷积再缩放没有区别。而不变性指的是对输入进行少量平移、旋转和缩放变换时，池化函数的输出并不会发生改变。换个角度来说，卷积神经网络既具有不变性，又具有等变性。等变性指的是如果输出是图片中猫的位置，那么不管输入如何移动缩放，输出会相应改变；不变性指的是如果只是输出是否有猫，那么无论猫如何移动，输出都保持有猫的判定。

池化层的另一个特性是保留主要特征的同时可以减少参数量和计算量，以防止过拟合。如果没有池化层，网络参数量就会变得非常大，导致训练时间变长，容易出现过拟合现象。此外，池化可以帮助网络学习更加抽象的特征。池化说到底是特征选择、信息过滤的过程，会损失部分信息，是在计算性能压力下的妥协。随着运算速度的不断提高，这种妥协会越来越弱化，甚至压根不需要池化层了。此外，需要额外注意的是，池化层是没有参数的。

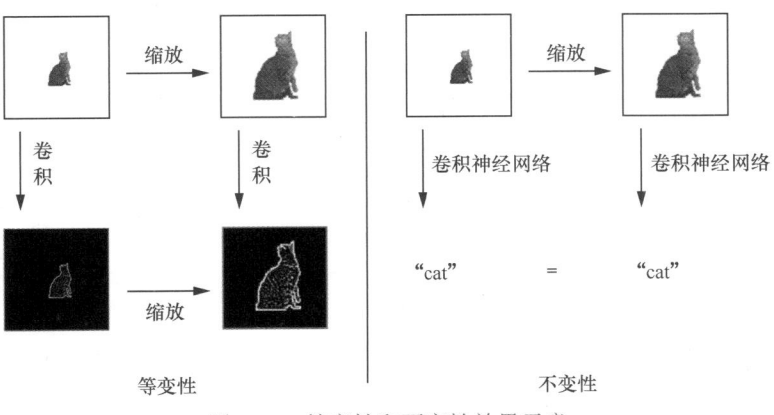

图 7-22 等变性和不变性效果示意

小　白：　学到现在，我还是不知道为什么这个操作称为池化。

梗直哥：　那还不简单，pool 是池子，pooling 不就是池化吗？开个玩笑，其实关于 pooling 的翻译，很早就有人质疑过，比起池化，译为汇聚、汇合更加合适，但谁让大家叫习惯了呢？

卷积层中，隐藏神经元权重与其邻居权重相同，也就是参数共享。池化层中，神经元具有少量平移、旋转、缩放不变性。从概率分布的角度来看，这些性质可以看成模型引入了显著的先验概率分布。在这点上，卷积神经网络在减少参数的同时解决过拟合问题的方式与 Dropout 非常相似，本质上都是对模型结构做了很强的假设，引入了强先验知识。

7.5.4　小结

本节讲解了卷积神经网络中非常重要的一种结构：池化层。先介绍了常见的池化操作，包括最大池化、平均池化等，以及池化过程中的具体问题，比如填充、步长和多通道等。接着，重点讲解了池化层的特点，即近似不变性，以及和卷积层等变性的区别，并阐述了池化层为什么能够减少参数量、防止过拟合。最后我们从概率分布的视角讨论了池化层和卷积层的角色与作用。

7.6　卷积神经网络代码实现

与多层感知机相比，卷积神经网络的最大特点就在于使用卷积层能够更好地处理空间信息。

以图像分类为例，在一张图像中，如果绿色部分占据较大面积，而蓝色部分占据较小面积，那么使用全连接层可能会把这两种颜色视为同等重要。而如果使用卷积层，可以通过卷积核在输入图像上滑动的方式提取局部特征，从而保留图像的空间信息。

此外，使用卷积层还可以大幅减少网络参数，使得网络更加简洁，容易训练。

经过前面几节的学习，想必读者已经充分理解卷积神经网络的优势。在本节中，我们通过代码实现一个经典的卷积神经网络 LeNet，让大家对卷积神经网络有更直观和深刻的认识。

7.6.1　LeNet简介

LeNet 是 1998 年由 Yann LeCun 等人提出的卷积神经网络，也是最早出现的卷积神经网络之一，专门用于解决手写数字的识别问题。LeNet 在该问题上的成功解决使卷积神经网络的应用得到广泛关注，并为后续发展奠定了坚实基础。

　　LeNet 结构如图 7-23 所示，属于非常典型的卷积神经网络，包含两组卷积层、两个下采样（subsampling）（也就是前面讲的池化层）以及三个全连接层。

- 　输入是 32×32 的图像。细心的读者可能会问，MNIST 数据集不是 28×28 的吗？怎么变大了呢？其实这是对输入数据填充了两圈零值像素。这个步骤在实验中效果不明显，会进行适当简化，读者只要了解有这样一个步骤就可以了。
- 　第一组卷积层包含 6 个 5×5 的卷积层，步长为 1。后接一个 2×2 的最大池化层进行下采样，这一层的作用是缩小图像尺寸，并保留最重要的特征。
- 　第二组卷积层包含 16 个 5×5 的卷积层，后接 2×2 的最大池化层。
- 　后面是三个全连接层，分别包含 120、84、10 个神经元，最终的输出层（即第三个全连接层）对应 0 到 9 十个数字。

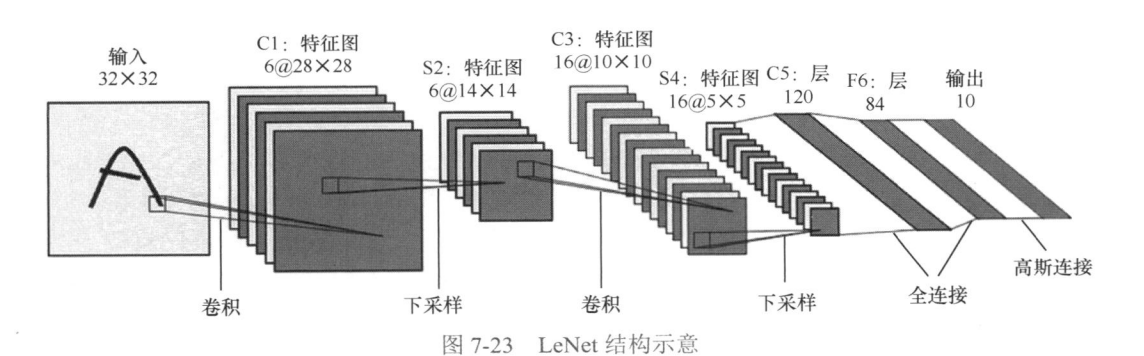

图 7-23　LeNet 结构示意

　　整个结构非常简洁，但麻雀虽小五脏俱全，特别适合作为入门模型，建议读者多多体会其设计思路。

7.6.2　代码实现

　　了解了其结构设计之后，我们看看如何用代码实现一个 LeNet 网络。首先导入 torch 和 torch.nn，为了便于后续模型结构显示，这里额外使用 torchinfo 的第三方库。若有调用时报错的情况使用 conda 或者 pip 安装对应的包即可。

```python
# 导入必要的库，torchinfo用于查看模型结构
import torch
import torch.nn as nn
from torchinfo import summary
```

　　然后进行结构定义，开始实现 LeNet。整个结构在前面已经讲过了，这里看具体的代码实现。

　　初始化部分定义两组卷积层和三个全连接层，卷积层都使用 5×5 的卷积核，out_channels 参数分别是 6 和 16，对应图 7-23 中的数值。三个全连接层的 out_features 参数分别对应图 7-23 中的 120、84、10。需要注意的是，由于后面输入数据还是使用 28×28 的 MNIST 数据集，与

结构图中的输入宽高略有差异，因此第一个全连接层的 in_features 调整为 16×4×4。

　　下面 forward() 函数定义前向传播过程，先经过第一组卷积层+ReLU+最大池化层，然后经过第二组卷积层+ReLU+最大池化层。展平后依次经过三个全连接层，激活函数也都是 ReLU 函数，最后输出。到这里其网络结构就定义完成了。

```python
# 定义LeNet的网络结构
class LeNet(nn.Module):
    def __init__(self, num_classes=10):
        super(LeNet, self).__init__()
        # 卷积层1：输入1个通道，输出6个通道，卷积核大小为5x5
        self.conv1 = nn.Conv2d(in_channels=1, out_channels=6, kernel_size=5)
        # 卷积层2：输入6个通道，输出16个通道，卷积核大小为5x5
        self.conv2 = nn.Conv2d(in_channels=6, out_channels=16, kernel_size=5)
        # 全连接层1：输入16x4x4=256个节点，输出120个节点，由于输入数据略有差异，修改为16x4x4
        self.fc1 = nn.Linear(in_features=16 * 4 * 4, out_features=120)
        # 全连接层2：输入120个节点，输出84个节点
        self.fc2 = nn.Linear(in_features=120, out_features=84)
        # 输出层：输入84个节点，输出10个节点
        self.fc3 = nn.Linear(in_features=84, out_features=num_classes)

    def forward(self, x):
        # 使用ReLU激活函数，并进行最大池化
        x = torch.relu(self.conv1(x))
        x = nn.functional.max_pool2d(x, kernel_size=2)
        # 使用ReLU激活函数，并进行最大池化
        x = torch.relu(self.conv2(x))
        x = nn.functional.max_pool2d(x, kernel_size=2)
        # 将多维张量展平为一维张量
        x = x.view(-1, 16 * 4 * 4)
        # 全连接层
        x = torch.relu(self.fc1(x))
        # 全连接层
        x = torch.relu(self.fc2(x))
        # 全连接层
        x = self.fc3(x)
        return x
```

　　下面查看一下网络结构。调用 torchinfo.summary() 就可以方便地看到刚刚实现的 LeNet 模型信息。input_size 参数表示示例输入数据的维度信息，可以看到对应模型结构、输出形状以及参数量。现在看这个参数量简直不值一提，但在当时已经是巨大突破了。

```
# 查看模型结构及参数量，input_size表示示例输入数据的维度信息
summary(LeNet(), input_size=(1, 1, 28, 28))
==========================================================================
Layer (type:depth-idx)                  Output Shape              Param #
==========================================================================
LeNet                                   [1, 10]                   --
├─Conv2d: 1-1                           [1, 6, 24, 24]            156
├─Conv2d: 1-2                           [1, 16, 8, 8]             2,416
├─Linear: 1-3                           [1, 120]                  30,840
├─Linear: 1-4                           [1, 84]                   10,164
├─Linear: 1-5                           [1, 10]                   850
==========================================================================
Total params: 44,426
```

```
Trainable params: 44,426
Non-trainable params: 0
Total mult-adds (M): 0.29
=================================================================
Input size (MB): 0.00
Forward/backward pass size (MB): 0.04
Params size (MB): 0.18
Estimated Total Size (MB): 0.22
=================================================================
```

7.6.3　模型训练

然后让我们进入模型训练部分。首先还是导入库文件，前面 torch、DataLoader、datasets、transforms 都已经详细讲过了。这里需要注意 tqdm，它用于显示进度条并评估任务时间开销，后面大家看到输出就知道它的作用了。如果有报错，用 conda 或者 pip 安装一下就可以了。

然后使用刚刚定义好的模型 LeNet，优化器使用 SGD，学习率设为 0.02。注意，这个学习率其实是偏大的，建议实验的时候自行调整。由于是分类问题，损失函数选择交叉熵。关于 MNIST 数据加载部分前面已经详细介绍过，这里就不展开讲了。epoch 数设为 10，定义两个数组分别记录损失和准确率。

接下来进入循环开始训练，这里的 for 循环中加一层进度条函数 tqdm() 把 range() 的部分括起来就可以了。下面遍历训练集，预测、计算损失函数、反向传播，记录训练集的 loss。测试过程就不计算梯度了，遍历测试集，通过 argmax() 可以得到预测正确数。最后把 loss 和准确率记录下来，这里因为损失值相对比较大，所以代码中取对数。然后每两个 epoch 打印一次中间值，使用 Matplotlib 绘制损失和准确率的曲线图，再打印训练完成后的准确率。

```python
# 导入必要的库
import torch
import torch.nn as nn
import torch.optim as optim
from torch.utils.data import DataLoader
from torchvision import datasets, transforms
from tqdm import *  # tqdm用于显示进度条并评估任务时间开销
import numpy as np
import sys

# 设置随机数种子
torch.manual_seed(0)

# 定义模型、优化器、损失函数
model = LeNet()
optimizer = optim.SGD(model.parameters(), lr=0.02)
criterion = nn.CrossEntropyLoss()

# 设置数据变换和数据加载器
transform = transforms.Compose([
    transforms.ToTensor(),  # 将数据转换为张量
])
```

```python
# 加载训练数据
train_dataset = datasets.MNIST(root='../data/mnist/', train=True, download=True,
transform=transform)
# 实例化训练数据加载器
train_loader = DataLoader(train_dataset, batch_size=256, shuffle=True)
# 加载测试数据
test_dataset = datasets.MNIST(root='../data/mnist/', train=False, download=True,
transform=transform)
# 实例化测试数据加载器
test_loader = DataLoader(test_dataset, batch_size=256, shuffle=False)

# 设置epoch数并开始训练
num_epochs = 10    # 设置epoch数
loss_history = []   # 创建损失历史记录列表
acc_history = []    # 创建准确率历史记录列表

# tqdm()用于显示进度条并评估任务时间开销
for epoch in tqdm(range(num_epochs), file=sys.stdout):
    # 记录损失和预测正确数
    total_loss = 0
    total_correct = 0

    # 批量训练
    model.train()
    for inputs, labels in train_loader:

        # 预测、损失函数、反向传播
        optimizer.zero_grad()
        outputs = model(inputs)
        loss = criterion(outputs, labels)
        loss.backward()
        optimizer.step()

        # 记录训练集loss
        total_loss += loss.item()

    # 测试模型，不计算梯度
    model.eval()
    with torch.no_grad():
        for inputs, labels in test_loader:

            # 预测
            outputs = model(inputs)
            # 记录测试集预测正确数
            total_correct += (outputs.argmax(1) == labels).sum().item()

    # 记录训练集损失和测试集准确率
    loss_history.append(np.log10(total_loss))
    # 将损失加入损失历史记录列表，由于数值有时较大，这里取对数
    acc_history.append(total_correct / len(test_dataset))
    # 将准确率加入准确率历史记录列表

    # 打印中间值
    if epoch % 2 == 0:
        tqdm.write("Epoch: {0} Loss: {1} Acc: {2}".format(epoch, loss_history[-1],
acc_history[-1]))
```

```
# 使用Matplotlib绘制损失和准确率的曲线图
import matplotlib.pyplot as plt
plt.plot(loss_history, label='loss')
plt.plot(acc_history, label='accuracy')
plt.legend()
plt.show()

# 输出准确率
print("Accuracy:", acc_history[-1])
Epoch: 0 Loss: 2.7325645021239664 Acc: 0.2633
Epoch: 2 Loss: 2.630008887238046 Acc: 0.6901
Epoch: 4 Loss: 1.9096679044736495 Acc: 0.9047
Epoch: 6 Loss: 1.7179356540642037 Acc: 0.9424
Epoch: 8 Loss: 1.5851480201856594 Acc: 0.9413
100%|████████████| 10/10 [01:46<00:00, 10.65s/it]
```

输出如上所示，这里的进度条就是前面说的 tqdm()，可以看到记录了单个循环的时长和总时长，是个很有用的工具。

生成的图像如图 7-24 所示，图中损失曲线呈逐渐下降趋势，准确率曲线呈上升趋势。经过 10 个 epoch 之后，准确率约为 96.3%。

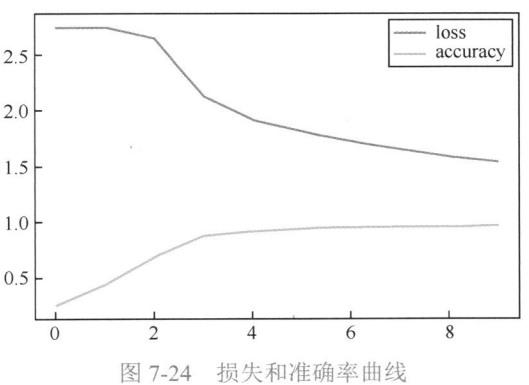

图 7-24 损失和准确率曲线

accuracy: 0.9628

7.6.4 小结

由 Yann LeCun 等人提出的 LeNet 是最早出现的卷积神经网络之一，整个网络结构非常简洁，为后来卷积神经网络的发展奠定了基础。本节首先介绍了 LeNet 及其网络结构，然后进行了详细的代码实现，其中包含模型定义、网络结构，最后训练模型，验证了效果。大家可以自行调整网络结构和参数进行实验。

第 8 章

基础循环神经网络：为序列数据而生

全连接神经网络的主要问题是对于具有空间和时间相关性的数据处理不够灵敏。在第 7 章，我们讲解了卷积神经网络（CNN），这种网络结构非常适合处理网格状数据，如图像和视频等。但在数据的海洋中，还有大量序列相关或时间相关的信息处理需求，这就是循环神经网络（RNN）的专长了。

在本章中，我们将从序列建模的角度入手，介绍如何预处理文本数据，讲解循环神经网络的基础知识，并阐释时间反向传播算法。我们还会通过代码实现来预测时间序列数据，并深入探讨 RNN 在处理长期依赖问题上的挑战。

8.1　序列建模

在本节中，我们先从序列建模的角度着手，探讨各种常见的序列数据类型，以及如何为这些数据设计合适的数学模型。

8.1.1　序列数据

时间序列数据（time-series data）是在不同时间收集到的数据，用于描述某种现象随时间的变化。图 8-1 展示了谷歌流行度指数随时间的变化趋势。

时间序列数据在日常生活中非常常见。这里我们举几个例子：环境数据，比如每小时的气温、每天的降雨量、每月的二氧化碳浓度等；经济数据，比如每天的股票价格、每月的通货膨胀率、每年的 GDP 等；社会数据，比如交通流量、每月的就业率、每年的人口数量等；健康数据，比如心率、血压、体重等；行为数据，比如电话通话次数、每周的社交活动次数、每月的出行次数等。

梗直哥：　想一想还有哪些数据属于序列数据？

小　白：　那太多啦，声音信号数据，比如语音、音乐；运动轨迹数据，比如穿戴设备捕获的动作数据；生物信号数据，比如 DNA 和蛋白质序列等，都是序列数据。

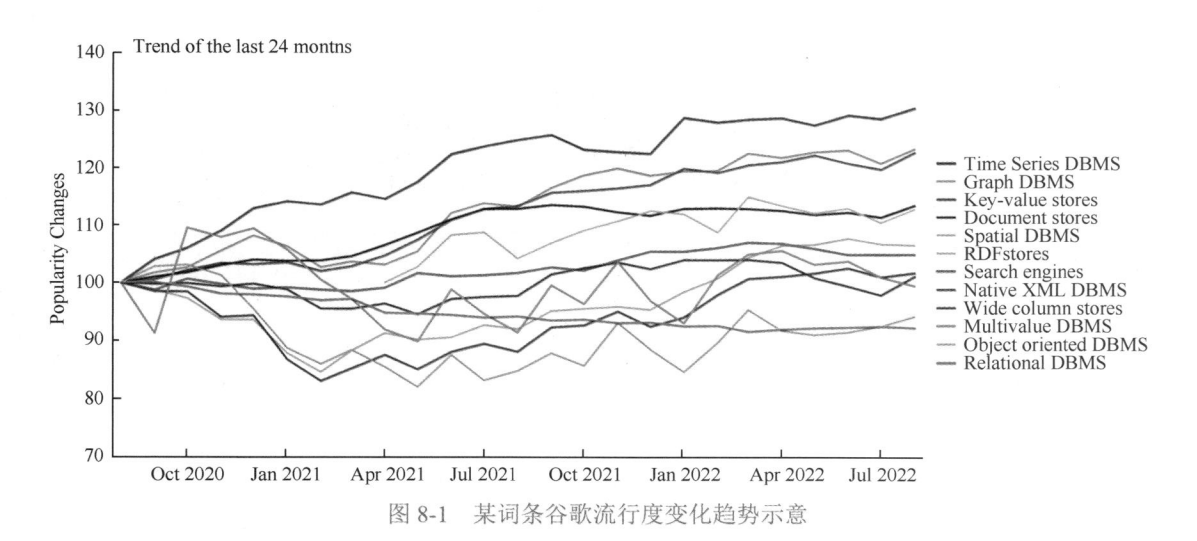

图 8-1 某词条谷歌流行度变化趋势示意

时间序列分析是指从按时间排序的数据点中抽取有价值的总结和统计信息的行为，既包含了对过去数据的诊断，也包括对未来数据的预测。

起初，时间序列分析并不是作为一个独立学科而存在的，而是作为某些学科领域分析方法的一部分。直到 20 世纪 20 年代，它才正式脱离其他学科独立发展。当时的一个标志应用是自回归模型，其奠定了基于统计学时间序列分析的开端。基于机器学习的时间序列分析最早始于 1969 年，集成方法被应用于时间序列数据。到了 20 世纪 80 年代，更多应用场景涌现出来，如异常检测、动态时间规整、循环神经网络等。

文本是另一类常见的序列数据类型。如图 8-2 所示，文本序列是指由一串有序文本组成的序列，可以是一句话、一篇文章、一组评论等。在文本序列中，每个文本部分都有与之对应的位置，且后一部分文本可能会受到前一部分文本的影响。

深度学习序列模型（如 RNN 及其变体）能够从文本序列数据中学习重要的模式。这些模式可以用来解决很多实际问题，比如自然语言理解、机器翻译、文献分类、情感分类等。这些序列模型还可以作为各种系统的重要构建块，这些系统包括问答系统（question and answering system）、类似 ChatGPT 的聊天机器人等。将深度学习应用于文本是

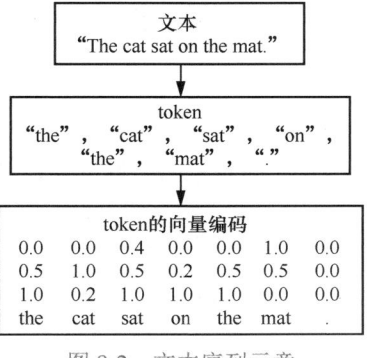

图 8-2 文本序列示意

一个快速发展的领域。

图像序列是指由一组有序的图像组成的序列，可以是动画、视频等。如图 8-3 所示，其中每帧图像都有一个与之相对应的位置，且后一帧图像可能会受到前一帧图像的影响。图像序列分析通常涉及运动目标检测、运动参数估计、运动景物分割、目标追踪及识别等内容。

图 8-3　图像序列示意

8.1.2　序列模型

处理序列数据需要统计工具和专门的深度神经网络架构。对序列数据进行预测的模型被称为序列模型。我们来看一个新的包 pandas_datareader，其中包含许多国外金融数据集。以其中的 GS10 数据集为例，它是近 5 年月度美国 10 年期国债固定收益，导入后打印出来如下。

```
import pandas_datareader as pdr
gs10 = pdr.get_data_fred('GS10')
print(gs10.head())
            GS10
DATE
2018-09-01  3.00
2018-10-01  3.15
2018-11-01  3.12
2018-12-01  2.83
2019-01-01  2.71
```

如果用 x_t 表示价格，t 表示时间戳，那么可以把对收益的预测问题表示为求条件概率分布 p。

$$x_t \sim p\left(x_t \mid x_{t-1}, \cdots, x_1\right)$$

如何求这个概率分布呢？这就要用到序列模型了。具体方法如本章要讲的循环神经网络（RNN），以及《破解深度学习（核心篇）：模型算法与实现》会讲到的长短期记忆网络（LSTM），这里先给大家介绍两种简单的方法。

1. 自回归模型

自回归模型（autoregressive model，AR 模型），假设当前时刻的输出只与之前时刻的状态有关，用历史状态 x_1 至 x_{t-1} 来预测当前 x_t 的表现，并假设它们呈线性关系。因为该模型是从回归分析中的线性回归发展而来，只是不用 x 预测 y，而是用 x 预测 x 自己，所以叫作自回归模型。它可以表示成一个贝叶斯网络，如图 8-4 所示。

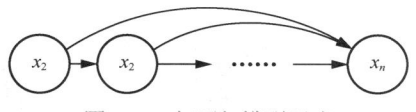

图 8-4　自回归模型示意

根据概率分布的链式法则，状态变量的联合分布 $p(x)$ 可以分解为条件概率分布连乘的形式，每个时刻的状态都和之前的状态相关。

$$p(\boldsymbol{x}) = \prod_{i=1}^{n} p(x_i \mid x_1, x_2, \cdots, x_{i-1}) = \prod_{i=1}^{n} p(x_i \mid \boldsymbol{x}_{<i})$$

经典的自回归模型往往会假设这个条件分布 $p(x_i \mid \boldsymbol{x}_{<i})$ 服从某个参数化的分布，比如伯努利分布，然后训练模型求参数就可以了。离散情况下特别简单，就是一个加权和：

$$X_t = \alpha_1 X_{t-1} + \alpha_2 X_{t-2} + \cdots + \alpha_p X_{t-p} + \varepsilon_t$$

其中 ε 是随机扰动项，α 是参数，p 是阶数，表示用几期的历史值来预测当前值。

2. 隐变量自回归模型

为了避免自回归模型中历史信息 $x_{1:t-1}$ 太长的问题，我们可以将历史值做一总结，然后迭代地更新它，如图 8-5 所示。由于 h_t 并未被观测到，这类模型也被称为隐变量自回归模型。本章要着重介绍的循环神经网络就是隐变量自回归模型。

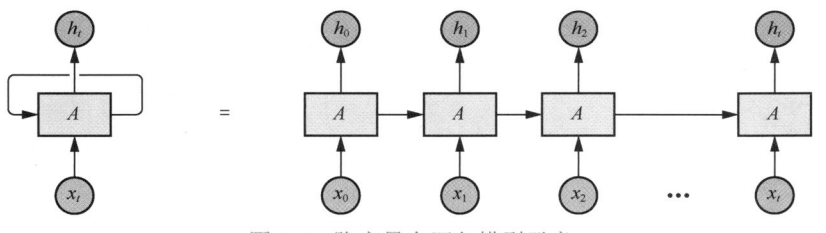

图 8-5　隐变量自回归模型示意

图中动态变化的隐变量链也常常被称为隐变量动态模型。这个图是不是特别像隐马尔可夫模型？没错，完全可以假设它具备马尔可夫性质，也就是隐变量当前时刻的状态只和前一时刻有关，此时，这条链就变成了马尔可夫链。关于这部分更深入的内容将后续逐步介绍。

8.1.3　小结

在本节中，我们深入探讨了序列建模的主题。首先，我们详细解析了什么是序列数据。尽管序列数据种类繁多，但我们主要关注的是三类常见的数据：时间序列数据、文本数据以及图像数据。

其次，我们详细讨论了序列模型的概念，并介绍了两种经典模型：自回归模型和隐变量自回归模型。这两种模型的核心思想都是利用历史数据来预测当前的状态。在这个背景下，循环神经网络被视为隐变量自回归模型的一种特例，并被广泛应用于深度神经网络中，以解决序列建模的相关问题。

8.2 文本数据预处理

在 8.1 节中，我们介绍了序列数据的概念，并用一个时间序列模型演示了序列建模方法。与时间序列数据不同，文本数据在使用前需要经过一系列的预处理。相较而言，文本数据或者自然语言处理是循环神经网络的研究重点，也特别常见，因此本节专门详细介绍。

8.2.1 预处理流程

在对文本做数据分析时，大部分时间都会花在文本预处理上。中英文文本预处理的大体流程如图 8-6 所示，但还是有部分区别。中文文本没有像英文那样用空格分隔单词，因此不能像英文一样可以直接用简单的空格和标点符号完成分词，而是一般需要用分词算法来实现。当然，英文文本预处理也有特殊的地方，例如拼写问题，很多时候，对英文的预处理包括拼写检查。

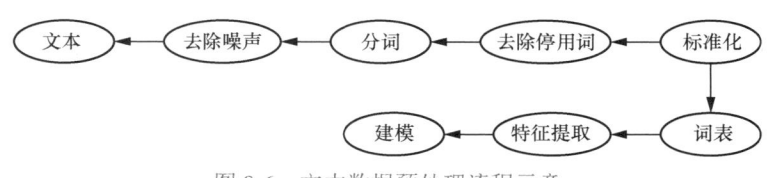

图 8-6 文本数据预处理流程示意

英文文本预处理的特殊性还表现在词干提取（stemming）和词形还原（lemmatization），因为英文中的一个词会有不同的形式。这个步骤有点像孙悟空的火眼金睛，直接透视得到单词的原形。比如，对于 faster 或者 fastest，都变为 fast。

文本数据的获取一般有两个方法：

- 别人已经做好的数据集或第三方语料库，比如维基百科；
- 当面向特定领域的开放语料库无法满足需求时，就需要用爬虫去爬取想要的信息了，可以使用如 BeautifulSoup、Scrapy 等框架编写自己需要的爬虫。

下面我们针对预处理流程的主要步骤详细介绍。

8.2.2 去除噪声

去除噪声是指在处理文本数据时，删除文本中不相关或者无用的信息，使得文本中有意义的信息更加突出，从而提高分析和处理效率。比如去除其中的标点符号、每行结尾的换行符"\n"等，非文本内容可以直接用 Python 正则表达式删除。图 8-7 展示了噪声去除前后的对比示例。

	text	target	text_clean
0	Our Deeds are the Reason of this #earthquake May ALLAH Forgive us all	1	our deeds are the reason of this earthquake may allah forgive us all
1	Forest fire near La Ronge Sask. Canada	1	forest fire near la ronge sask canada
2	All residents asked to 'shelter in place' are being notified by officers. No other evacuation or shelter in place orders are expected	1	all residents asked to shelter in place are being notified by officers no other evacuation or shelter in place orders are expected
3	13,000 people receive #wildfires evacuation orders in California	1	people receive wildfires evacuation orders in california
4	Just got sent this photo from Ruby #Alaska as smoke from #wildfires pours into a school	1	just got sent this photo from ruby alaska as smoke from wildfires pours into a school

图 8-7　去除噪声示意

8.2.3　分词

虽然去除了一些噪声，但计算机依然无法把文字直接作为模型的输入，而需要进行一个名为 tokenization 的操作。关于其中文译名，有的叫作"词元化"，有的叫作"令牌化"，还有的叫作"标识化"，本书倾向于"分词"。它的目标是把输入的文本流切分成一个个子串，每个子串有相对完整的语义，以便学习和后续模型的使用。

由于英文单词间由空格分隔，因此分词操作简单，只需调用 split() 函数。对于中文来说，常用的中文分词软件有很多，将文本切分为字或词或词缀。图 8-8 展示了一个示例。

```
1  tokens = [list(line) for line in lines ]
2  for i in range(5):
3      print(tokens[i])
['越', '女', '剑']
['请', '请']
['两', '名', '剑', '士', '各', '自', '倒', '转', '剑', '尖', '右', '手', '握', '剑', '柄', '左', '手', '搭', '于', '右', '手', '手', '背', '剑', '身', '行', '礼']
['两', '人', '身', '子', '尚', '未', '站', '直', '突', '然', '间', '白', '光', '闪', '动', '跟', '着', '铮', '的', '一', '声', '响', '双', '剑', '相', '交', '两', '人', '各', '退', '一', '步', '旁', '观', '众', '人', '都', '是', '咦', '的', '一', '声', '轻', '呼']
['青', '衣', '剑', '士', '连', '劈', '三', '剑', '锦', '衫', '剑', '士', '一', '一', '格', '开', '青', '衣', '剑', '士', '一', '声', '吒', '喝', '长', '剑', '直', '划', '而', '下', '势', '劲', '力', '急', '锦', '衫', '剑', '士', '身', '手', '矫', '捷', '向', '后', '跃', '开', '避', '过', '了', '这', '剑', '他', '左', '足', '刚', '着', '地', '身', '子', '跟', '着', '弹', '起', '刷', '刷', '两', '剑', '向', '对', '手', '攻', '去', '青', '衣', '剑', '士', '凝', '里', '若', '不', '动', '嘴', '角', '边', '微', '微', '冷', '笑', '长', '剑', '轻', '摆', '挡', '开', '来', '剑']
```

图 8-8　分词效果示意

8.2.4　去除停用词

一些词在文本中出现频率过高或者不具有实际意义，可以被认为是无用信息，需要提前去掉。停用词包括英文中的介词、代词、连词等，中文中的助词、量词、叹词等，如图 8-9 所示。

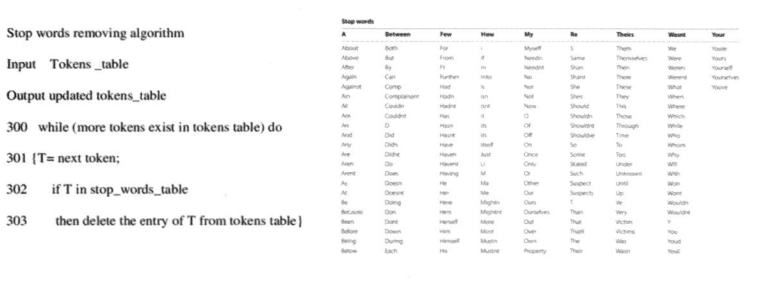

图 8-9　停用词示意

小　白：去掉停用词以后，不会影响句子的可读性吗？

梗直哥：当然会了，所以去除停用词一般主要用于语言理解任务，而在语言生成任务中停用词不能去除。现在大部分预训练语言模型中已经不再进行去除停用词这项任务。

8.2.5　标准化

标准化包括词干提取和词形还原。词干提取（stemming）是提取词的词干或词根形式，主要是基于规则采用"缩减"的方法，相对简单。词形还原（lemmatization）是把一个任何形式的语言词汇还原为一般形式，主要基于字典对词形进行分析，不仅要进行词缀转化，还要进行词性识别。图 8-10 所示给出了对不同词采用两种标准化方法的对比。

词	词干提取	词形还原
information	inform	information
informative	inform	informative
computers	comput	computer
feet	feet	foot

图 8-10　词干提取和词形还原方法示意

8.2.6　词表

经过上述步骤后，我们拿到词元列表，但它依然是一堆字符串，不是计算机可以处理的数字。此时就需要构建一个词表。词表（vocabulary）是指在自然语言处理中将文本数据中出现的所有词组成的列表。它可以帮助我们了解文本数据中词的分布情况，以便后续的特征提取。

某些场景中，建立词表的过程可能会被省略。例如，当使用预训练的词向量模型时，词表已经被预先建立好了。

建立词表的主要步骤包括：（1）遍历数据集，统计词频；（2）过滤高频词和低频词，保留中间频率词；（3）为每个词分配一个编号，并建立词表。图 8-11 展示了一个词表的示例。

词表

index:	word:
0	aardvark
1	able
...	
2409	black
2410	bling
...	
3202	candid
3203	cast
3204	cat
...	
5281	is
5282	island
...	
8676	the
8677	thing
...	
9999	zombie

图 8-11　词表示意

8.2.7　特征提取

在词表的基础上就可以进行特征提取了，方法有很多种。

1. 词袋模型

词袋模型能够把一个句子转换为向量表示，是比较简单直接的方法。它不考虑句子中词的顺序，只考虑词表中词在这个句子中出现的次数。下面以图 8-12 中的句子为例进行介绍。

对于这两个句子，我们要用词袋模型把它转换为

"John likes to watch movies, Mary likes movies too"

"John also likes to watch football games"

图 8-12　句子示例

向量表示，这两个句子形成的词表（不去除停用词）如图 8-13 所示。

['also', 'football', 'games', 'john', 'likes', 'mary', 'movies', 'to', 'too', 'watch']

图 8-13　词表示例

用向量表示如图 8-14 所示。

```
         also  football games john likes mary movies to too watch
s1 = [ 0,    0,    0,   1,   2,   1,    2,  1, 1,  1]
s2 = [ 1,    1,    1,   1,   1,   0,    0,  1, 0,  1]
```

图 8-14　句子的向量表示示例

One-Hot 编码属于词袋模型的一种，它将每个词转换成一个长度为词表大小的向量，除了该词在词表中的对应位置是 1，其他位置都是 0。这种方法在数据稀疏的情况下非常有效，但是当词表过大时会使得稀疏矩阵维度巨大，影响计算效率和内存空间。处理大规模文本数据时，One-Hot 编码并不是最佳的特征提取方法。

词袋模型不考虑词的顺序，但有时把一个句子的顺序打乱后可能会看不懂这个句子，例如，"我玩游戏"显然不等于"游戏玩我"。为此，我们需要一种更有效的特征提取和建模方法。

2. N-Gram

N-Gram 模型是在词袋模型基础上的扩展，它将文本表示成连续 n 个词的序列，可以保留文本中的词序信息，如图 8-15 所示。

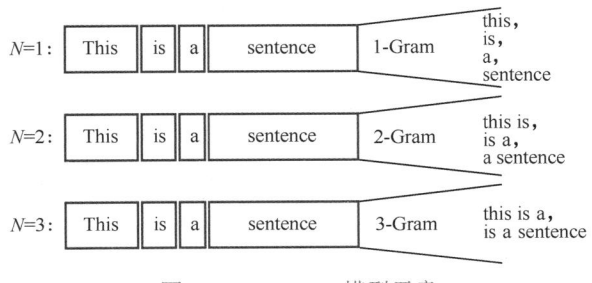

图 8-15　N-Gram 模型示意

N-Gram 模型可以捕获到词与词之间的关系，而词袋模型只是简单统计每个词的出现次数。不过凡事总有两面性，N-Gram 模型需要更多的计算资源和内存空间，因为它要考虑词序信息。同时，不同的"N"可能会对模型性能产生影响，需要根据具体应用场景和数据集进行调整。

3. 词嵌入

词嵌入（word embedding）是将词表示为实数向量的方法，可以捕获词与词之间的语义和语法关系，使得词之间可以通过数学运算进行比较和计算。

常用的词嵌入模型包括 Word2Vec 和 GloVe。前者通过预测上下文中的词来学习词向量，而后者通过统计词与词之间的共现关系来学习词向量。这两种模型都可以使用预训练的词向量模型，也可以训练出自己的词向量模型。

在图 8-16 所示的例子中，第一列是各种词；第二列是词之间的关系，也就是词嵌入；第三列是降维操作；最后一列是在二维空间可视化地显示不同词之间的距离。比如 cat 和 kitten 的距离很近，man 与 woman、king 与 queen 都存在强烈的对应关系。

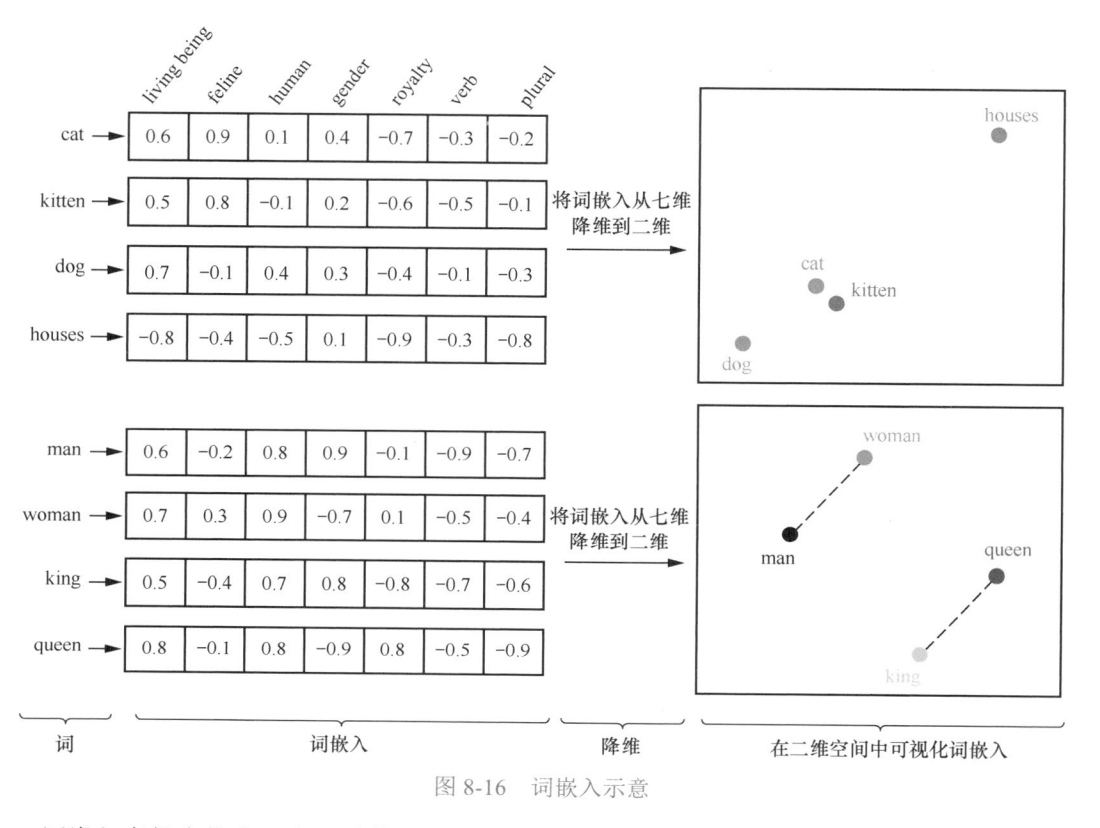

图 8-16　词嵌入示意

词嵌入有很多优点，它可以使用小规模的数据集训练出高质量的词向量模型，并且可以在大规模的文本数据中高效地表示词。词嵌入也可以用于解决语义相似性问题和文本分类问题。

8.2.8　小结

在本节中，我们深入探讨了文本序列数据预处理的各个步骤，包括从去噪、分词、去除停用词到词干提取和词形还原等各种标准化流程，以及最后形成词表，并向量化清洗过的词元。特别地，我们详尽介绍了三种主要的特征提取方法：词袋模型、N-Gram 和词嵌入。

一旦得到文本的特征向量，便可以利用这些数据来建立分类或聚类模型，以及进行相似度分析。在实际操作中，我们通常会结合多种方法构建模型。例如，在文本分类任务中，常常使用词嵌入来表示文本特征，再结合 N-Gram 方法来捕获上下文词序特征。

8.3 循环神经网络

前面我们介绍了序列数据的建模问题，在本节中，我们重点介绍循环神经网络（recurrent neural network，RNN）这种面向序列数据分析的专用神经网络。

8.3.1 核心思想

基于第一性原理，我们重新思考本源问题：有了全连接网络，为什么还需要 RNN 呢？

有读者可能会回答，因为全连接网络处理不好序列数据。那么我们有没有仔细想过为什么处理不好呢？神经网络是能够拟合任意函数的黑盒子，给定特定的 x，只要训练数据足够就能得到所希望的 y。模型训练好后，输入一个 x，经过网络之后就能输出特定的 y。

但是，这个过程中只能单独处理一个个输入，前后输入完全没有关系。换句话说，颠倒训练数据的顺序不会产生影响。很多任务需要能够处理序列信息，即前面的输入和后面的输入是有关的，比如"我吃西瓜"和"西瓜吃我"是完全不同的句子。这种情况下，普通的神经网络就不可行了，它对数据顺序不敏感。究其原因，是它的网络中没有顺序相关的结构。

那么，如何改进呢？方法也很简单，加上相应的网络结构就可以了。这就是 RNN 的由来了。为了方便描述时间序列的网络结构，先来看看计算图的概念。

8.3.2 展开计算图

计算图是用来形式化一组计算结构的方式，比如涉及输入、输出、参数映射以及损失函数的计算。如图 8-17 所示，x 表示输入变量，h 表示隐变量，箭头表示连接关系，黑色方块表示计算，指向自身的箭头表示反复迭代。

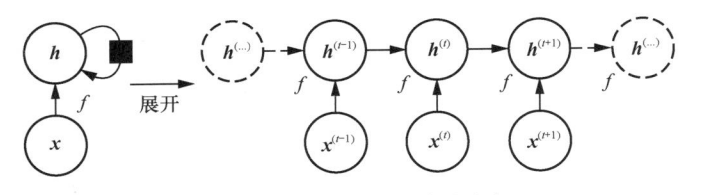

图 8-17 计算图展开效果示意

这样的循环结构可以通过展开来实现深度神经网络结构的参数共享。换句话说，无论是变量 x 还是隐变量 h，都增加了时间角标 t。从左向右看过去，就形成了序列。在前面讲解传统机器学习中的序列建模，比如自回归模型的时候，对于这种建模方式也举过类似例子。那么问题来了，这样的结构如何与神经网络结合呢？下面来看看 RNN 具体是如何实现的。

8.3.3 RNN结构

其实很简单，就是在隐藏层之间构建了循环层。如图 8-18 所示，输入 $\boldsymbol{X}$，输出 $\boldsymbol{O}$，$\boldsymbol{S}$ 是中间隐藏层，$\boldsymbol{U}$ 是输入层到隐藏层的权重矩阵，$\boldsymbol{V}$ 是隐藏层到输出层的权重矩阵，$\boldsymbol{W}$ 是隐藏层之间的权重矩阵。

这么看着还是不太直观，我们换个角度来加深理解循环层之间的连接关系，如图 8-19 所示。

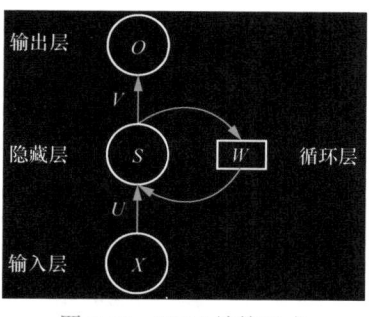

图 8-18　RNN 结构示意

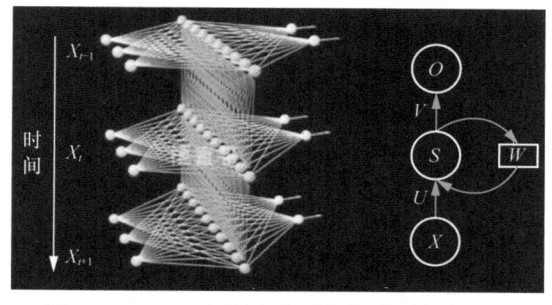

图 8-19　RNN 结构沿时间维度展开效果示意

左图中左侧红色小球 $\boldsymbol{x}_{t-1}$、$\boldsymbol{x}_t$、$\boldsymbol{x}_{t+1}$ 表示输入序列数据，对应右图的 $\boldsymbol{X}$。中间蓝色小球表示隐藏层，对应右图的 $\boldsymbol{S}$。绿色小球则表示输出层，对应右图的 $\boldsymbol{O}$。蓝色小球之间的连线则对应右图 $\boldsymbol{S}$ 和 $\boldsymbol{W}$ 之间的连线。左图横向的每层网络都可以看作一个完整的全连接神经网络，而正因为有了隐藏层之间的连线，它进化成了 RNN，模型由此具备了记忆能力。从层间的映射关系上看，由 $\boldsymbol{S} = f\left(\boldsymbol{UX} + \boldsymbol{b}\right)$ 变成了 $\boldsymbol{S} = f\left(\boldsymbol{UX} + \boldsymbol{WS}_{t-1} + \boldsymbol{b}\right)$，也就是多了和前面时刻状态的关系。

RNN 模型假定不同层（也就是不同时间步）共享同一个隐藏层权重矩阵 $\boldsymbol{W}$。这样既可以让隐藏层包含过去的全部信息，也能够减少模型参数的数量。当然你可能会在其他书中看到这种网络结构的不同表示。

比如图 8-20 中就把隐藏层状态用 $\boldsymbol{h}$ 来表示，输出损失用专门的节点 L 表示，相应的训练目标用 $\boldsymbol{y}$ 来表示，通过计算 $\boldsymbol{y}$ 和 $\boldsymbol{o}$ 之间的误差 L 来训练整个网络。注意，这里有三组权重参数 $\boldsymbol{U}$、$\boldsymbol{V}$ 和 $\boldsymbol{W}$，而只有一个损失函数，这三组参数是一起训练的。

$$\boldsymbol{a}^{(t)} = \boldsymbol{b} + \boldsymbol{W}\boldsymbol{h}^{(t-1)} + \boldsymbol{U}\boldsymbol{x}^{(t)}$$
$$\boldsymbol{h}^{(t)} = \tanh\left(\boldsymbol{a}^{(t)}\right)$$
$$\boldsymbol{o}^{(t)} = \boldsymbol{c} + \boldsymbol{V}\boldsymbol{h}^{(t)}$$
$$\hat{\boldsymbol{y}}^{(t)} = \text{softmax}\left(\boldsymbol{o}^{(t)}\right)$$

隐变量 $\boldsymbol{h}$ 的非线性变换是 $\tanh()$，其实是把上式中的 $\boldsymbol{a}$ 进行变换。预测 $\hat{\boldsymbol{y}} = \text{softmax}\left(\boldsymbol{o}\right)$，图上并没有清晰地表示出来。总损失等于不同时间步的损失之和，也等于负对数似然。

$$L = \sum_t L^{(t)} = -\sum_t \log p\left(\boldsymbol{y}^t \mid \boldsymbol{x}^1, \cdots, \boldsymbol{x}^t\right)$$

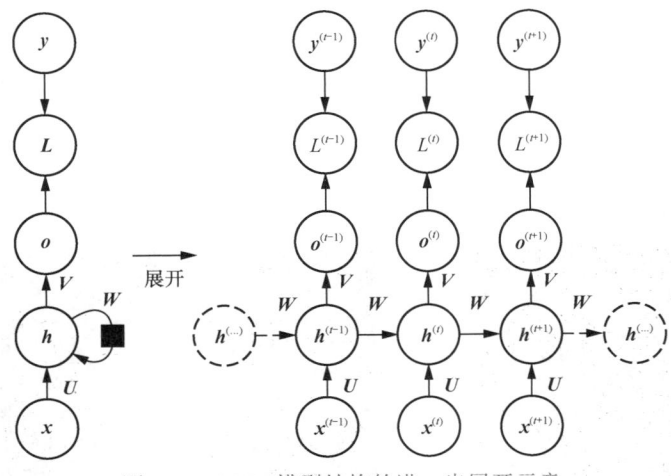

图 8-20   RNN 模型结构的进一步展开示意

有读者可能会问，这怎么体现出输出预测和训练目标之间的差呢？其实关键在于似然分布的假设，例如，我们前面讲过，如果它服从正态分布，就是均方误差（MSE）。

经典 RNN 模型有不同的结构变体。如图 8-21 所示，可以使用从输出 o_{t-1} 到隐藏层 $h^{(t)}$ 变量的反馈连接来循环，而不是从上一时间步的隐藏层变量 $h^{(t-1)}$。因为没有从 $h^{(t-1)}$ 前向传播的直接连接，所以之前 $h^{(t-1)}$ 仅通过产生的预测间接地连接到当前隐藏层变量 $h^{(t)}$，这简化了 RNN 结构，使它变得更容易训练。

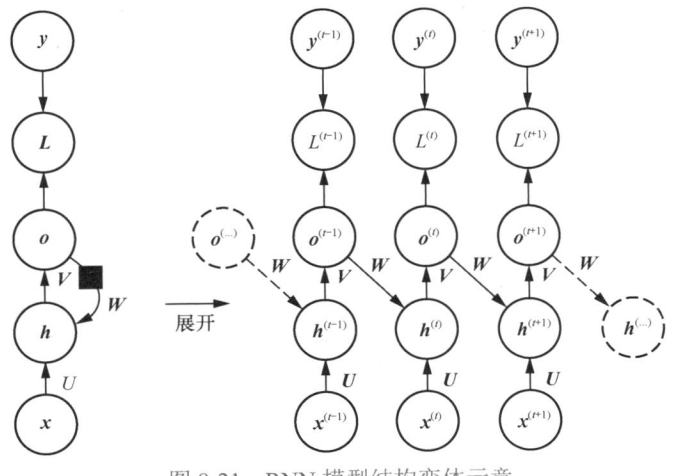

图 8-21   RNN 模型结构变体示意

8.3.4   训练模式

通常情况下，我们训练 RNN 时，倾向于采用自由模式，也就是把上一个时间步的输出作为下一时间步的输入。但这种方式可能会带来一些问题，例如学习速度慢、模型稳定性较差、预测能力不足等。

训练过程中，RNN 模型在早期阶段的预测能力常常非常弱，很难产生良好的结果。如果某个神经元生成了错误的预测，将对接下来的神经元学习过程产生负面影响，导致学习速度变慢，甚至模型难以收敛。为了解决这个问题，人们提出了一种叫作"教师强制"（teacher-forcing）的策略。

在"教师强制"策略中，我们在训练过程中不再把上一个时间步的输出作为下一个时间步的输入，而是直接使用训练数据集中的真值（ground truth）的相应部分作为下一时间步的输入。这种方法可以提升模型的性能，但在测试阶段，由于无法获取真实答案的支持，模型可能会受到训练与测试偏差的影响，使模型在实际应用中变得更加脆弱。因此，在实际使用时，我们需要根据具体情况来选择适合的方式。

8.3.5 小结

在本节中，我们主要介绍了 RNN。先从全连接网络的主要问题讲起，介绍了 RNN 的基本思想，即增加记忆模块实现对序列信息的捕获；然后在展开计算图的基础上，重点介绍了 RNN 的结构、函数变换形式、损失函数等；最后介绍了 RNN 的训练模式。

8.4 RNN的反向传播

了解了 RNN 模型的结构后，要想用数据训练一个这样的网络，就必须深入了解它的误差反向传播过程，否则很难凭想象理解一个 RNN 的权重是如何更新的。在本节中，我们就带你通过逐级推导损失梯度来充分理解反向传播过程。理解了这一过程后，其他各类 RNN 看起来都大同小异。

8.4.1 沿时间反向传播

RNN 的反向传播称为沿时间反向传播（back-propagation through time，BPTT），意为"回到过去"改变权重，如图 8-22 所示。

具体来说，先计算每个时间步 t 的损失 $L^{(t)}$，累加起来得到总损失 L，然后通过损失梯度 ∇L 来更新网络参数。根据链式求导法则，因为 L 是复合函数，要一层一层地求梯度。先来看看最外层求 L 对任意 $L^{(t)}$ 的偏导，因为 L 是各个时间步 $L^{(t)}$ 的和，所以结果为 1。

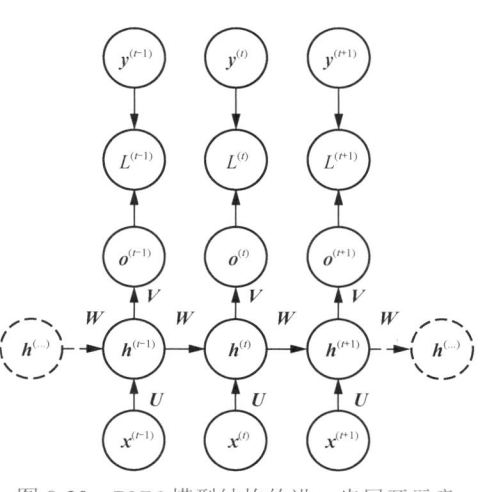

图 8-22 RNN 模型结构的进一步展开示意

$$L = \sum_t L^{(t)}, \quad \frac{\partial L}{\partial L^{(t)}} = 1$$

在图 8-22 中，从节点 $L^{(t)}$ 沿着箭头反向继续求 $o^{(t)}$ 的梯度。假定 $L^{(t)}$ 使用了交叉熵损失函数和 One-Hot 编码来表示实际的类别，根据链式求导法则，推导如下。

$$\left(\nabla_{o^{(t)}} L\right)_i = \frac{\partial L}{\partial o_i^{(t)}} = \frac{\partial L}{\partial L^{(t)}}\frac{\partial L^{(t)}}{\partial o_i^{(t)}} = \hat{y}_i^{(t)} - \mathbf{1}_{i, y^{(t)}}$$

其中，偏导数 $\frac{\partial L^{(t)}}{\partial o_i^{(t)}}$ 描述了 $o_i^{(t)}$ 发生微小变化时 $L^{(t)}$ 会怎样变化，$\hat{y}_i^{(t)}$ 是模型在时间步 t 的预测概率，$\mathbf{1}_{i, y^{(t)}}$ 是实际的标签。如果 i 是正确的类别，那么 $\mathbf{1}_{i, y^{(t)}}$ 就是 1，否则为 0。

我们从整个模型最右侧，也就是序列的末尾时间步 τ 开始反向计算总损失 L 对隐藏层节点 $h^{(\tau)}$ 的梯度。根据输出方程 $o^{(t)} = c + Vh^{(t)}$，可得

$$\left(\nabla_{h^{(t)}} L\right)_i = V^\top \nabla_{o^{(t)}} L$$

然后，可以从时间步 $t = \tau - 1$ 到 $t = 1$ 反向迭代，沿时间反向传播梯度。还是以 t 时间步为例计算。它和最后一步不同，同时有两个子节点，因此梯度计算更复杂，是两部分的和。

$$a^{(t)} = b + Wh^{(t-1)} + Ux^{(t)}$$
$$h^{(t)} = \tanh\left(a^{(t)}\right)$$

这地方稍微有点难理解，但却是 RNN 反向传播的精华。

$$\begin{aligned}
\nabla_{h^{(t)}} L &= \left(\frac{\partial h^{(t+1)}}{\partial h^{(t)}}\right)^\top \left(\nabla_{h^{(t+1)}} L\right) + \left(\frac{\partial o^{(t)}}{\partial h^{(t)}}\right)^\top \left(\nabla_{o^{(t)}} L\right) \\
&= W^\top \left(\nabla_{h^{(t+1)}} L\right) \operatorname{diag}\left(1 - \left(h^{(t+1)}\right)^2\right) + V^\top \left(\nabla_{o^{(t)}} L\right)
\end{aligned}$$

前面是 $h^{(t+1)}$ 的损失向后传递，应用函数求导的链式法则，先对 L 求 $h^{(t+1)}$ 的导数，然后对 $h^{(t+1)}$ 求 $h^{(t)}$ 的导数。前者又是一个复合函数，$\operatorname{diag}(\cdot)$ 这项是对 $\tanh()$ 函数的导数，里面线性组合的偏导数就等于 W 的转置。后面是 o 传递过来的损失。这个式子看起来令人生畏，其实静下心来仔细看，不难理解推导的过程，主要是需要比较扎实的矩阵求导知识。

8.4.2　参数梯度

一旦获得了计算图内部节点的梯度，我们就可以得到关于参数节点的梯度。剩余参数的梯度可以由下式给出。

$$\nabla_c L = \sum_t \left(\frac{\partial \boldsymbol{o}^{(t)}}{\partial \boldsymbol{c}}\right)^{\top} \nabla_{\boldsymbol{o}^{(t)}} L = \sum_t \nabla_{\boldsymbol{o}^{(t)}} L$$

$$\nabla_b L = \sum_t \left(\frac{\partial \boldsymbol{h}^{(t)}}{\partial \boldsymbol{b}}\right)^{\top} \nabla_{\boldsymbol{h}^{(t)}} L = \sum_t \mathrm{diag}(1-(\boldsymbol{h}^{(t)})^2)\nabla_{\boldsymbol{h}^{(t)}} L$$

$$\nabla_v L = \sum_t \sum_i \left(\frac{\partial L}{\partial o_i^{(t)}}\right)\nabla_v o_i^{(t)} = \sum_t (\nabla_{\boldsymbol{o}^{(t)}} L)\boldsymbol{h}^{(t)\top}$$

$$\nabla_W L = \sum_t \sum_i \left(\frac{\partial L}{\partial h_i^{(t)}}\right)\nabla_{W^{(t)}} h_i^{(t)}$$
$$= \sum_t \mathrm{diag}\left(1-(\boldsymbol{h}^{(t)})^2\right)(\nabla_{\boldsymbol{h}^{(t)}} L)\boldsymbol{h}^{(t-1)\top}$$

$$\nabla_U L = \sum_t \sum_i \left(\frac{\partial L}{\partial h_i^{(t)}}\right)\nabla_{U^{(t)}} h_i^{(t)}$$
$$= \sum_t \mathrm{diag}\left(1-(\boldsymbol{h}^{(t)})^2\right)(\nabla_{\boldsymbol{h}^{(t)}} L)\boldsymbol{x}^{(t)\top}$$

上述推导过程比较冗长繁杂，我们这里就不具体讲解了。最核心的就是前面刚讲的，每个隐变量都来自后续时刻和当前时刻输出两方面的损失和，这是和传统反向传播不同的地方。有了这些参数的梯度，就可以根据各种梯度下降算法及其变体来迭代更新权重参数了。

从这个推导过程也能看出，经典 RNN 各个参数的训练是一起进行的，一个序列数据进来，求得各个时间步的总损失，然后反向传播，再整体迭代网络参数。这也是上述公式中都有对 t 求和的运算的原因。不同参数无法做到时间上解耦，这也是网络相对难以训练的原因。不过理解了这个推导的过程，也就从根本上知道了 BPTT 算法或者 RNN 训练的本质，其他变体就会更加容易理解了。

 小　　白：为什么 RNN 要整体进行迭代呢？一步一迭代更新不行吗？

梗直哥：对于序列数据的训练，用完整的序列进行迭代才能真正地学到句子的完整语义信息。缺失了序列里的任意一部分，语义就是不完整的哦。

8.4.3　小结

在本节中，我们讲解了 RNN 沿时间反向传播算法的原理和参数梯度的推导公式。序列数据前向传播，计算各时间步预测值，与训练目标值比较，计算总损失 L，再反向传播求各个参数梯度，根据梯度就可以更新模型参数了。

8.5　时间序列数据预测

在之前的章节中，我们详细了解了 RNN 模型的原理，并且明确了 RNN 模型在处理序列数据建模方面的优势。接下来，我们将通过实际代码构建一个基于 RNN 的时间序列数据预测模型。

8.5.1 数据集准备

首先是数据集的引入，这里我们使用包 pandas_datareader，其中有许多国外金融数据集，非常方便。GS10 数据集是近 5 年月度美国 10 年期国债固定收益，我们直接调用 get_data_fred() 方法，传入的参数就是数据集名 GS10。可以看到从 2018 年以来每月 1 日的国债固定收益率。

```
import pandas_datareader as pdr
gs10 = pdr.get_data_fred('GS10')
print(gs10.head())
DATE        GS10
2018-09-01  3.00
2018-10-01  3.15
2018-11-01  3.12
2018-12-01  2.83
2019-01-01  2.71
```

可以直接用 Matplotlib 更清晰地展示收益率变化曲线，如图 8-23 所示。这里横轴是时间轴，纵轴是收益率，非常清晰。从图中大家可以看出什么规律吗？这种序列数据，我们没办法直接拿过来使用，需要对其进行预处理。

```
import matplotlib.pyplot as plt
plt.plot(gs10)
plt.show()
```

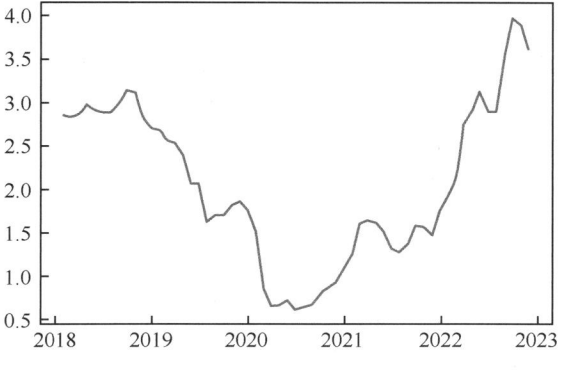

图 8-23　GS10 数据变化曲线

数据预处理的方法也比较简单，就是对原始数据进行切分。我们要构建一个序列模型，也就是用 $x_{t-1}, x_{t-2}, \cdots, x_{t-n}$ 这一串数据去预测 x_t，其中 n 是一个超参数，表示要用多少数据去预测下一个数据。比如我们设置 $n = 6$，每次步进一个时间步，就相当于构建了如图 8-24 所示的这样一组数据集，然后每次用前 6 个元素组成的序列去预测第 7 个元素。

• 目标

$$x_{t-1},\ x_{t-2},\ \ldots\ ,\ x_{t-n} \Longrightarrow x_t$$

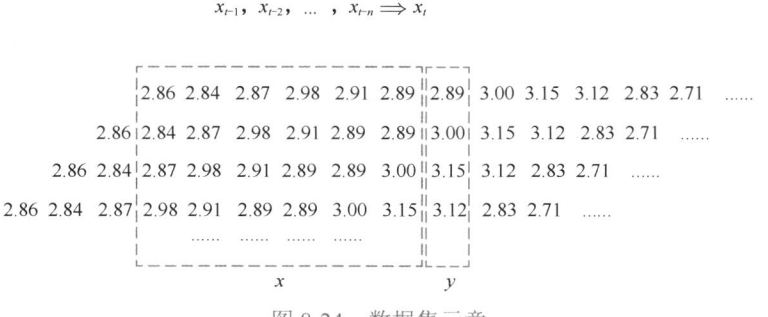

图 8-24　数据集示意

为此，我们需要对数据集进行处理，生成形如$x_t = x_{t-1},\cdots,x_{t-n}$、$y_t = x_t$这样的一组数据。

定义 num 为数据集的长度，这里一共有 59 条数据。让 x 等于数据集的全部数据，并转化成 PyTorch 的 tensor 格式。预测序列的长度，即超参数 n，也是输入序列的长度，设置为 6。batch_size 就是一次性放入多少条数据去训练，设置为 4。

接下来构建特征向量矩阵，这里使用全零初始化，行数是 num - seq_len，列数是 seq_len。列数是 seq_len 很好理解，因为每行数据都是要输入的序列，所以序列长度就是数据的列数。行数为什么不是 num，而是 num - seq_len 呢？因为最初的几条数据无法用来构建数据集，它们缺失了更早的时间序列信息，从第 n 条数据开始，我们才能构建完整的数据集，所以行数是 num - seq_len。y_label 就是真实结果列表。最后，把切分好的数据集放进 DataLoader 里面，以便后面读取。

```python
import torch
from torch.utils.data import DataLoader, TensorDataset

num = len(gs10)                           # 总数据量
x = torch.tensor(gs10['GS10'].to_list())  # 数据列表
seq_len = 6                               # 预测序列长度
batch_size = 4                            # 设置批大小

X_feature = torch.zeros((num - seq_len, seq_len))     # 全零初始化特征矩阵, num-seq_len行, seq_len列
for i in range(seq_len):
    X_feature[:, i] = x[i: num - seq_len + i]   # 为特征矩阵赋值
    y_label = x[seq_len:].reshape((-1, 1))      # 真实结果列表

train_loader = DataLoader(TensorDataset(X_feature[:num-seq_len],
    y_label[:num-seq_len]), batch_size=batch_size, shuffle=True)  # 构建数据加载器
```

打印 train_loader 中的数据看一下，没问题，我们的目的就是用第一行的 6 个数预测下面第一个数 2.89，然后用第二行的 6 个数预测下面第二个数 3.00，以此类推。

```python
train_loader.dataset[:batch_size]
(tensor([[2.8600, 2.8400, 2.8700, 2.9800, 2.9100, 2.8900],
         [2.8400, 2.8700, 2.9800, 2.9100, 2.8900, 2.8900],
         [2.8700, 2.9800, 2.9100, 2.8900, 2.8900, 3.0000],
```

```
              [2.9800, 2.9100, 2.8900, 2.8900, 3.0000, 3.1500]]),
      tensor([[2.8900],
              [3.0000],
              [3.1500],
              [3.1200]]]))
```

8.5.2 构建模型

数据集有了，不急着用 RNN，先看看用普通神经网络的预测结果如何。这里我们定义了仅有单个隐藏层的神经网络，使用 ReLU 激活函数。下面定义了一些超参数，包括输入维度 6，输出维度 1，隐藏层维度 10，学习率 0.01。然后建立模型，因为是回归任务，损失函数使用均方误差（MSE），优化器选择效果较好的 Adam 优化器。

```python
from torch import nn
from tqdm import *

class Model(nn.Module):
    def __init__(self, input_size, output_size, num_hiddens):
        super().__init__()
        self.linear1 = nn.Linear(input_size, num_hiddens)
        self.linear2 = nn.Linear(num_hiddens, output_size)


    def forward(self, X):
        output = torch.relu(self.linear1(X))
        output = self.linear2(output)
        return output

# 定义超参数
input_size = seq_len
output_size = 1
num_hiddens = 10
lr = 0.01

# 构建模型
model = Model(input_size, output_size, num_hiddens)
criterion = nn.MSELoss(reduction='none')
trainer = torch.optim.Adam(model.parameters(), lr)
```

模型有了，下一步是训练，对于这部分代码大家应该早已了然于心，此处不再赘述。直接看一下经过 20 个 epoch 迭代训练后的效果，损失降低到了略大于 0.1，如图 8-25 所示。

```python
num_epochs = 20
loss_history = []


for epoch in tqdm(range(num_epochs)):
    # 批量训练
    for X, y in train_loader:
        trainer.zero_grad()
        y_pred = model(X)
        loss = criterion(y_pred, y)
        loss.sum().backward()
        trainer.step()
```

```
    # 输出损失
    model.eval()
    with torch.no_grad():
        total_loss = 0
        for X, y in train_loader:
            y_pred = model(X)
            loss = criterion(y_pred, y)
            total_loss += loss.sum()/loss.numel()
        avg_loss = total_loss / len(train_loader)
        print(f'Epoch {epoch+1}: Validation loss = {avg_loss:.4f}')
        loss_history.append(avg_loss)

# 绘制损失和准确率的曲线图
import matplotlib.pyplot as plt
plt.plot(loss_history, label='loss')
plt.legend()
plt.show()
100%|████████████████| 20/20 [00:00<00:00, 130.13it/s]
...
Epoch 5: Validation loss = 0.2106
Epoch 10: Validation loss = 0.1578
Epoch 15: Validation loss = 0.1331
Epoch 20: Validation loss = 0.1159
```

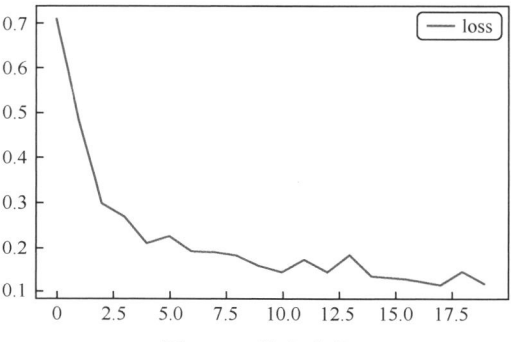

图 8-25　损失曲线

接着看一下预测效果。这里采用的是单步预测，也就是用序列模型对序列数据进行预测时只预测序列的下一个元素。其中，preds 是预测结果，time 是时间轴。图 8-26 绘制出了预测值和真实值的差异，可以看到普通神经网络模型的拟合结果大体上还是不错的，能够反映出数据的变化趋势，不过预测曲线的滞后性比较明显。

```
preds = model(X_feature)
time = torch.arange(1, num+1, dtype= torch.float32)   # 时间轴

plt.plot(time[:num-seq_len], gs10['GS10'].to_list()[seq_len:num], label='gs10')
plt.plot(time[:num-seq_len], preds.detach().numpy(), label='preds')
plt.legend()
plt.show()
```

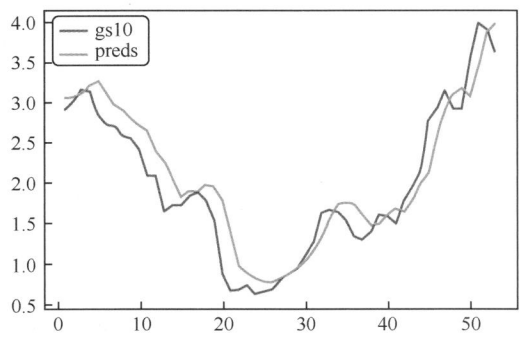

图 8-26　预测结果与真实值曲线对比

再往下重点来了，我们看看 RNN 模型的预测效果。首先还是数据预处理，一般神经网络的模型结构如图 8-27 所示。

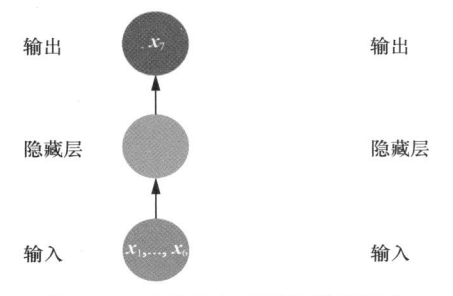

图 8-27　全连接神经网络模型示意

输入 $x_1, \cdots, x_6$ 的向量，输出 x_7 的预测值，属于 "N 到 1" 横式。不同于一般网络，RNN 的模型结构如图 8-28 所示。

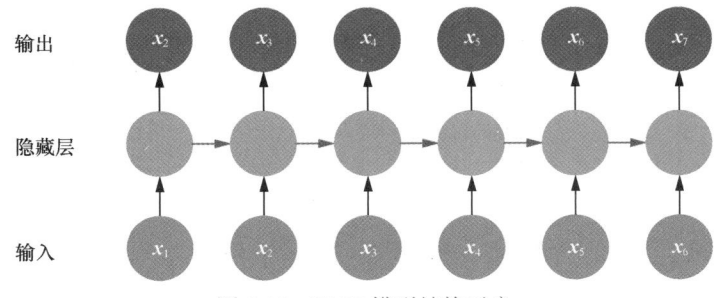

图 8-28　RNN 模型结构示意

对于输入序列 x_1 到 x_6，并不是一次性全部输入网络中，而是先输入 x_1，经过隐藏层计算，输出 x_2；再输入 x_2，结合前一个时间步的共享权重矩阵计算出 x_3，以此类推。当整个序列的全部预测结束之后，再计算整体损失，并更新参数，属于 "N 到 N" 模式。

此时，模型的输出不再是一个简单的标量，而是 $x_2,\cdots,x_7$ 这样一个向量。因此我们构建数据集的代码时也要进行相应调整，Y_label 从一个向量变成了一个二维矩阵，形状和输入 X_feature 一致，其他地方不变。另外，为了使用 RNN 进行计算，我们对 X_feature 进行了一个升维操作 unsqueeze(2)。

```python
import torch
from torch.utils.data import DataLoader, TensorDataset

num = len(gs10)                              # 总数据量, 59
x = torch.tensor(gs10['GS10'].to_list())     # 数据列表
seq_len = 6                                   # 预测序列长度
batch_size = 4                                # 设置批大小

X_feature = torch.zeros((num - seq_len, seq_len))     # 构建特征矩阵, num-seq_len行,
seq_len列, 初始值均为0
Y_label = torch.zeros((num - seq_len, seq_len))       # 构建标签矩阵, 形状同特征矩阵
for i in range(seq_len):
    X_feature[:, i] = x[i: num - seq_len + i]      # 为特征矩阵赋值
    Y_label[:, i] = x[i+1: num - seq_len + i + 1]  # 为标签矩阵赋值

train_loader = DataLoader(TensorDataset(
    X_feature[:num-seq_len].unsqueeze(2), Y_label[:num-seq_len]),
    batch_size=batch_size, shuffle=True)  # 构建数据加载器
```

数据集就绪，就要构建 RNN 模型了，这里增加了一个接收参数 n_layers，表示要用几层 RNN。_ _init_ _() 部分将原本的全连接层改为 RNN 层。forward() 部分增加了一个 state 权重参数矩阵，这是 RNN 记忆能力的核心。后面定义了一个 begin_state() 方法，用于初始化 state 矩阵，方法是全零初始化。

定义超参数，前面我们讲过，每个序列其实是逐个元素输入，再逐个元素输出，所以 input_size 和 output_size 都设置为 1。隐藏层大小不变，RNN 层数也设置为 1，这部分代码不变。

```python
from torch import nn
from tqdm import *

class RNNModel(nn.Module):
    def _ _init_ _(self, input_size, output_size, num_hiddens, n_layers):
        super(RNNModel, self)._ _init_ _()
        self.num_hiddens = num_hiddens
        self.n_layers = n_layers
        self.rnn = nn.RNN(input_size, num_hiddens, n_layers, batch_first = True)
        self.linear = nn.Linear(num_hiddens, output_size)

    def forward(self, X):
        batch_size = X.size(0)
        state = self.begin_state(batch_size)
        output, state = self.rnn(X, state)
        output = self.linear(torch.relu(output))
        return output, state

    def begin_state(self, batch_size=1):
        return torch.zeros(self.n_layers, batch_size, self.num_hiddens)
```

```
# 定义超参数
input_size = 1
output_size = 1
num_hiddens = 10
n_layers = 1
lr = 0.01

# 构建模型
model = RNNModel(input_size, output_size, num_hiddens, n_layers)
criterion = nn.MSELoss(reduction='none')
trainer = torch.optim.Adam(model.parameters(), lr)
```

构建好模型，剩下的就是训练和预测了，同样训练 20 个 epoch，让我们看一下模型的效果。

```
num_epochs = 20
rnn_loss_history = []

for epoch in tqdm(range(num_epochs)):
    # 批量训练
    for X, Y in train_loader:
        trainer.zero_grad()
        y_pred, state = model(X)
        loss = criterion(y_pred.squeeze(), Y.squeeze())
        loss.sum().backward()
        trainer.step()
    # 输出损失
    model.eval()
    with torch.no_grad():
        total_loss = 0
        for X, Y in train_loader:
            y_pred, state = model(X)
            loss = criterion(y_pred.squeeze(), Y.squeeze())
            total_loss += loss.sum()/loss.numel()
        avg_loss = total_loss / len(train_loader)
        print(f'Epoch {epoch+1}: Validation loss = {avg_loss:.4f}')
        rnn_loss_history.append(avg_loss)

# 绘制损失曲线图
import matplotlib.pyplot as plt
plt.plot(loss_history, label='loss')
plt.plot(rnn_loss_history, label='RNN_loss')
plt.legend()
plt.show()
100%|████████████| 20/20 [00:00<00:00, 63.90it/s]
...
Epoch 5: Validation loss = 0.4029
Epoch 10: Validation loss = 0.0751
Epoch 15: Validation loss = 0.0517
Epoch 20: Validation loss = 0.0457
```

训练过程中损失的变化如图 8-29 所示，相较于全连接网络，RNN 起始时的损失比较大，这是因为 RNN 的损失是整个序列的损失，但 RNN 最终收敛得更好。

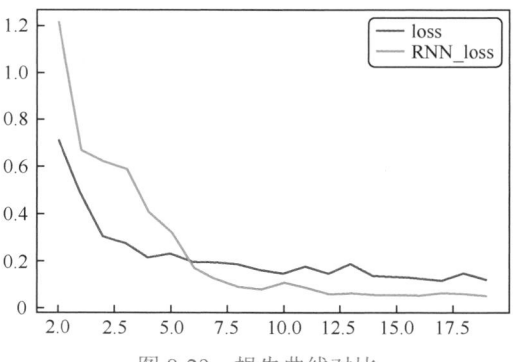

图 8-29　损失曲线对比

最后是预测部分，同样采用单步预测，这里我们把传统神经网络、RNN 的预测值以及真实值都打印出来以便对比，如图 8-30 所示。可以看到，绿色的 RNN 预测结果和蓝色的真实值更加贴合，效果要好于橙色的传统神经网络模型。

```
rnn_preds,_ = model(X_feature.unsqueeze(2))
preds.squeeze()
time = torch.arange(1, num+1, dtype= torch.float32)      # 时间轴

plt.plot(time[:num-seq_len], gs10['GS10'].to_list()[seq_len:num], label='gs10')
plt.plot(time[:num-seq_len], preds.detach().numpy(), label='preds')
plt.plot(time[:num-seq_len], rnn_preds[:,seq_len-1].detach().numpy(), label='RNN_
preds')
plt.legend()
plt.show()
```

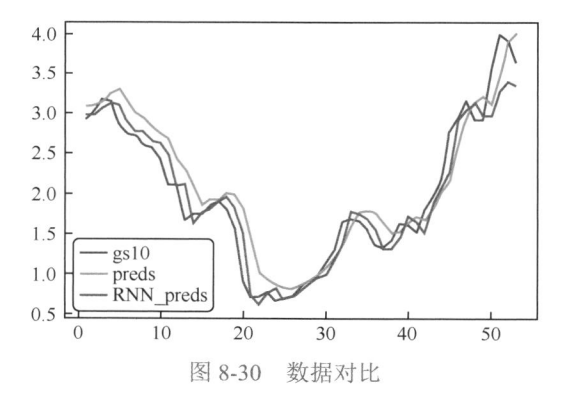

图 8-30　数据对比

8.5.3　小结

在本节中，我们通过代码实现了 RNN 的两种关键模式——"N 到 1" 和 "N 到 N"，从而直观地展示了 RNN 的记忆能力。这一能力主要通过 RNN 的状态（state）模块得以体现，它使

得 RNN 能够保持对之前输入的记忆，这对于序列数据的处理至关重要。此外，我们的实验结果也展示了相较于传统神经网络，RNN 在处理此类数据时有更为出色的性能。

8.6　编解码器思想及Seq2Seq模型

传统 RNN 输入和输出序列是等长的，这显然限制了它的应用范围。在很多实际问题中，输入和输出序列的数据长度是不相等的，比如机器翻译。在本节中，我们将介绍一种特别重要的 RNN 变体：编码器－解码器结构。这一看似简单的结构背后蕴含的工程思想非常值得我们学习和研究。可以说，它是解决一大类问题的通行思路。

8.6.1　编解码器思想

在日常生活中，我们对编码器－解码器结构并不陌生。电话就是典型的例子，如图 8-31 所示，它将声音信号调制成电信号，经过传输之后，在另一端再将电信号还原成声音信号。这样，对方就能在千里之外听到你的声音。其中，电信号是声音信号的另一种表示。

图 8-31　编解码器思想示意

在机器学习中，很多问题都可以抽象为类似的模型。例如，机器翻译将一种语言的句子转化成另一种语言；自动从一段文字中提取出摘要；为图像生成文字解说或者根据一段文字描述生成图像等。在这些应用中，都需要将输入数据转化成另一种输出数据，并在二者之间建立概率关系。

你可能会问，直接用一个函数 $y=f(x)$ 完成这种转化不行吗？通常讲，这样做可能会存在很多困难。比如，对机器翻译来说，输入和输出的长度是不固定的，二者很可能不相等。因此，我们需要先把输入数据 x 转化成中间数据 z，再从 z 映射出 y。这就是图 8-32 所示的编码器－解码器结构了。

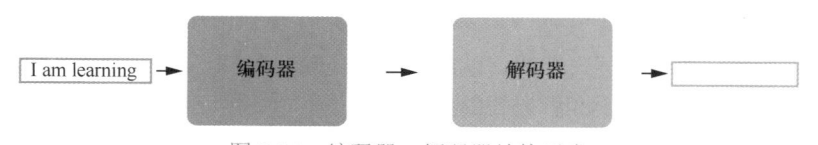

图 8-32　编码器－解码器结构示意

　　需要注意的是，编码器－解码器作为一种高层次的设计框架，并不与任何具体的神经网络结构强关联或强绑定。理论上，编码器可以使用各种不同的神经网络结构，如 CNN、RNN 等，但历史上来看，这种设计在机器翻译和本节要介绍的 Seq2Seq 模型中获得了更为广泛的应用和关注。

8.6.2　序列到序列学习

　　序列到序列（sequence to sequence，Seq2Seq）模型和编解码器结构本质上描述的是相同的架构，只是应用范围有细微的差别。Seq2Seq 模型最初是在机器翻译领域获得广泛关注的，可以认为它是编解码器的一个特定应用，更专注于序列数据。而编解码器结构作为一个更广泛的框架，可以包括各种各样输入和输出数据类型的转换。二者均来自 2014 年的研究成果。Seq2Seq 模型是 Sutskever 等人在谷歌团队的工作，他们在论文中使用了《破解深度学习（核心篇）：模型算法与实现》要讲到的长短期记忆网络（LSTM）作为 RNN Cell 编解码器结构由 Yoshua Bengio 团队提出，使用了另一种 RNN 变体 GRU 作为 RNN Cell。

　　在机器翻译中，将一种语言的句子翻译成另一种语言之后，句子的长度即词数量一般是不相等的。例如英文句子"how are you"是 3 个词组成的序列，翻译成中文为"你好"，由 2 个汉字组成。日英翻译类似，比如图 8-33 中的例子。标准的 RNN 无法处理这种输入序列和输出序列长度不相等的情况，而 Seq2Seq 模型就是专为解决这类问题而提出的。它由两个 RNN 组成，分别称为编码器和解码器，实现从一个序列到另一个序列的映射。

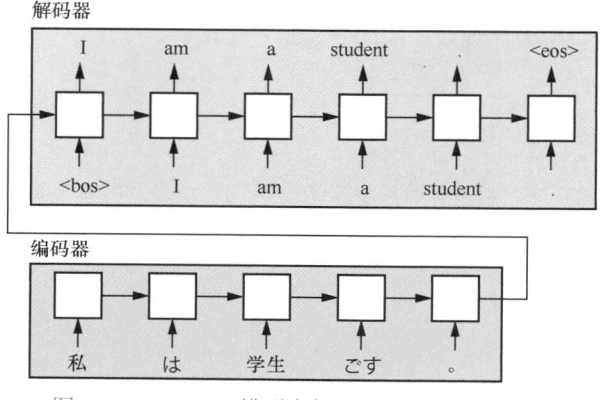

图 8-33　Seq2Seq 模型在机器翻译中的效果示意

　　对于机器翻译，编码器依次处理源序列的每个词，最终得到语义向量 **c**。解码器以 ***bos***（句子开头）为输入，根据 c 和 bos 预测下一个词的概率，选择其中概率最高的词。然后，将该词与 c 一起输入解码器，再预测下一个词，以此类推，直到出现 eos（句子结尾），翻译结束。

下面我们详细地讲解编码器和解码器的工作原理。

8.6.3　编码器

如图 8-34 所示，编码器的功能是把不定长的输入序列转化为定长的上下文变量 c，并在该变量中编码输入序列的信息。

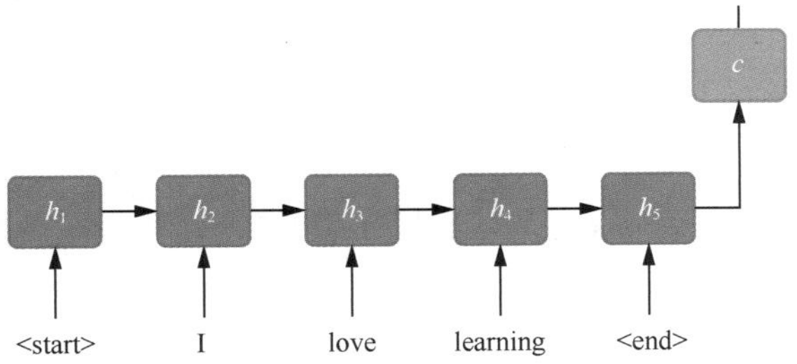

图 8-34　编码器结构示意

假设输入序列为 $x_1,\cdots,x_T$，其中 x_i 是输入句子中的第 i 个词。在每一时间步，输入词 x_t 的词向量会经过一次矩阵投影加上偏置项，然后经过激活函数的处理得到当前时间步的隐状态 h_t。如果使用 Sigmoid 激活函数 σ，编码器中时间步 t 的隐状态可以用下面的公式表示。

$$h_t = \sigma\left(W_h h_{t-1} W_x x_t + b\right)$$

其中，W_h 和 W_x 是权重矩阵，b 是偏置项。上式中当前时间步的隐状态 h_t 既取决于当前输入 x_t，也取决于上一时间步的隐状态 h_{t-1}。

编码器通过自定义函数 q 将所有时间步的隐状态转化为上下文变量 $c = q\left(h_1,\cdots,h_T\right)$。这个上下文变量 c 可以看成输入序列的语义表示，概括了输入序列的信息。注意，它并没有直接对输入序列进行编码，而是对输入序列对应的隐状态进行了编码。

小　白：编码器只能用 RNN 吗？

梗直哥：一般情况下，编码器的网络可以是 RNN、注意力网络或者 CNN。当然，解码器也是一样哦。

有了编码器和上下文变量 c，接下来我们看看如何设计解码器？

8.6.4　解码器

解码器通过解读上下文变量 c 中的信息生成输出序列。在解码阶段的每个时间步 t'，解码器根据之前的输出序列 $y_1,\cdots,y_{t'-1}$ 和上下文变量 c 计算出输出 $y_{t'}$ 的条件概率 $P\left(y_{t'} \mid y_1,\cdots,y_{t'-1},c\right)$。

$$P\left(\boldsymbol{y}_1,\cdots,\boldsymbol{y}_{T'}\,|\,\boldsymbol{c}\right)=\prod_{t'=1}^{T}P\left(\boldsymbol{y}_{t'}\,|\,\boldsymbol{y}_1,\cdots,\boldsymbol{y}_{t'-1},\boldsymbol{c}\right)$$

最终的目标是得到一个概率最大的输出序列，因为概率越大表明这个输出序列可能越合理。具体来说，最大化输出序列的条件概率等价于最小化其负对数值，也就是交叉熵损失函数。有了损失函数，就可以使用优化方法来学习模型参数了。

$$\max\left[P\left(\boldsymbol{y}_1,\cdots,\boldsymbol{y}_{T'}\,|\,\boldsymbol{c}\right)\right]\Leftrightarrow\min\left[-\log P\left(\boldsymbol{y}_1,\cdots,\boldsymbol{y}_{T'}\,|\,\boldsymbol{c}\right)\right]$$

解码器每个时间步的隐藏层节点都会有 3 个输入，分别是上一时间步的输出$\boldsymbol{y}_{t'-1}$、上下文变量$\boldsymbol{c}$以及上一时间步的隐状态$\boldsymbol{s}_{t'-1}$。当前时间步的输出$\boldsymbol{y}_{t'}$会作为下一时间步的输入，这是一个递归的过程，直到生成输出序列为止。

将上一时间步的隐状态$\boldsymbol{s}_{t'-1}$做一次矩阵投影（projection）再进行一次 Softmax 变换即可得到上一时间步的输出$\boldsymbol{y}_{t'-1}$，上下文变量$\boldsymbol{c}$的构造在前面编码器部分已经讲了，那么解码器中的隐状态$\boldsymbol{s}_{t'}$如何得到呢？

在输出序列的时间步t'，解码器将上一时间步的输出$\boldsymbol{y}_{t'-1}$以及上下文变量$\boldsymbol{c}$作为输入，并将它们与上一时间步的隐状态$\boldsymbol{s}_{t'-1}$变换为当前时间步的隐状态$\boldsymbol{s}_{t'}$。

$$P\left(\boldsymbol{y}_{t'}\,|\,\boldsymbol{y}_1,\cdots,\boldsymbol{y}_{t'-1}\right)=P\left(\boldsymbol{y}_{t'-1},\boldsymbol{s}_{t'},\boldsymbol{c}\right)$$
$$s_{t'}=g\left(\boldsymbol{y}_{t'-1},\boldsymbol{c},\boldsymbol{s}_{t'-1}\right)$$

其中，第一个式子应用了马尔可夫假设，即当前输出$\boldsymbol{y}_{t'}$只依赖前一时刻的输出$\boldsymbol{y}_{t'-1}$、当前的状态$\boldsymbol{s}_{t'}$和上下文$\boldsymbol{c}$，而不依赖之前所有的输出序列。它在许多序列模型中被用来简化计算和模型的复杂度。第二个式子，也就是状态更新函数，则是 RNN 的核心，它定义了如何根据新的输入和之前的状态来更新当前状态。

8.6.5 模型训练

根据最大似然估计，我们可以最大化输出序列基于输入序列的条件概率：

$$P\left(\boldsymbol{y}_1,\cdots,\boldsymbol{y}_{T'}\,|\,\boldsymbol{x}_1,\cdots,\boldsymbol{x}_T\right)=\prod_{t'=1}^{T'}P\left(\boldsymbol{y}_{t'}\,|\,\boldsymbol{y}_1,\cdots,\boldsymbol{y}_{t'-1},\boldsymbol{x}_1,\cdots,\boldsymbol{x}_T\right)=\prod_{t'=1}^{T'}P\left(\boldsymbol{y}_{t'}\,|\,\boldsymbol{y}_1,\cdots,\boldsymbol{y}_{t'-1},\boldsymbol{c}\right)$$

并得到该输出序列的损失：

$$\log P\left(\boldsymbol{y}_1,\cdots,\boldsymbol{y}_{T'}\,|\,\boldsymbol{x}_1,\cdots,\boldsymbol{x}_T\right)=-\sum_{t'-1}^{T'}\log P\left(\boldsymbol{y}_{t'}\,|\,\boldsymbol{y}_1,\cdots,\boldsymbol{y}_{t'-1},\boldsymbol{c}\right)$$

在模型训练中，我们通过最小化这个损失函数来得到模型参数。

8.6.6 束搜索算法

在前面讲的编码器 - 解码器学习中，模型的输出是逐个时间步依次获得的，而且前面时间步的结果还会影响后面时间步的结果。也就是说，在每个时间步，模型输出的都是基于历史生成结果的条件概率。比如，在文本生成任务中，每个时间步可能的输出种类称为字典大小，中文约为 6000，也就是常用汉字的个数，英文可能更多一些，一般来说有 3 万个。在如此大的基数下，考虑遍历多个时间步构成的整个生成空间是不现实的。

如何解决呢？最容易想到的策略是贪心搜索，即在每个时间步都取出条件概率最大的输出，再将从开始到当前时间步的结果作为输入去获得下个时间步的输出，直到模型给出生成结束的标志。这是什么意思呢？下面举一个具体示例来帮助大家理解。如图 8-35 所示，黑色突出显示的方块对应在每个时间步 t 具有最大条件概率的词。条件概率最大的单词在第一个时间步中是 the，在第二个时间步中是 last 等。因此，解码器预测的序列输出为 "the last global war is abbreviated as WWII"。简单说，就是每个时间步都选最大值。

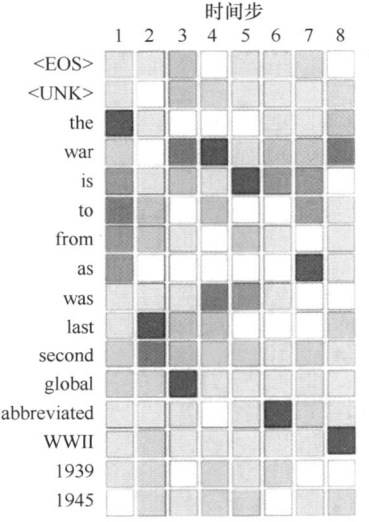

图 8-35　贪心搜索效果示意

很明显，这样做将原来指数级大小的求解空间直接压缩到了与长度线性相关。不过，这样一来，由于丢弃了绝大多数可能的解，这种关注当下的策略无法保证最终得到的序列概率是最优的。

束搜索（Beam Search）是对贪心策略的改进。其思路很简单，就是稍微放宽考察的范围。束搜索有一个名为 beam_size 的参数。在每个时间步，不再只保留当前条件概率最大的一个输出，而是保留 beam_size 个。当 beam_size =1 时束搜索就退化成了贪心搜索。在图 8-36 所示的例子中，beam_size=3，这样 4 个时间步后形成了 3 个序列。

- 序列 1 — the last global war — ($0.35 \times 0.4 \times 0.1 \times 0.21$) ≈ 0.0029
- 序列 2 — the second war was — ($0.35 \times 0.2 \times 0.25 \times 0.2$) $= 0.0035$
- 序列 3 — the war was the — ($0.35 \times 0.1 \times 0.15 \times 0.17$) ≈ 0.00089

根据贪心搜索算法，我们选择序列 1，因为贪心搜索找到的最大概率出现在第二个标记中（last = 0.4），它继续从这个唯一的分支生成标记。然而，如果我们使用束搜索算法，具有最大概率的序列却是序列 2。

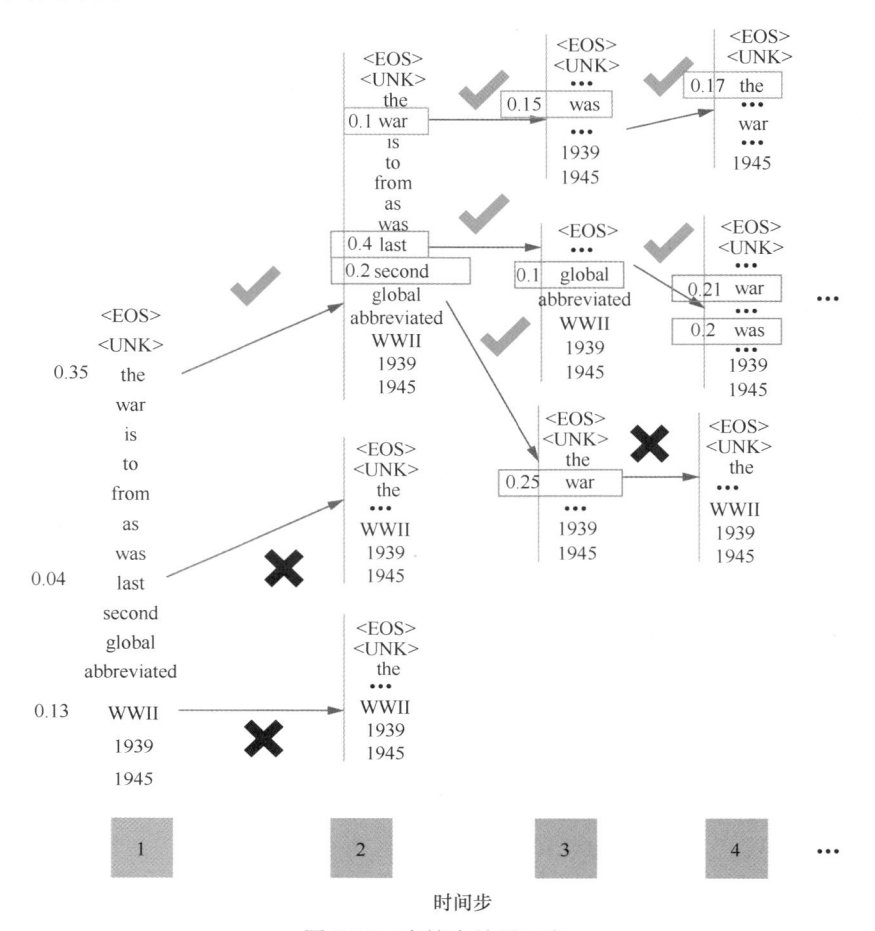

图 8-36 束搜索效果示意

上面这种序列概率连乘的结果有可能导致一个很小的数，为了解决这个问题，通常使用对数形式把乘法变成加法，也就是使用下面的公式：

$$\log P\left(\boldsymbol{y}_1, \boldsymbol{y}_2, \cdots, \boldsymbol{y}_{T'} \mid \boldsymbol{c}\right) = \sum_{t=1}^{T'} \log P\left(\boldsymbol{y}_t \mid \boldsymbol{y}_1, \boldsymbol{y}_2, \cdots, \boldsymbol{y}_{t-1}, \boldsymbol{c}\right)$$

作为一种启发式搜索算法，束搜索具有如下优点：

- 高效，能够同时生成多个序列，因此比顺次生成序列的其他搜索算法快得多；
- 通常能够生成高质量的结果，因为它只考虑序列中最可能的元素，而不是所有可能的元素；

- 通过追踪多个序列，可以生成一组多样化的输出，而不仅仅是一个答案。

然而，束搜索的缺点也很明显：

- 单个序列的生成速度变慢，可以发现，束搜索在每一时间步需要考察的候选数是贪心搜索的 beam_size 倍，因此是一种牺牲时间换性能的方法；
- 需要很大内存来追踪所有可能的序列，这对于大规模数据可能不太现实；
- 这类方法仅适用于确定性模型，而不适用于概率模型。

8.6.7 小结

本节深入讲解了一类非常重要的模型，即编解码器结构。这类结构体现的是一种思想和模型设计的模式。实际上，许多重要的工作，例如变分自编码器（VAE）和接下来要介绍的 Transformer，都与编解码器结构密切相关。本节介绍的 Seq2Seq 模型可以看作编解码器在机器翻译任务中的特殊应用。它采用了 RNN 结构，多用于处理离散型数据，而第 9 章要讲的 Transformer 则采用了自注意力机制，后面《破解深度学习（核心篇）：模型算法与实现》将会讲解的 VAE 模型主要用于生成连续型数据，可以采用 CNN 等多种结构。

我们还详细介绍了从序列到序列学习的工作流程以及两个 RNN 是如何估计不同隐变量的。我们详细讲解了模型的训练过程，并解释了在自然语言处理中常用的束搜索，它的核心思想是在解码器输出序列数据时同时保留多个可能序列，搜索范围类似于波束状。

总体来说，编解码器结构以及相关的启发式搜索算法是深度学习中不可或缺的重要部分，它们在自然语言处理等领域发挥着重要的作用，为各类应用提供了强大的支持。

8.7 Seq2Seq模型代码实现

前面我们学习了编解码器结构相关的知识，了解了编码器和解码器，以及 Seq2Seq 模型的基本原理。这类模型特别适合机器翻译、文本摘要等内容生成的场景。在本节中，我们来介绍 Seq2Seq 模型的简单代码实现。

8.7.1 模型架构

如何构建一个 Seq2Seq 模型的基本架构呢？先定义编码器。

```python
import torch
import torch.nn as nn

class Encoder(nn.Module):
    def __init__(self, input_size, hidden_size, num_layers):
        super(Encoder, self).__init__()
        self.rnn = nn.RNN(input_size, hidden_size, num_layers) # RNN模型

    def forward(self, x, hidden):
        x, hidden = self.rnn(x, hidden)
```

```
        return hidden  # 只需要输出 hidden
```

可以看到，它实际上就是一个最简单的 RNN 模型。下面的解码器代码也是一样。

```
class Decoder(nn.Module):
    def _ _init_ _(self, output_size, hidden_size, num_layers):
        super(Decoder, self)._ _init_ _()
        self.rnn = nn.RNN(output_size, hidden_size, num_layers)  # RNN模型
        self.linear = nn.Linear(hidden_size, output_size)

    def forward(self, x, hidden):
        x, state = self.rnn(x, hidden)
        x = self.linear(x)
        return x, state
```

从上面代码可以看到，编码器只需要返回一个 hidden，而解码器的输入同时包括 x 和 hidden，也就是编码器的输出。

有了编码器和解码器，我们就可以定义 Seq2Seq 模型了。

```
class Seq2Seq(nn.Module):

    def _ _init_ _(self, encoder, decoder):
        super()._ _init_ _()
        self.encoder = encoder
        self.decoder = decoder

    def forward(self, encoder_inputs, decoder_inputs):
        return self.decoder(decoder_inputs, self.encoder(encoder_inputs))
```

输入 encoder 和 decoder，进行模型初始化，forward() 的输出就是解码器的输出。

8.7.2 Seq2Seq模型简单实现

接下来我们用一个例子演示 Seq2Seq 模型完整的建模过程。

先准备数据集。既然是 Seq2Seq，就需要两个序列，也称为平行语料。

```
# 数据集生成
soundmark = ['ei', 'bi:', 'si:', 'di:', 'i:', 'ef', 'dʒi:', 'eitʃ', 'ai',
'dʒei', 'kei', 'el', 'em', 'en', 'əu', 'pi:', 'kju:',
        'ɑ:', 'es', 'ti:', 'ju:', 'vi:', 'dʌblju:', 'eks', 'wai', 'zi:']

alphabet = ['a','b','c','d','e','f','g','h','i','j','k','l','m','n','o','p','q',
        'r','s','t','u','v','w','x','y','z']
```

这里 soundmark 是 26 个英文字母的读音，alphabet 则是对应的英文字母。我们要生成两个序列：一个是读音序列，另一个是字母序列。目标是根据读音序列生成字母序列。

我们定义几个参数，t 是数据总条数，r 是扰动项，它能够让数据集包含一定的错误信息，seq_len 序列长度设为 6，src_tokens 和 tgt_tokens 分别是源序列、目标序列列表。

```
import random

t = 10000 #总条数
r = 0.9   #扰动项
```

```
seq_len = 6
src_tokens, tgt_tokens = [],[] #源序列、目标序列列表
```

生成的代码中，我们以 r 也就是 0.9 的概率生成正确的序列值，以 0.1 的概率生成错误的序列值，目的是增加任务的难度。

```
for i in range(t):
    src, tgt = [],[]
    for j in range(seq_len):
        ind = random.randint(0,25)
        src.append(soundmark[ind])
        if random.random() < r:
            tgt.append(alphabet[ind])
        else:
            tgt.append(alphabet[random.randint(0,25)])
    src_tokens.append(src)
    tgt_tokens.append(tgt)
```

看一下最后的生成结果，两组数据是一一对应的，同时包含错误信息，比如第二条中 ai 对应的字母是 v。

```
src_tokens[:2], tgt_tokens[:2]
([['ei', 'si:', 'wai', 'ei', 'el', 'ef'],
  ['em', 'ti:', 'ai', 'ai', 'ju:', 'ti:']],
 [['a', 'c', 'y', 'a', 'l', 'f'], ['m', 't', 'v', 'i', 'u', 't']])
```

然后我们要构建一个词表，为了方便取用，我们封装了一个词表类 Vocab。词表的构建也比较简单，初始化部分中建立两个字典，一个是词元（token）到 index 的序列 token2index，另一个是 index 到词元的序列 index2token。这里先定义了两个特殊词元 bos 和 eos，分别代表序列的起始和结束，然后计算所有词元的词频，最后对词频进行排序。

_ _getitem_ _() 方法用于通过索引取出对应内容，比如传入 index 取词元，或者传入词元取 index，这里也支持传入 index 或词元的数组。

```
from collections import Counter                              #计数类

flatten = lambda l: [item for sublist in l for item in sublist]     #展平数组

# 构建词表
class Vocab:
    def _ _init_ _(self, tokens):
        self.tokens = tokens   # 传入的tokens是二维列表
        self.token2index = {'<bos>': 0, '<eos>': 1}   # 先定义两个特殊词元
        # 将词元按词频排序后生成列表
        self.token2index.update({
            token: index + 2
            for index, (token, freq) in enumerate(
                sorted(Counter(flatten(self.tokens)).items(), key=lambda x: x[1],
reverse=True))
        })
        #构建index到词元字典
        self.index2token = {index: token for token, index in self.token2index.
items()}
```

```python
    def __getitem__(self, query):
        # 单一索引
        if isinstance(query, (str, int)):
            if isinstance(query, str):
                return self.token2index.get(query, 0)
            elif isinstance(query, (int)):
                return self.index2token.get(query, '<unk>')
        # 数组索引
        elif isinstance(query, (list, tuple)):
            return [self.__getitem__(item) for item in query]

    def __len__(self):
        return len(self.index2token)
```

接着利用 Vocab 将刚刚生成的数据集构造成 DataLoader，供后续训练和测试调用。这里对每个序列增加了一个 eos 结尾标识。然后按照 8：2 的比例划分数据集，也就是 8000 个训练样本和 2000 个测试样本，训练集的 batch_size 取 16。

```python
from torch.utils.data import DataLoader, TensorDataset

#实例化源序列和目标序列词表
src_vocab, tgt_vocab = Vocab(src_tokens), Vocab(tgt_tokens)

#增加结尾标识<eos>
src_data = torch.tensor([src_vocab[line + ['<eos>']] for line in src_tokens])
tgt_data = torch.tensor([tgt_vocab[line + ['<eos>']] for line in tgt_tokens])

# 训练集和测试集的比为8：2, batch_size = 16
train_size = int(len(src_data) * 0.8)
test_size = len(src_data) - train_size
batch_size = 16

train_loader = DataLoader(TensorDataset(src_data[:train_size], tgt_data[:train_size]), batch_size=batch_size)
test_loader = DataLoader(TensorDataset(src_data[-test_size:], tgt_data[-test_size:]), batch_size=1)
```

再定义模型架构，主要包含编码器、解码器以及 Seq2Seq 模型的代码。

```python
# 定义编码器
class Encoder(nn.Module):

    def __init__(self, vocab_size, ebd_size, hidden_size, num_layers):
        super().__init__()
        self.embedding = nn.Embedding(vocab_size, ebd_size)   # 将token表示为
embedding
        self.rnn = nn.RNN(ebd_size, hidden_size, num_layers=num_layers)

    def forward(self, encoder_inputs):
        # encoder_inputs从(batch_size, seq_len)变成(batch_size, seq_len, emb_size)
        # 再调整为(seq_len, batch_size, emb_size)
        encoder_inputs = self.embedding(encoder_inputs).permute(1, 0, 2)
        output, hidden = self.rnn(encoder_inputs)
        # hidden 的形状为 (num_layers, batch_size, hidden_size)
        # 最后时刻的最后一个隐藏层输出的隐状态即为上下文向量
        return hidden
```

```python
# 定义解码器
class Decoder(nn.Module):

    def __init__(self, vocab_size, ebd_size, hidden_size, num_layers):
        super().__init__()
        self.embedding = nn.Embedding(vocab_size, ebd_size)
        # 拼接维度ebd_size + hidden_size
        self.rnn = nn.RNN(ebd_size + hidden_size, hidden_size, num_layers=num_layers)
        self.linear = nn.Linear(hidden_size, vocab_size)

    def forward(self, decoder_inputs, encoder_states):
        '''
            decoder_inputs 为目标序列偏移一位的结果，由初始形状 (batch_size, seq_len)变
为(batch_size, seq_len)
                再调整为(batch_size, seq_len, emb_size) -> (seq_len, batch_size, emb_
size)
        '''
        decoder_inputs = self.embedding(decoder_inputs).permute(1, 0, 2)
        context = encoder_states[-1] # 上下文向量取编码器的最后一个隐藏层的输出
        ''' context 初始形状为 (batch_size, hidden_size)，为下一步连接，需repeat为(seq_
len, batch_size, hidden_size)形式
        '''
        context = context.repeat(decoder_inputs.shape[0], 1, 1)
        output, hidden = self.rnn(torch.cat((decoder_inputs, context), -1),
encoder_states)
        # logits 的形状为 (seq_len, batch_size, vocab_size)
        logits = self.linear(output)
        return logits, hidden

# Seq2Seq模型
class Seq2Seq(nn.Module):

    def __init__(self, encoder, decoder):
        super().__init__()
        self.encoder = encoder
        self.decoder = decoder

    def forward(self, encoder_inputs, decoder_inputs):
        return self.decoder(decoder_inputs, self.encoder(encoder_inputs))
```

代码中出现了 Embedding()，它是什么意思呢？

这是一种常用的预处理方法，旨在将高维的数据表示映射到低维空间中，以便后续的分析和处理。在自然语言处理（NLP）领域，word embedding 是非常常用的一种操作。如图 8-37 所示，对于"我是中国人"这个句子，Embedding() 就是把它编码成一个矩阵，在常见的 One-Hot 编码中，这个句子有 5 个字，所以维度是 5。如此一来，每个字都能映射成一个向量，然后我们就可以用向量矩阵来表示其他序列了，比如"中国人是我"就可以表示为图 8-37 中右侧的矩阵。

在上面代码中，因为要将词元转化为 embedding，故需要重新定义 Encoder() 和 Decoder()。Encoder() 的初始化方法中，我们定义了 embedding 的形状，然后在 forward() 函数里，把输入传入 embedding 中，并调整其形状，再将生成后的结构传入 RNN 模型。Decoder() 也是一样，其

中拼接维度 ebd_size + hidden_size 表示在每个时间步需要将当前的输入和编码器输出的上下文向量拼接在一起，然后 forward() 函数中，取编码器最后一个隐藏层的输出作为解码器输入，同样也做了形状的调整。Seq2Seq 模型的代码没有变化。

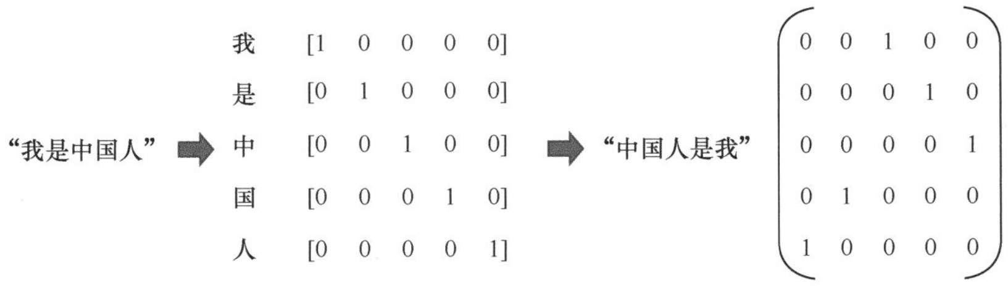

$$
\begin{array}{cc}
\text{我} & [1\ 0\ 0\ 0\ 0] \\
\text{是} & [0\ 1\ 0\ 0\ 0] \\
\text{中} & [0\ 0\ 1\ 0\ 0] \\
\text{国} & [0\ 0\ 0\ 1\ 0] \\
\text{人} & [0\ 0\ 0\ 0\ 1]
\end{array}
$$

"我是中国人" ➡ 上 ➡ "中国人是我"

$$
\begin{pmatrix}
0 & 0 & 1 & 0 & 0 \\
0 & 0 & 0 & 1 & 0 \\
0 & 0 & 0 & 0 & 1 \\
0 & 1 & 0 & 0 & 0 \\
1 & 0 & 0 & 0 & 0
\end{pmatrix}
$$

图 8-37　One-Hot 编码示意

为了看清楚 embedding 到底是什么，这里我们定义一个 embedding，维度 26×26，然后输入训练集的第一条数据，可以看到输出了一个 26×7 的矩阵，其中 26 就是 embedding 的维度，7 是序列的长度。

```
ebd = nn.Embedding(26, 26)
ebd(train_loader.dataset[0][0])
tensor([[ 0.4887, -0.6628, -1.8760, -0.1039, -0.3671, -0.0545,  0.8259,  1.7120,
          1.0536,  0.1105, -2.2157,  0.1826, -0.9814,  0.6896,  1.9313, -0.4203,
          0.4704, -0.3540, -2.5149,  1.6691,  0.7668, -1.2259, -0.0838, -0.8457,
         -0.7388,  0.7919],
        ...
        [ 1.6062, -0.9316,  0.7249,  0.1260,  1.2153,  0.7596, -1.4848,  0.4740,
         -0.1286,  0.7063,  0.9402, -0.0867, -0.2397, -1.2286,  2.3666, -1.9981,
          0.4441, -0.3359, -2.6526, -1.9506, -0.4288,  0.7680,  1.0715,  0.0294,
         -0.0815, -1.4052]], grad_fn=<EmbeddingBackward0>)
```

模型训练部分包括设置超参数，学习率设置为 0.001，迭代 20 个 epoch，hidden_size 设置为 128。构建模型这部分先定义 Encoder() 和 Decoder()，然后传入 Seq2Seq 中。损失函数采用交叉熵，优化器为 Adam。训练的时候，除了注意调整张量的形状，还要记得解码器的第一个输入应该是 <bos>。

```
from tqdm import *
import matplotlib.pyplot as plt

# 设置超参数
lr = 0.001
num_epochs = 20
hidden_size = 128

# 构建模型
encoder = Encoder(len(src_vocab), len(src_vocab), hidden_size, num_layers=2)
decoder = Decoder(len(tgt_vocab), len(tgt_vocab), hidden_size, num_layers=2)
model = Seq2Seq(encoder, decoder)

# 交叉熵损失及Adam优化器
criterion = nn.CrossEntropyLoss(reduction='none')
optimizer = torch.optim.Adam(model.parameters(), lr=lr)
```

```
# 记录损失变化
loss_history = []

#开始训练
model.train()
for epoch in tqdm(range(num_epochs)):
    for encoder_inputs, decoder_targets in train_loader:
        encoder_inputs, decoder_targets = encoder_inputs, decoder_targets
        # 偏移一位作为decoder的输入
        # decoder的输入第一位是<bos>
        bos_column = torch.tensor([tgt_vocab['<bos>']] * decoder_targets.shape[0]).
reshape(-1, 1)
        decoder_inputs = torch.cat((bos_column, decoder_targets[:, :-1]), dim=1)
        # pred的形状为 (seq_len, batch_size, vocab_size)
        pred, _ = model(encoder_inputs, decoder_inputs)
        # decoder_targets 的形状为 (batch_size, seq_len)，我们需要改变pred的形状以保证它
        # 能够正确输入
        # loss 的形状为 (batch_size, seq_len)，其中每个元素都代表了一个词元的损失
        loss = criterion(pred.permute(1, 2, 0), decoder_targets).mean()

        # 反向传播
        optimizer.zero_grad()
        loss.backward()
        optimizer.step()
        loss_history.append(loss.item())
100%|██████████████████| 20/20 [03:35<00:00, 10.79s/it]
```

然后根据记录的 loss_history 打印出损失曲线，可以看到模型的收敛过程，如图 8-38 所示。这里训练了 100 个 epoch，收敛效果如下。

```
plt.plot(loss_history)
plt.ylabel('train loss')
plt.show()
```

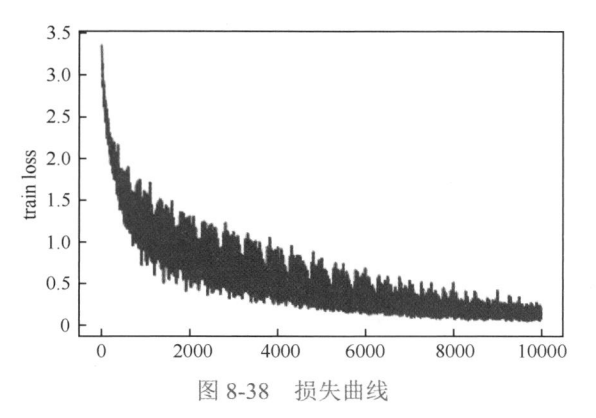

图 8-38　损失曲线

最后我们来进行模型的验证，这里用 correct 记录正确转换的个数，error 记录错误转换的个数。我们在 2000 个测试样本上运行一遍模型，并记录模型的最终输出。

```python
model.eval()
translation_results = []

correct = 0
error = 0
# 因为batch_size是1，所以每次取出来的都是单个句子
for src_seq, tgt_seq in test_loader:
    encoder_inputs = src_seq
    hidden = model.encoder(encoder_inputs)
    pred_seq = [tgt_vocab['<bos>']]
    for _ in range(8):
        # 一步步输出，decoder的输入的形状为(batch_size, seq_len)=(1,1)
        decoder_inputs = torch.tensor(pred_seq[-1]).reshape(1, 1)
        # pred形状为 (seq_len, batch_size, vocab_size) = (1, 1, vocab_size)
        pred, hidden = model.decoder(decoder_inputs, hidden)
        next_token_index = pred.squeeze().argmax().item()
        if next_token_index == tgt_vocab['<eos>']:
            break
        pred_seq.append(next_token_index)

    # 去掉开头的<bos>
    pred_seq = tgt_vocab[pred_seq[1:]]
    # 因为tgt_seq的形状为(1, seq_len)，所以我们需要将其转化成(seq_len, )的形状
    tgt_seq = tgt_seq.squeeze().tolist()

    # 需要注意在<eos>之前截断
    if tgt_vocab['<eos>'] in tgt_seq:
        eos_idx = tgt_seq.index(tgt_vocab['<eos>'])
        tgt_seq = tgt_vocab[tgt_seq[:eos_idx]]
    else:
        tgt_seq = tgt_vocab[tgt_seq]
    translation_results.append((' '.join(tgt_seq), ' '.join(pred_seq)))

    for i in range(len(tgt_seq)):
        if i >= len(pred_seq) or pred_seq[i] != tgt_seq[i]:
            error += 1
        else:
            correct += 1

print(correct/(correct+error))
0.507
```

经计算得出模型的准确率为 50.7%，这是因为我们加入了一些错误信息，而且生成的序列完全是随机的，没有规律可循，所以准确率并不高。再看一下具体的结果，转换错误的个数确实还是挺多的，因为测试集包含错误。如果我们用干净数据作为测试集，应该会好一些，大家可以自己动手试试。

```
translation_results
[('f d i f h h', 'f d i f r h'),
 ('r g d f x z', 'r m f d s n'),
 ('c v v r l q', 'c v r a l'),
 ('q b f n v x', 'q v f n d e'),
 ('q b x y p y', 'q b x j t b'),
 ...]
```

8.7.3　小结

在本节中，我们讲解了一个编解码器模型的实例，包括编解码器模块的实现、词表构建等。需要注意的是，在构建序列数据集时要增加和标识符。另外，词嵌入是深度学习和 NLP 结合的核心，我们在《破解深度学习（核心篇）：模型算法与实现》NLP 的相关章节还会进一步讲解。

在本章中，我们深入探讨了深度学习中的一类重要网络结构：循环神经网络（RNN）。我们从序列建模的角度出发，首先介绍了文本数据的预处理方法。随后，我们详细探索了 RNN 的结构特点、沿时间的反向传播算法以及 RNN 在时间序列数据预测中的应用。此外，我们还详述了编码器 – 解码器思想以及 Seq2Seq 模型，展现了它在更复杂神经网络变体中的应用。更多关于 RNN 的复杂变体，我们将在《破解深度学习（核心篇）：模型算法与实现》中进行更为详尽的探讨。

第 9 章

注意力神经网络：赋予模型认知能力

到目前为止，我们介绍了两种主要的专用神经网络：卷积神经网络（CNN）和循环神经网络（RNN）。CNN 通过卷积层对图像进行特征提取来有效利用其空间特征信息，并降低了计算复杂度；而 RNN 则对序列数据进行了有效建模，捕获其时间维度信息。本章我们将探讨第三种基础神经网络：注意力机制网络。这种模型用于研究数据中的重要性维度，专注于集中处理更为关键的信息，以增强计算的精确性和效率。

虽然注意力机制的早期研究可以追溯到 20 世纪初，但在人工智能和认知科学领域得到广泛关注和应用的时间并不长。2014 年研究者在使用神经网络处理机器翻译任务时，注意力机制这一思想首次被提及。自此以后，随着深度学习技术的快速发展，它在自然语言处理、计算机视觉等很多领域都得到了广泛的应用，已成为机器翻译、问答系统、对话生成等复杂任务中的关键技术。其主要发展历程如图 9-1 所示，我们会在《破解深度学习（核心篇）：模型算法与实现》为大家介绍更多内容。

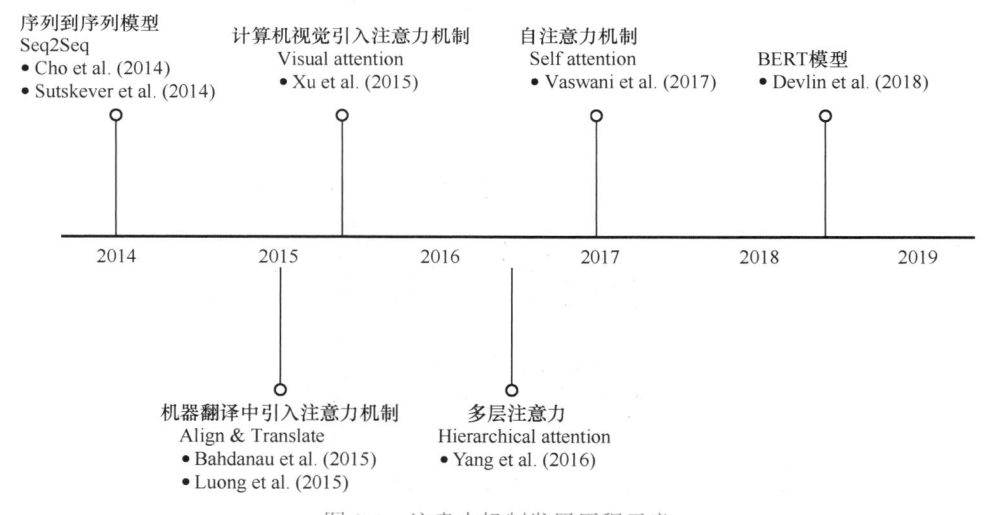

图 9-1　注意力机制发展历程示意

为了帮助大家加深对 CNN、RNN 和注意力机制特点的认知，我们再用生活中的一个示例形象理解。

如图 9-2 所示，假设我们要做一个水果蛋糕，其中蛋糕表面要用不同种类的水果装饰。我们可以将水果切成小块，然后把它们散布在蛋糕表面。这个过程就像用 CNN 在图像中借助卷积层和池化层提取空间特征信息，分散的水果块捕获了蛋糕表面的空间特征。如果制作的是多层蛋糕，每层口味不同，那么叠放的蛋糕就像 RNN，每层代表一个时间步，可以在时间序列中捕获时间特征信息。假如

图 9-2　CNN、RNN、注意力机制特点示意

我们要制作一个彩虹蛋糕，希望每层蛋糕都有不同的颜色，但又想让其中某层的颜色更加鲜艳、醒目，可以在这层蛋糕上加入更多的颜色和糖霜，这个过程就类似于注意力神经网络，它关注任务中的重要性特征。

9.1　注意力机制的原理

注意力机制是一种在神经网络中用于加强对特定信息关注和权重分配的方法，其原理的灵感来自人类注意力的思维方式。

9.1.1　生物学中的注意力

视觉注意力机制是人类视觉特有的大脑信号处理机制。如图 9-3 所示，它通过快速扫描全局图像获得需要重点关注的目标区域，也就是所谓注意力焦点，然后对这一区域投入更多的注意力资源，以获取所需要关注目标的更多细节信息，抑制其他无用信息。这是人类利用有限的注意力资源从大量信息中快速筛选出高价值信息的手段，是在长期进化中形成的一种生存机制。深度学习中的注意力机制原理与之类似，核心目的也是从众多信息中选择出对当前任务目标更关键的信息。

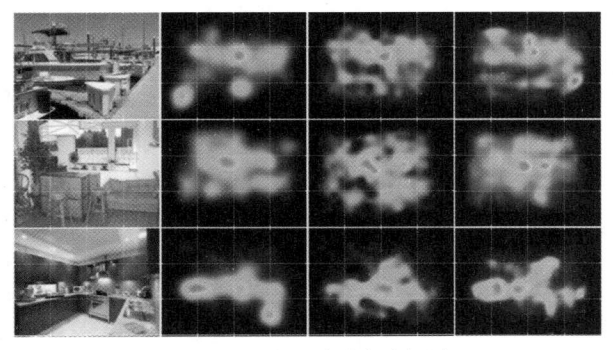

图 9-3　视觉注意力机制示意

9.1.2 深度学习中的注意力机制

早期的注意力机制模型受人类视觉机制的启发，被应用于 CNN 或 RNN 中。在这些模型中，每个卷积层或全连接层的输出都可以看作一个加权和，其中权重是通过计算得到的每个位置的注意力分数决定的，如图 9-4 所示。注意力分数是一个值，用于表示当前位置对最终结果的重要性。通过引入注意力机制，模型能够根据输入数据中的不同区域动态地调整关注力，从而更精确地捕获数据中的关键特征。这种方法使模型能够更好地识别图像中的不同特征。

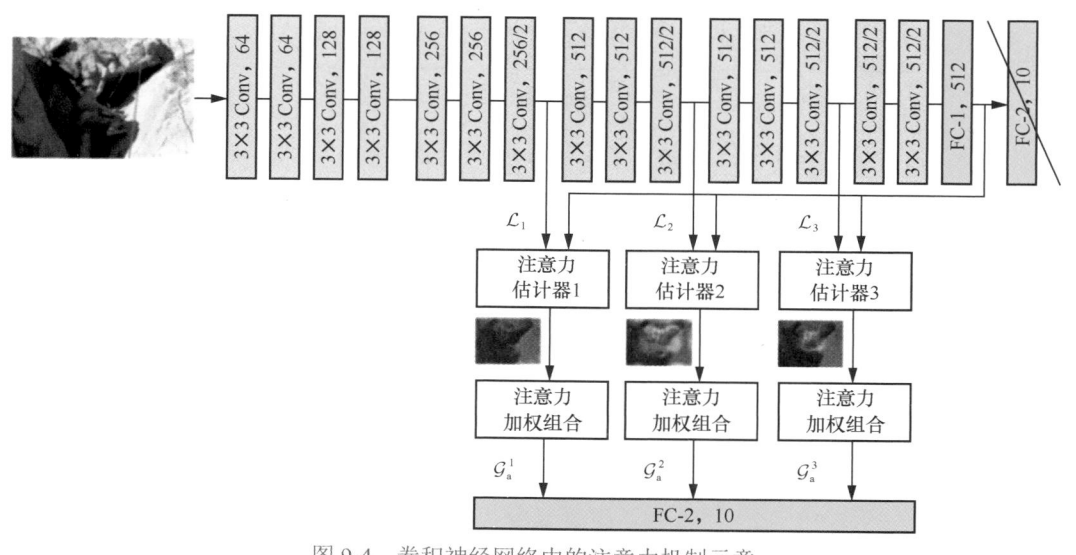

图 9-4　卷积神经网络中的注意力机制示意

与图像领域相比，注意力机制在自然语言处理（NLP）任务中取得了更大的成功。因此，接下来我们将重点介绍它在 NLP 领域的应用，具体而言，我们将以机器翻译为例进行阐述。

9.1.3 编解码器思想和注意力机制的结合

要深入了解深度学习中的注意力模型，我们必须熟悉编码器－解码器结构，因为目前大多数注意力机制是在这种框架下应用的。然而，需要明确的是，二者彼此是相互独立的，并非强绑定关系。正如第 8 章中所强调的，编解码器思想可以使用 CNN、RNN、注意力结构等多种网络，而注意力机制也不局限于编解码器结构本身。不过，为了便于理解，我们还是从第 8 章机器翻译任务中的编解码器结构说起。

如图 9-5 所示，Seq2Seq 模型可以看作由两个 RNN 组成。虽然这种结构十分经典，但存在很大的局限性，主要问题在于编解码器之间唯一的联系是固定长度的语义向量 c。这种压缩方式会导致信息损失，先输入的信息会被后输入的信息覆盖，从而影响解码的准确性。特别是在处理长序列时，这种问题更加明显。换言之，中间表示 c 产生了信息瓶颈问题。

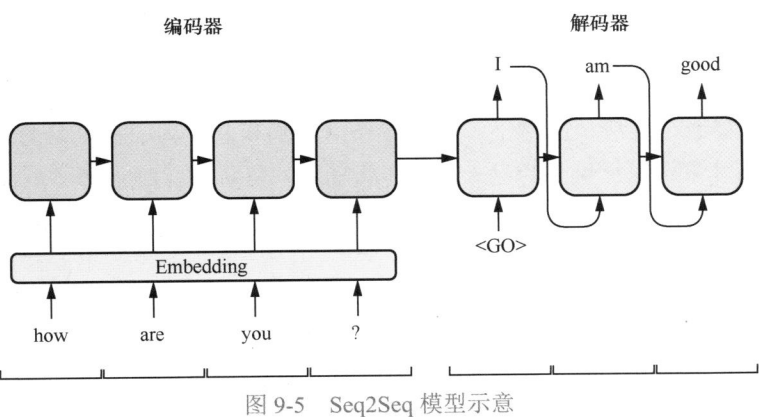

图 9-5 Seq2Seq 模型示意

那么如何改进呢？解决办法其实也不难，就是让上下文向量 c 可以访问输入序列的所有部分，而不仅仅是最后一部分。如图 9-6 所示，在每一时刻产生不同的语言编码向量 c_i。相比于原始的编码器－解码器模型，它不再把输入信息都压缩到固定长度的向量中，而是编码成一个向量序列，在解码时每步都会根据不同的关注度从向量序列中挑选一个子集进行处理，这就是注意力机制的主要改进。

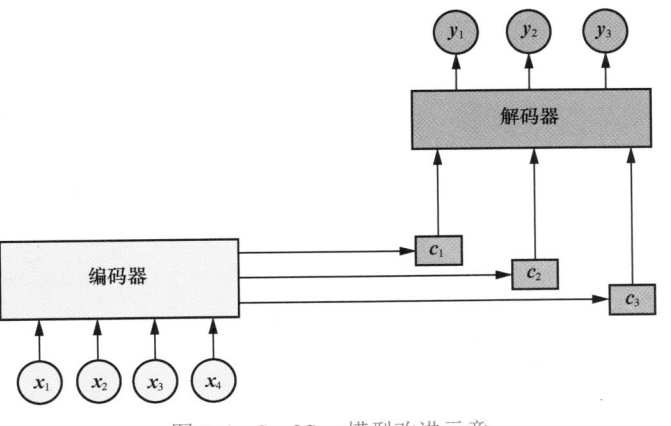

图 9-6 Seq2Seq 模型改进示意

了解了 NLP 中注意力机制的主要思想，我们来看一看注意力的种类。首先，非常深的神经网络其实本身已经应用了一种形式的注意力，也就是所谓的隐式注意力，如图 9-7 所示，使用监督学习对人体姿态进行估计时，神经网络会对人体的像素更加敏感。

然而，人们更加关注的是如何设计能够直观且可解释的控制这些注意力机制。这就引出了显式注意力的概念。具体而言，这种显式注意力是基于先前的记忆，通过对输入的敏感度进行权衡来实现的。通常，我们所提到的注意力机制神经网络指的就是这种显式注意力。

图 9-7 隐式注意力示意

对于编码器的每个隐状态h_j，假定解码器前一时刻的状态为y_{t-1}，那么注意力权重就可以用公式$e_{ij} = \mathrm{attention}_{\mathrm{net}}\left(y_{i-1}, h_j\right)$表示。换句话说，该公式衡量了每个编码器的隐状态与$y_{t-1}$之间的相互关联关系。因为有多个隐变量，所以这个权重也有多个。为了让它们形成一个分布，可以使用 Softmax 函数再进行一次变换，也就是变成 α_{ij}。

$$\alpha_{ij} = \frac{\exp\left(e_{ij}\right)}{\sum_{k=1}^{T_x}\exp\left(e_{ij}\right)}$$

进而，解码器隐变量可以写成注意力权重和编码器隐变量h_j加权平均的形式。

$$z_i = \sum_{j=1}^{T}\alpha_{ij}h_j$$

只不过这个 α_{ij}可以视为数据相关的动态权重。

为了便于理解，我们举个例子。如图 9-8 所示，输入是中文"我爱深度学习"，解码器英文输出到目前为止已经有了"I love"，这个z_i表示的就是 i 时刻"I love"这个向量与编码器各个隐变量序列（也就是"我爱深度学习"）之间的关联关系或者上下文向量，它就是关于注意力机制的一个完整计算。

某种程度上说，通过这种相关性的动态计算，注意力权重存储了随时间获得的记忆，成为一种比固定长度信息向量 c 更好的长期记忆表达。图 9-8 中间这个注意力神经网络建立了一种从编码器到解码器的非线性映射关系。当然，也可以换种角度理解，从解码器来看，把前一时刻解码器状态 y 看成查询向量，注意力机制反映的就是该向量和编码器输入中哪个状态 h 更相关，或者说从输入信息中提取信息。对这点的理解特别重要，希望读者反复体会！

理解 NLP 任务中注意力的最直观方法是将其视为词之间的对应关系或者对齐（alignment）。在机器翻译中，我们可以使用如图 9-9 所示的热图来可视化经过训练的网络注意力。这里面的分数是动态计算的。在标记为方框的区域，模型学会了交换翻译中词的顺序。注意，这不是一对一的关系，而是一对多的关系，意味着输出词会受到多个输入词的影响，每个词的重要性不同。

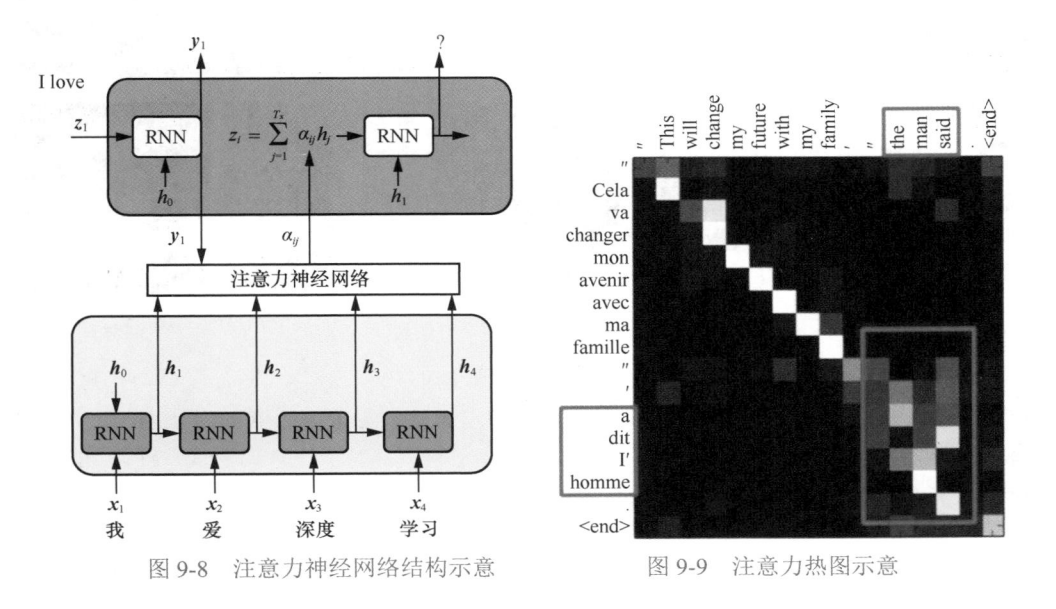

图 9-8　注意力神经网络结构示意　　　　　图 9-9　注意力热图示意

9.1.4　注意力的计算

在了解了注意力的定性概念之后，我们深入了解如何定量计算注意力。

根据之前的介绍，我们知道在编码器－解码器结构中，注意力可以被视为一个小型神经网络的输出。输入包括解码器之前的状态以及编码器在各个时刻的隐状态。事实上，这个注意力就是一个权重值，用于描述编码器和解码器隐状态之间的关系，并捕获它们的对齐程度，也就是对齐分数。

除了用神经网络直接获得这种关系，历史上还有各种各样的方法，这里做个简单介绍，供大家参考。

在图 9-10 中，h 表示编码器的隐状态，s 表示前一时刻解码器的输出，即我们之前提到的 y_{t-1}，例如，基于内容的注意力机制所使用的是它们之间的余弦相似度。六种方法中最简单的是基于位置的注意力，它使用的是点积，因此也称为点积模型。缩放点积是对点积的简单改进，引入了一个缩放因子。稍微复杂一些的是一般方法，在点积的基础上引入了可训练的权重矩阵 W_a，也称为双线性模型。更为复杂的是在一般方法的形式上加入了激活函数 tanh()，称为加性模型。基于位置的方法可以看作点积的特例，即在外面套了一个 softmax() 函数。在所有这些方法中，加性模型最为常用。

方法名称	对齐分数公式	引用自
余弦相似度	$\text{score}(\boldsymbol{s}_t, \boldsymbol{h}_i) = \text{cosine}[\boldsymbol{s}_t, \boldsymbol{h}_i]$	Graves2014
加性模型	$\text{score}(\boldsymbol{s}_t, \boldsymbol{h}_i) = \boldsymbol{v}_a^\top \tanh(\boldsymbol{W}_a[\boldsymbol{s}_t; \boldsymbol{h}_i])$	Bahdanau2015
基于位置	$\alpha_{t,i} = \text{softmax}(\boldsymbol{W}_a \boldsymbol{s}_t)$	Luong2015
	注：这里简化了softmax对齐，使其依赖于目标位置	
一般	$\text{score}(\boldsymbol{s}_t, \boldsymbol{h}_i) = \boldsymbol{s}_t^\top \boldsymbol{W}_a \boldsymbol{h}_i$	Luong2015
	注：$\boldsymbol{W}_a$在注意力层中是一个可训练的权重矩阵	
点积	$\text{score}(\boldsymbol{s}_t, \boldsymbol{h}_i) = \boldsymbol{s}_t^\top \boldsymbol{h}_i$	Luong2015
缩放点积	$\text{score}(\boldsymbol{s}_t, \boldsymbol{h}_i) = \frac{\boldsymbol{s}_t \boldsymbol{h}_i}{\sqrt{n}}$	Vaswani2017
	注：除了有一个缩放因子，非常类似于点积注意力机制；其中 n 是原始隐状态的维度	

图 9-10　注意力分数计算方法

上述方法将注意力参数的计算转化为一个小型的全连接神经网络。这意味着现在注意力是一组可训练的权重，可以使用标准的反向传播算法进行调整。直观地说，这些权重在解码器中实现了一种注意力机制，让解码器能够决定要关注源句子的哪些部分。通过使解码器具备注意力机制，我们减轻了编码器需要将源句子的所有信息编码为固定长度向量的负担。通过这种新方法，信息可以在整个源序列中分布，解码器可以有选择地检索这些信息。当然，这也有代价，需要训练另一个神经网络，计算复杂度增加到 $O(T^2)$，其中 T 是输入和输出句子的长度。

我们通过一张更加清晰、便于直观理解的图来看一看刚刚列举的这几种计算注意力分数的不同方法。如图 9-11 所示，绿色圆圈代表编码器状态，红色圆圈代表解码器状态，蓝色圆圈代

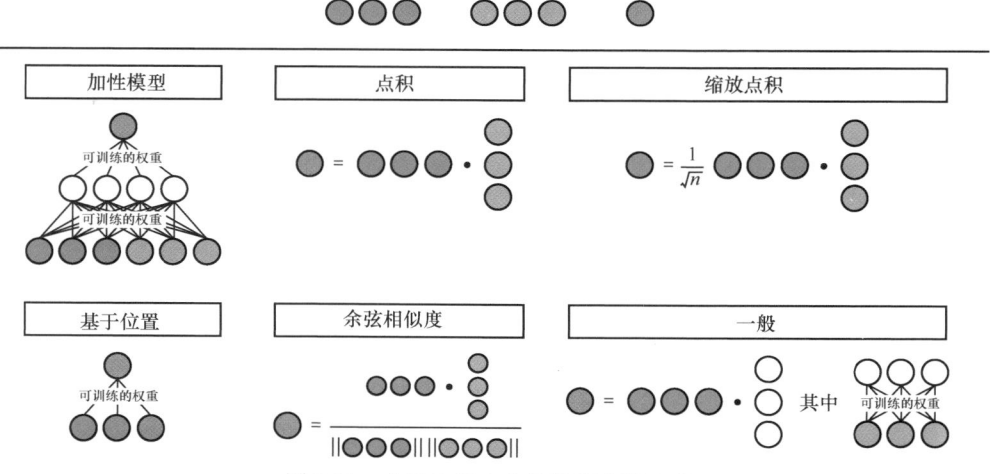

图 9-11　各种注意力分数计算方法示意

表计算得到的分数。中间上是最简单的点积方法，即红色和绿色圆圈向量的点积；右上的缩放点积，只是对一个维度进行开方。稍微复杂一些的中间下的余弦相似度方法多了一个分母。右下的一般方法中使用一个网络结构来输出白色圆圈，然后进行点积求和；左下基于位置的方法直接使用了神经网络。左上更复杂的加性模型将编码器和解码器状态都输入网络中，然后计算权重分数。

9.1.5 全局注意力、局部注意力和自注意力

到目前为止，我们一直假设注意力是在整个输入序列上计算的，即全局注意力。虽然这种方法简单，但在计算开销上可能会非常大，有时甚至是不必要的。在许多情况下，局部关注已经足够，也就是只考虑输入单元 / 标记的一个子集。显然，对于较长的序列，局部关注有时会更合适。局部注意力也可以被视为硬注意力，因为我们需要排除一些输入隐变量单元。

图 9-12 展示了这种连接关系，并将其与卷积网络和全连接网络进行了对比。需要注意的是，它们的输入和输出是不同的。左侧卷积和全连接网络的输入来自前一层的神经元，而右侧全局注意力和局部注意力的输入是编码器在不同时刻的隐状态。另外，不同颜色表示这些权重在不断变化，而在卷积层和全连接层中，这些权重通过梯度下降缓慢地变化，或者说变化没有这么剧烈。

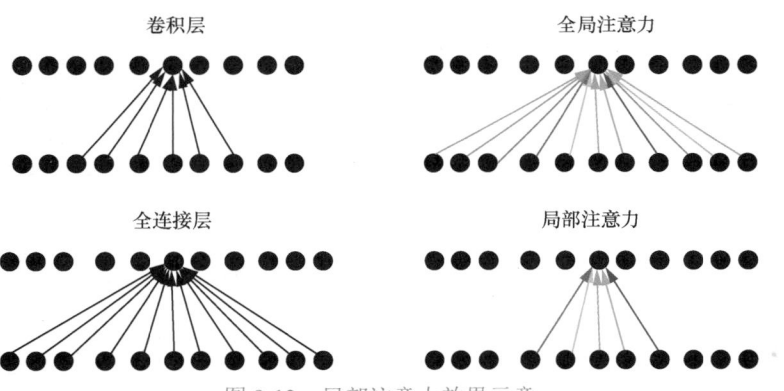

图 9-12 局部注意力效果示意

除了前面提到的全局注意力和局部注意力，还存在一种非常著名的类型，即自注意力（self-attention）。它不是用于编码器和解码器序列之间的注意力，而是用于同一序列内部的注意力。换句话说，我们在这里不是寻找输入和输出序列之间的关联和对齐，而是在序列元素之间寻找相关性。这种自我关注可以表示为具有 k 个顶点的连通加权无向图，该图的无向表示矩阵是对称的，如图 9-13 所示。

从数学上讲，自注意力可以表示为一种网络计算形式。它可以通过神经网络来实现，其中具体的映射函数可以采用前面提到的各种训练方法之一。最终的目标是在将序列转换为另一个序列之前创建一个更有意义的序列表示。有关自注意力机制的详细内容，我们将在后续的章节中进行专门介绍。

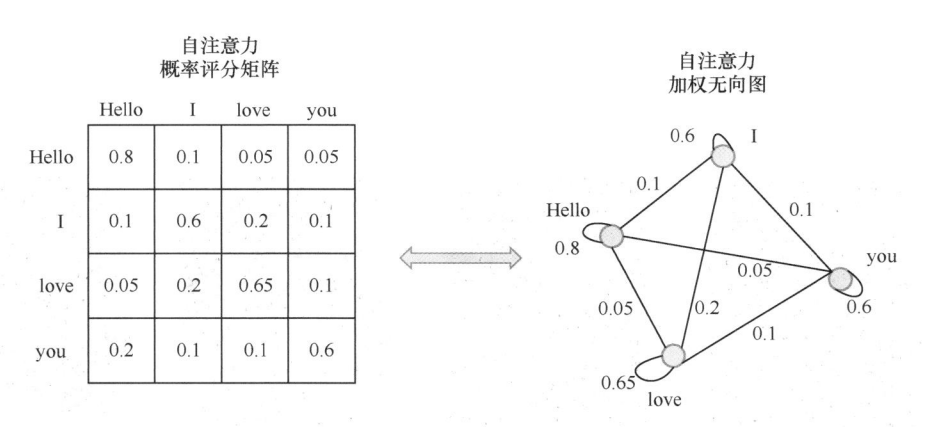

图 9-13 自注意力矩阵及加权无向图示意

9.1.6 注意力机制与Transformer

本节所介绍的注意力机制在编解码器结构中发挥了重要作用。一方面，它可以衡量编码器中各个隐状态 h 与解码器前一时刻输出 y_{t-1} 之间的关联关系。另一方面，它也可以被视为编码器到解码器这两个序列之间的一个转换器（transformer）。Transformer 作为模型名字已经众所周知，但很少有人真正明白这个名字的由来。实际上，它来源于物理学中的变压器或转换器概念，如图 9-14 所示，输入和输出线圈的外形非常类似于编解码器中的 RNN 序列。

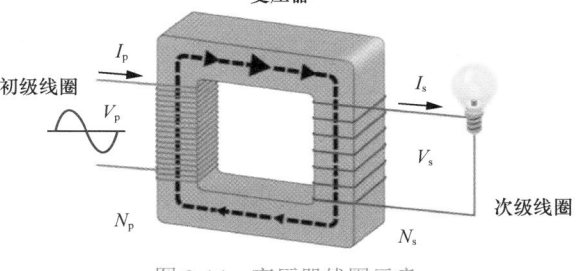

图 9-14 变压器线圈示意

注意力机制是 Transformer 模型的核心组成部分，它通过学习不同位置之间的关系来确定哪些位置需要更多关注，从而生成更精确的输出结果。这些概念将在后续进行详细介绍。总之，需要了解的是，注意力机制与 Transformer 模型紧密相关，或者说它们实际上是同一概念的不同表述。

9.1.7 注意力机制的应用

除了解决编码器到解码器信息传递瓶颈的问题，注意力机制还具有其他许多优点。首先，它通过建立编码器状态与解码器之间的直接联系来消除梯度消失问题。在某种程度上，这种作用类似于 CNN 中的跳跃连接，也就是 ResNet 残差网络中的跳线连接。

此外，注意力机制提供了更好的模型可解释性，或者说我们可以检查注意力权重的分布，从而更深入地理解模型的行为和限制。例如，在机器翻译任务中，我们可以直观地从类似如图 9-15 所示的注意力权重关系图中看出一对多和词顺序调换等问题。

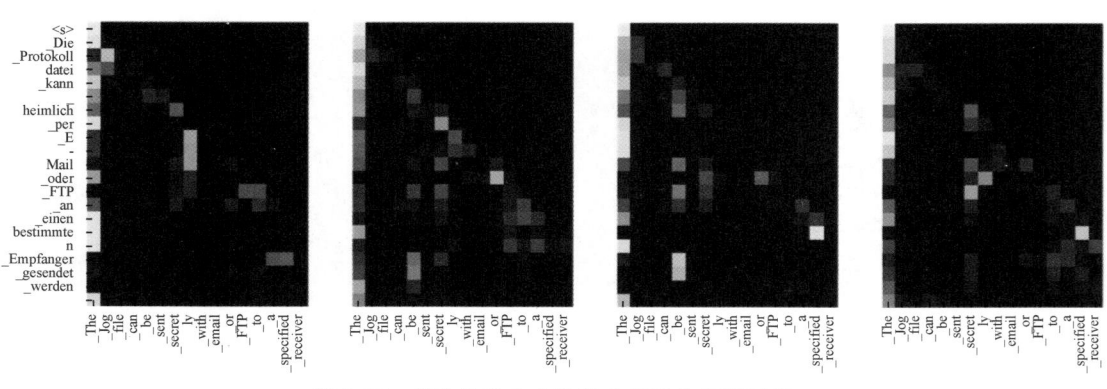

图 9-15　多头注意力中注意力权重关系图示意

当然，注意力机制或者注意力网络的这种模型结构不仅适用于机器翻译任务，在文本生成、聊天机器人、文本分类等任务中也得到了验证，并被认为是一种通用的 NLP 模型。例如，谷歌的 BERT 和 OpenAI 的 GPT 系列模型都使用了基于注意力机制的 Transformer 网络。

除了在 NLP 任务中的应用，图像分类模型也可以使用注意力机制，例如 Vision Transformer（ViT）架构，它通过自注意力机制在多个任务上展示了出色的表现，证明了基于注意力机制的 Transformer 网络结构也可以成为 CNN 的出色替代品，特别是在大数据量时可以学习到数据的更多内在信息。

> 梗直哥：　现在你能用一句话说明注意力和前面学过的神经网络有什么区别吗？
>
> 小　白：　我觉得最大的区别在于，注意力机制能够为输入的不同部分分配不同的权重，而不是平等对待所有输入。

9.1.8　小结

在本节中，我们着重探讨了深度学习中的注意力机制。首先从生物学的注意力机制出发，逐步过渡到深度学习中与人类感知相似的图像数据注意力，然后重点关注 NLP 领域的注意力机制。注意力机制在编码器-解码器模型中起着关键作用，而它本身代表的是一种思想。我们详细介绍了注意力机制的基本原理及其在编解码器结构中的应用。

接着，我们深入探讨了计算注意力的多种方法，包括全局注意力、局部注意力和自注意力机制，并阐述了它们与 Transformer 等网络结构的联系。最后，我们简要总结了注意力机制在不同领域的应用。

总体而言，注意力是一种引入记忆概念的通用机制。随着时间的推移，记忆被存储在注意力权重中，它为我们提供了关注特定位置的指示。因此，我们可以认为注意力不仅存在于 Transformer 这样的转换器中，Transformer 也不仅限于 NLP 方法。

9.2 复杂注意力机制

前面我们主要介绍了经典的注意力机制。然而，除经典的注意力机制之外，人们还发展出了更为复杂而有效的注意力类型，其中，键值对注意力、多头注意力和自注意力机制是典型且常用的三种。

9.2.1 经典注意力机制计算的局限性

在经典注意力机制中，通常直接使用编码器的隐状态 h 来计算注意力分数。如图 9-16 所示，在这个过程中，编码器首先生成隐状态，然后将每个隐状态与解码器的当前隐状态（即红色圆圈）分别计算权重（即白色圆圈），然后对这些权重进行 Softmax 处理。接着，将 Softmax 处理后的权重与对应的编码器隐状态进行加权相乘，最后将这些乘积结果相加得到上下文信息。最终，将这个上下文信息传递给解码器。

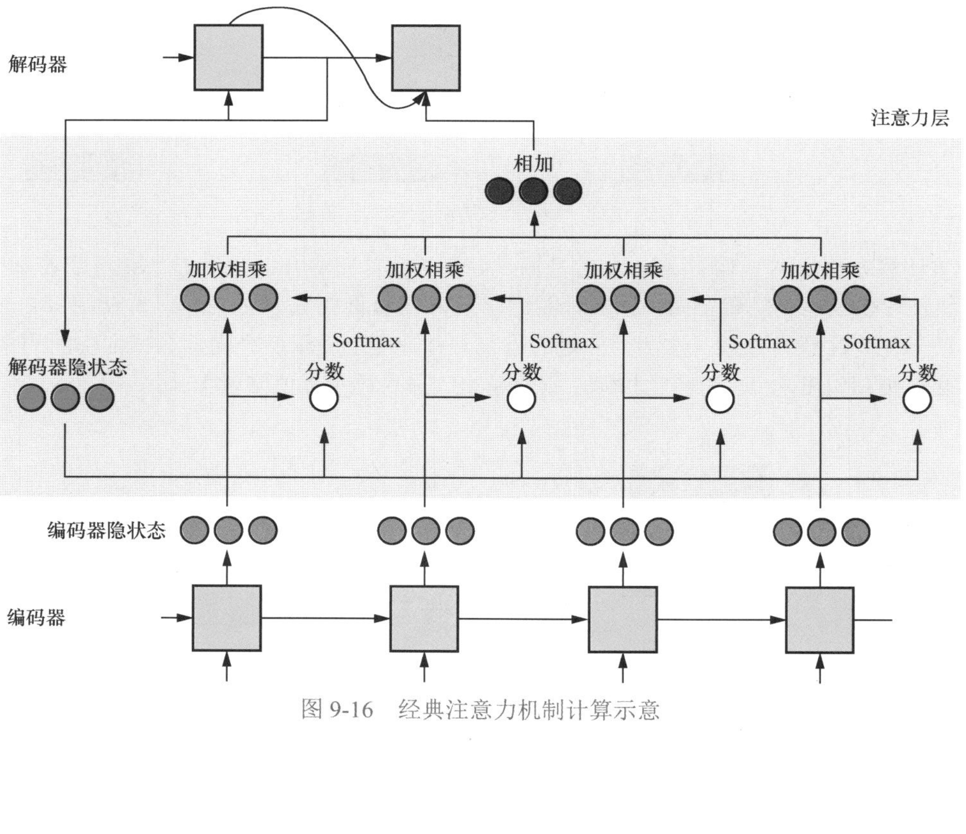

图 9-16　经典注意力机制计算示意

　　然而，这种直接使用编码器隐状态计算注意力的方法存在一些局限性。注意力分数仅基于隐状态在序列中的相对位置，而不考虑它们的内容。这限制了模型关注相关信息的能力，可能导致模型性能不佳。

9.2.2　键值对注意力

　　由于经典注意力机制计算的局限性，人们借鉴数据库中的思想和概念，引入了键（key）和值（value），使得模型能够学习输入和输出序列之间更复杂更有意义的对齐。因为键和值是成对出现和使用的，所以也被称为键值对（key-value pair）。

　　如图 9-17 所示，左边红色的向量是查询（query），它是类似前面经典注意力模型中解码器前一时刻输出的角色，可以来自输入本身（自注意力机制），也可以来自其他序列。黄色向量key 和紫色向量 value 都是绿色输入向量的线性变换。其中，只有 key 和 query 通过计算相似度求权重分数，而 value 的值不受影响，这样就实现了相似度和内容的分离。

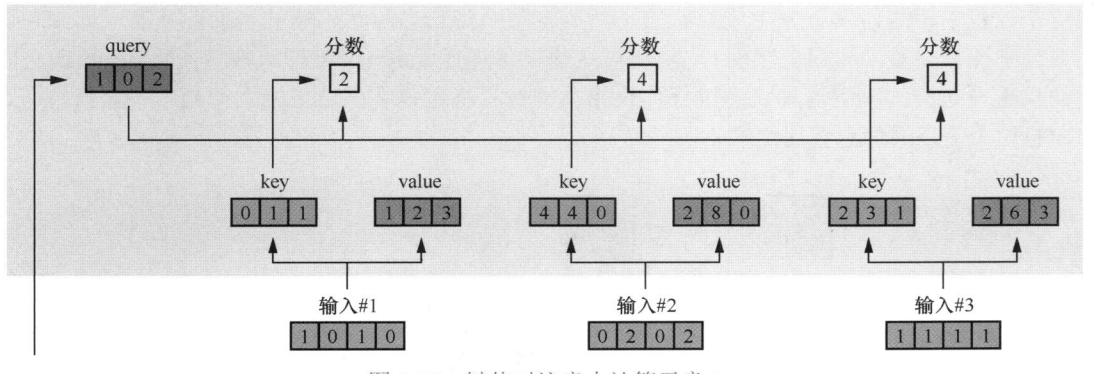

图 9-17　键值对注意力计算示意 1

　　具体计算方法如图 9-18 所示，左边是输入向量 X。首先将查询向量 Q、键向量 K 和值向量 V 通过线性变换映射到隐藏空间。然后计算键向量 K 与查询向量 Q 的点积，并使用 softmax() 函数将其归一化为注意力分数，这两个向量的点积某种程度上表示两个向量在特征空间的相似度，如果正交，则相似度为 0，二者越相似，则值越大。最后再乘以值向量 V。

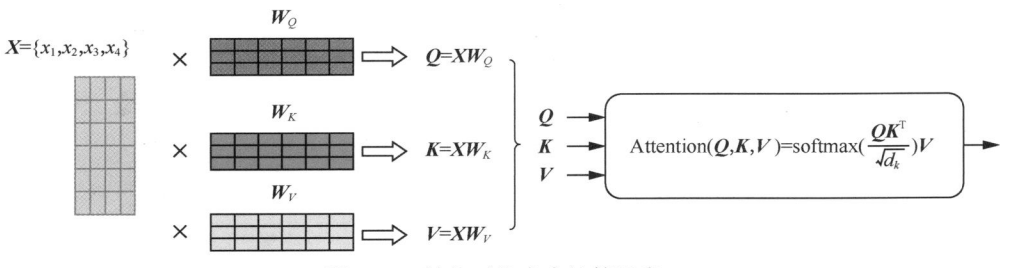

图 9-18　键值对注意力计算示意 2

之后的运算就大同小异了，还是权重与 value 相乘再求和，然后输出，公式不变，如图 9-19 所示。

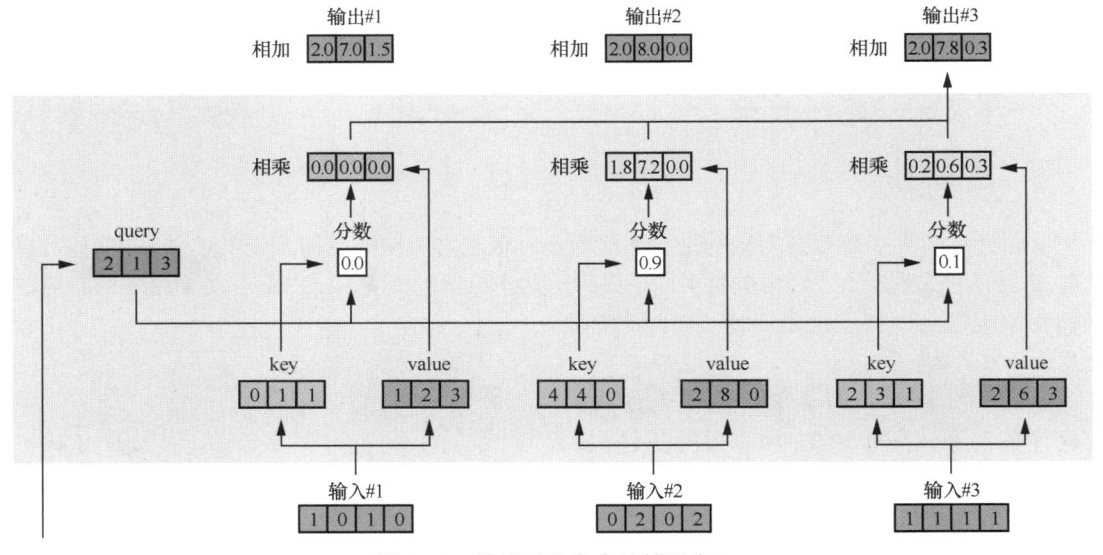

图 9-19　键值对注意力计算示意 3

显然，在键值相同的情况下，键值对注意力就退化成了普通的经典注意力机制。换句话说，整个模型在架构上其实并没有明显变化，但是通过 K 和 V 的分离，带来了更多的便利和灵活性，这就是键值对注意力的优势。

9.2.3　多头注意力

多头注意力机制是在键值对注意力机制上的改进。"多头"听上去怪怪的，其实就是利用多个查询向量 $Q = [q_1, q_2, \cdots, q_m]$ 并行地从输入信息 $(K, V) = [(k_1, v_1), \cdots, (k_n, v_n)]$ 中选取多组信息。如图 9-20 所示，在查询过程中，每个查询向量 q_i 将会关注输入信息的不同部分，即从不同的角度分析当前的输入信息。最终将所有查询向量的结果进行拼接作为最终的结果。

多头注意力机制具有如下优点：

- 多个查询向量可以让模型通过多种角度去关注不同部分，增加模型的多样性；
- 增加了模型的表征能力，让模型学到更丰富的表示；
- 多头注意力的并行处理能力可以显著提高模型的训练效率。

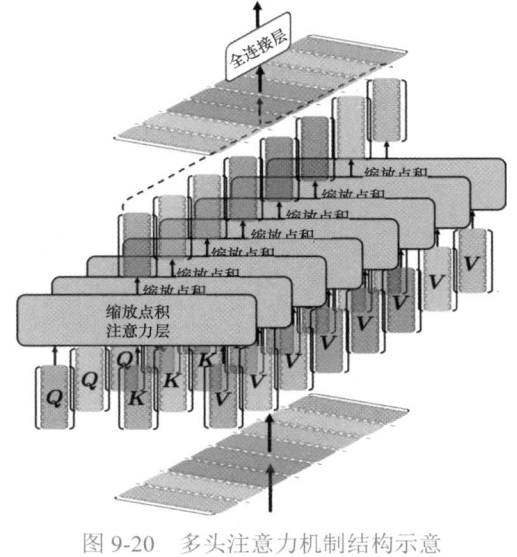

图 9-20　多头注意力机制结构示意

小　　白：为什么多头注意力能够让模型学到更丰富的表示呢？

梗直哥：如果把注意力模型训练比作盲人摸象，那么多头注意力就好比让多个盲人一起摸，最后汇总大家的意见，这样是不是好理解了？

9.2.4　自注意力

前面介绍的大多数注意力机制是解码器前一时刻状态和编码器隐变量间的关系，或者说是 Q 与 K 之间的关系，二者经常来自不同的序列。这在机器翻译等 Seq2Seq 任务中是非常普遍的。当然我们也提到过自注意力机制，它的计算要更复杂一些。

如图 9-21 所示，假设图中的输入是我们要翻译的句子，句子中的"it"指的是什么？street 还是 animal 呢？这对我们来说是个简单问题，但对算法来说不然。当模型处理"it"这个词时，自注意力机制允许它把"it"和"animal"联系起来。

那么问题来了，自注意力机制是如何计算的呢？

首先获取输入向量的 Q、K 和 V 值。自注意力机制的计算往往采用查询 – 键 – 值（query-key-value）的模式，从每个编码器的输入向量创建查询向量、键向量和值向量。如图 9-22 所示，具体来说，把每个输入词的编码，也就是 Embedding 向量，乘以经过训练得到的三个矩阵。

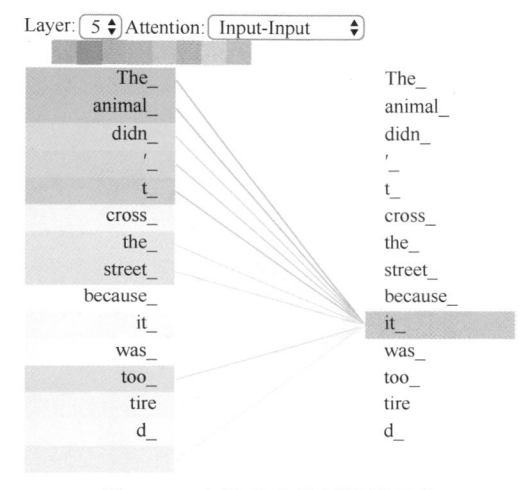

图 9-21　自注意力机制效果示意

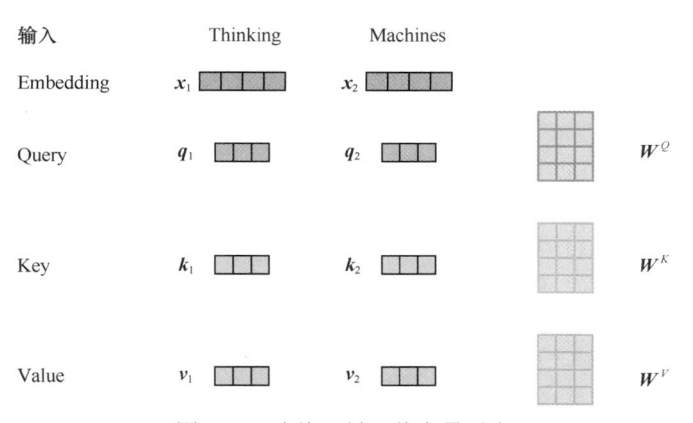

图 9-22　查询、键、值向量示意

前面我们讲过，query 可以理解为解码器中前一时刻的状态，key 可以理解为编码器隐状态，可以求得两个向量的相似度，也就是注意力分数。具体如何计算呢，我们来看一个例子，如图 9-23 所示。

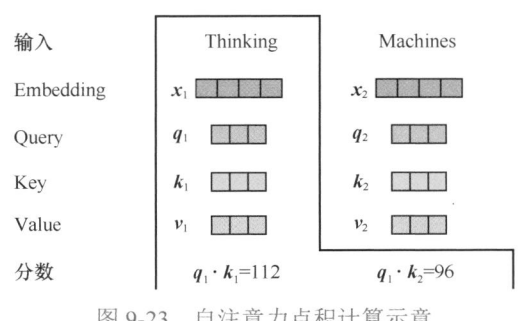

图 9-23　自注意力点积计算示意

假设我们正在计算本例中第一个词 Thinking 的自注意力，需要根据该词对输入句子中的每个词进行评分，分数决定了将多少注意力放在输入句子的其他部分。通过查询向量与正在评分词的键向量进行点积计算得出自注意力。

接下来是归一化，如图 9-24 所示。将分数除以键向量维度的平方根，这里是 8，其目的是使得训练中梯度更稳定。然后使用 Softmax 对分数进行归一化处理，使它们都为正且加起来和为 1。这个 Softmax 分数也叫作注意力分布，它决定了每个词对这个位置的关注度，关注度越高分数值越大。

将每个值向量 v 乘以 Softmax 分数，如图 9-25 所示。直观理解，这一步的目的是保持我们想要关注词的值不变，并淹没不相关的词。然后对加权值向量求和，得到自注意力计算的输出 z。生成的是可以发送到前馈神经网络的向量。

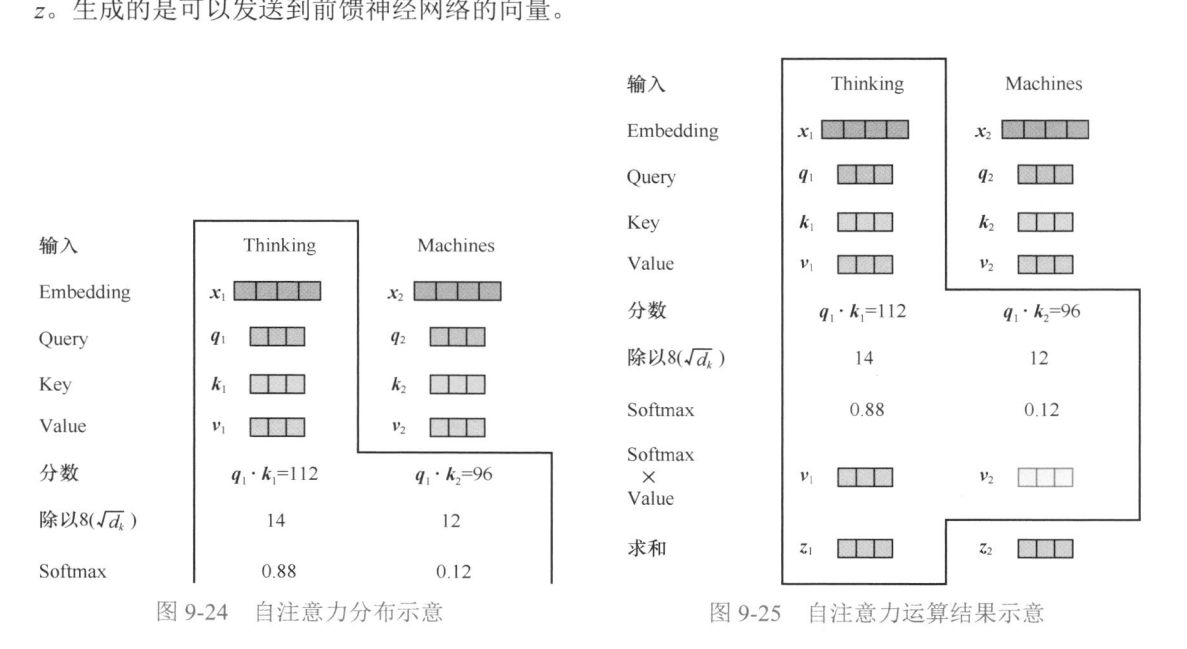

图 9-24　自注意力分布示意　　　　　　图 9-25　自注意力运算结果示意

如图 9-26 所示，在实际计算中，上述过程以矩阵形式完成，一次性算出所有位置的注意力输出向量。注意，d_k 是向量 K 的维度，$\sqrt{d_k}$ 作为分母进行缩放的目的是让梯度更加稳定。Q 和 V 相乘操作是求两个向量的相似度，softmax() 是为了获取自注意力分布。

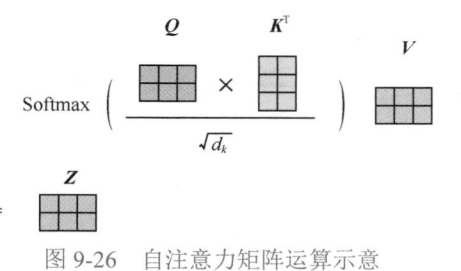

图 9-26 自注意力矩阵运算示意

前面讲过，K 和 V 分离的目的主要是提供更多的灵活性，使得模型能够捕获输入特征的更多信息，V 中保存了输入特征的内容。只不过在自注意力机制中，Q 也来自输入向量，因此输出 Z 本身表示输入序列自身的注意力关系。

回到本节开头的例子，以加深对自注意力机制的理解。图 9-21 中用连线颜色的深浅度表示自注意力输出向量中对不同词的关注度，明显可以看出 it 这个词与 animal 有更强的关联度。通过这种机制，我们获得了对输入序列本身特征的更深入理解和捕获，这就是自注意力机制的奥秘。

图 9-27 中展示了另一个有四个词例子的求解过程。从中可以进一步体会，自注意力机制如何通过在输入序列中计算每个元素与其余元素的相似度分数，并将其加权聚合输入向量，从而使模型能够在不同任务中更好地理解长序列输入。

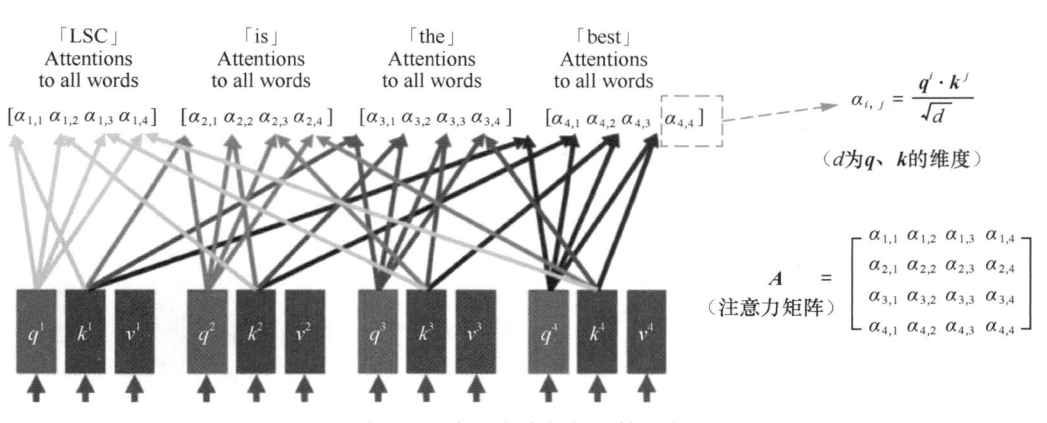

图 9-27 自注意力加权运算示意

自注意力机制在深度学习中得到了广泛应用，因为它有以下几个显著优势。第一，它可以让模型聚焦在输入的重要部分，忽略其他不相关信息。第二，它能处理变长的序列数据，例如文本、图像等，可以在不改变模型结构的条件下加强模型的表示能力。第三，它能降低模型的计算复杂度，因为它只对关键信息进行处理。总体来说，自注意力机制为深度学习模型提供了更高效、更灵活的处理序列数据的能力。

9.2.5 小结

在本节中，我们从经典注意力机制的局限讲起，介绍了键值对注意力和多头注意力机制的基本原理。接着，我们详细介绍了自注意力机制的计算方式。先阐释了为什么要用自注意力机制，然后详细说明了计算的各个步骤，包括获取 Q、K、V 值，自注意力分数，Softmax 归一化，注意力加权求和以及矩阵形式的运算公式。自注意力机制是后续我们学习 Transformer 模型的基础，也是最重要的注意力机制形式。

9.3　注意力池化及代码实现

前面我们学习了注意力机制的相关知识。Transformer 中效果惊人的注意力除了可以应用于 NLP 任务，在计算机视觉领域中也得到了很好的应用，比如 ViT 模型。与传统的 CNN 不同，ViT 的输入是 image patch（图像块）而非图像像素，因此不具备视觉的属性。据此，有人提出了一种新的模型结构，即用注意力层来取代 CNN 中的池化层。在本节中，我们就来学习注意力池化的相关知识。

9.3.1　注意力可视化

先来看看注意力机制的可视化。如图 9-28 所示，Hugging Face 为我们提供了一个可视化工具 exBERT。

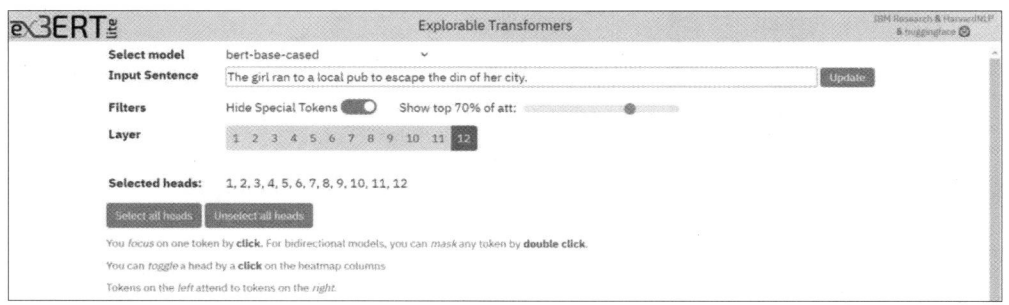

图 9-28　exBERT 工具示意

这里默认使用的模型选项是 bert-base-cased，也可更换为 gpt2、t5 等。BERT 是基于注意力机制训练的一个非常流行的预训练语言模型。我们输入一个句子后，就能看到如图 9-29 所示的注意力连线。

随着鼠标光标在词上移动，我们可以看到不同词之间的注意力权重，线越粗表示注意力权重越大。由于 BERT 使用了多头注意力，这里的 heads 表示不同的头，可以看到不同头学习到的内容还是差别挺大的。

接下来我们利用 Matplotlib 自己绘制一下热图，下面给出了一个绘制注意力热图的方法 show_attention()。

```
import torch
import matplotlib.pyplot as plt
from torch import nn
from matplotlib import ticker
```

```
import warnings
warnings.filterwarnings("ignore")

# 绘制注意力热图
def show_attention(axis, attention):
    fig = plt.figure(figsize=(10,10))
    ax=fig.add_subplot(111)
    cax=ax.matshow(attention, cmap='bone')
    if axis is not None:
        ax.set_xticklabels(axis[0])
        ax.set_yticklabels(axis[1])
    ax.xaxis.set_major_locator(ticker.MultipleLocator(1))
    ax.yaxis.set_major_locator(ticker.MultipleLocator(1))
    plt.show()
```

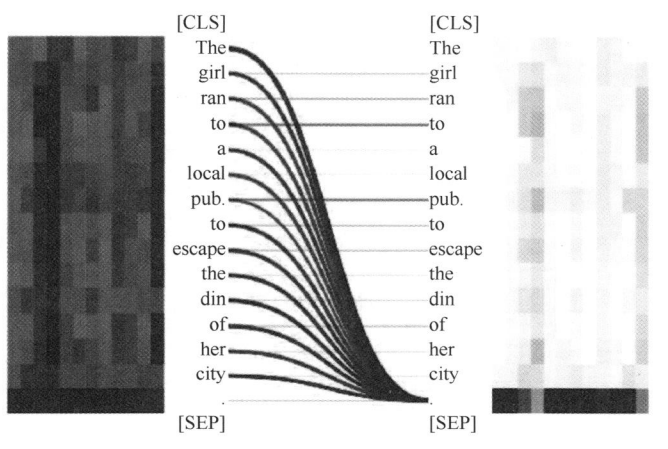

图 9-29   注意力连线效果示意

接下来是一个简单的样例，假设有一个句子"I love deep learning more than machine learning"，这里不经过训练随机初始化一个注意力权重矩阵。函数 eye() 可以帮我们生成一个主对角线元素为 1、其他位置为 0 的矩阵，再添加 10% 的随机扰动，就可以看到注意力权重矩阵的值。

```
# 生成一个样例
sentence = ' I love deep learning more than machine learning'
tokens = sentence.split(' ')

attention_weights = torch.eye(8).reshape((8, 8)) + torch.randn((8, 8)) * 0.1
# 生成注意力权重矩阵
attention_weights
tensor([[ 9.8757e-01, -3.3269e-02, -6.4129e-03,  7.4444e-02, -9.9374e-03,
          8.6501e-02, -2.7283e-02,  7.9554e-02],
        ...
        [ 1.4697e-01,  6.3187e-02,  6.1696e-02, -8.7981e-02, -1.0067e-01,
         -8.5357e-02, -3.2430e-02,  9.8060e-01]])
```

然后调用 show_attention()，展示一个自注意力热图，如图 9-30 所示。可以看到，横纵坐标是同一个句子，颜色越浅代表权重越大，越深则权重越小，我们默认一个句子中每个词只对其自身权重最大。在这种热图的展示形式中，白色部分更吸引人的注意力，非常直观。

```
show_attention([tokens, tokens], attention_weights)    # 展示自注意力热图
```

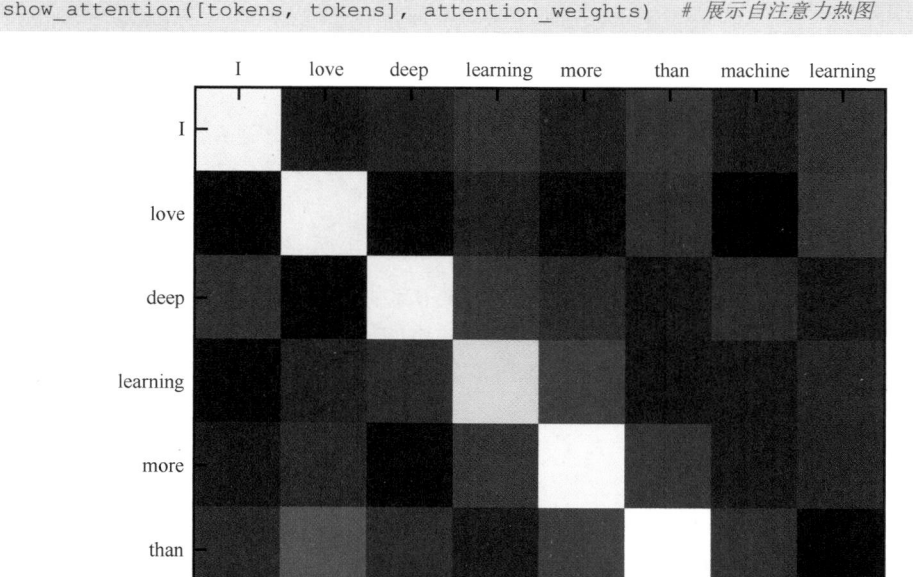

图 9-30 自注意力热图

9.3.2 注意力池化

接下来我们再看一下注意力池化。传统的 CNN 中，卷积层后面会接一层池化层，用来调整卷积层的输出。池化层的作用有很多，其中主要包括特征降维、压缩、去除冗余信息。而注意力机制则是对信息权重进行计算，以找出重要信息，忽略次要信息。可见，二者作用非常相似。

如图 9-31 所示，用查询 Q 与键 K 进行计算，无论用点积还是相加，都是在对信息进行筛选，这个过程本身就是池化，因此称为注意力池化。下面我们来看一下不同类型的池化方法。

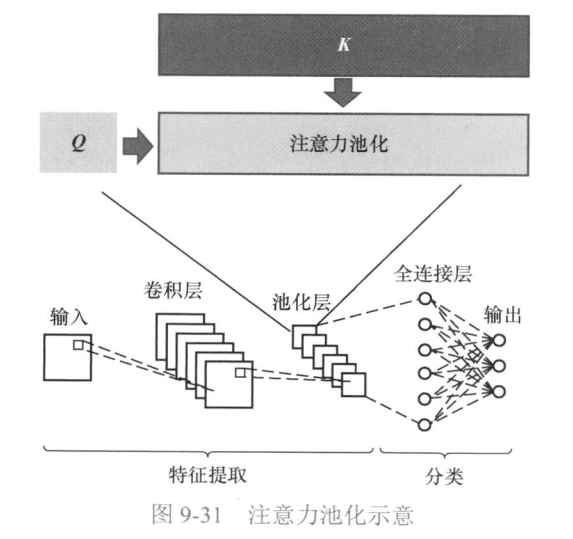

图 9-31 注意力池化示意

平均池化通常也被称为非参数池化，顾名思义，它不需要学习参数矩阵，而是直接按照一定规则对数据进行计算。

$$f(x) = \frac{1}{n} \sum_{i=1}^{n} y_i$$

非参数注意力池化的通用公式如下，其中 x 代表查询 $\boldsymbol{Q}$，x_i 代表键 $\boldsymbol{K}$，x 和 x_i 进行运算后再乘以 y_i 就相当于值 $\boldsymbol{V}$。

$$f(x) = \sum_{i=1}^{n} \alpha(x, x_i) y_i$$

Nadaraya-Watson 回归理论提出于 1964 年，它使用核函数对数据进行非参数估计，根据输入位置对输出进行加权。同时，由于这种方法使用样本的局部平均对回归目标进行估计，也可以简单理解为 k 近邻（KNN）算法的推广，其计算公式如下：

$$f(x) = \sum_{i=1}^{n} \frac{K(x - x_i)}{\sum_{j=1}^{n} K(x - x_j)} y_i$$

其中 $K()$ 是核函数。比较常见的核函数有高斯核、均匀分布核。

对于均值为 0、方差为 1 的高斯核函数：

$$K(x) = \frac{1}{\sqrt{2\pi}} \exp\left(-\frac{x^2}{2}\right)$$

经推导，它可以变成一个 softmax() 函数：

$$f(x) = \sum_{i=1}^{n} \frac{\exp\left(-\frac{1}{2}(x - x_i)^2\right)}{\sum_{j=1}^{n} \exp\left(-\frac{1}{2}(x - x_j)^2\right)} y_i$$

$$f(x) = \sum_{i=1}^{n} \text{softmax}\left(-\frac{1}{2}(x - x_i)^2\right) y_i$$

对于这里的 $x - x_i$，当 x 和 x_i 越接近时，它们差的平方就越趋近于 0，softmax() 括号内的值越大，因为前面有负号，对应的注意力权重就越大。反之，x 和 x_i 离得越远，注意力权重越低。

下面我们来看一下这部分内容的代码实现。要看到注意力池化的效果，先需要有一个数据集。这里定义一个映射函数 func()，即 $y = x + \sin(x)$。准备生成 100 个样本，先随机生成 x，也就是横坐标序列，并且给它排序。然后传入 func() 方法得到 y 的值。打印出来可以看到 x 和 y 的值。

```
# 定义一个映射函数
def func(x):
    return x + torch.sin(x)  # 映射函数 y = x + sin(x)

n = 100  # 样本个数为100
```

```
x, _ = torch.sort(torch.rand(n) * 10)    # 生成0-10的随机样本并排序
y = func(x) + torch.normal(0.0, 1, (n,))    # 生成训练样本对应的y值，增加均值为0、标准差为
1的扰动
x, y
(tensor([0.0932, 0.1369, 0.1464, 0.2588, 0.3617, ...]),
 tensor([ 1.8580,  0.4672, -0.6435,  1.1041, -1.2039, ...]))
```

然后生成曲线上的点坐标 x_curve 和 y_curve，并且绘制出曲线和样本数据散点，就可以看到样本数据的分布情况，如图 9-32 所示。

```
# 绘制曲线上的点
x_curve = torch.arange(0, 10, 0.1)
y_curve = func(x_curve)
plt.plot(x_curve, y_curve)
plt.plot(x, y, 'o')
plt.show()
```

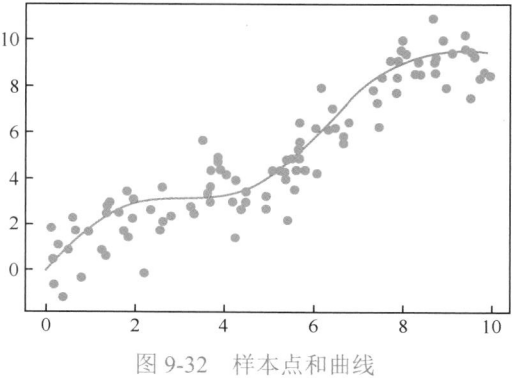

图 9-32　样本点和曲线

我们对这份样本进行注意力池化。首先要做的是最简单的平均池化，也就是全部取均值。可以直接用 repeat_interleave() 方法，传入两个参数，一个是要重复的张量值 y.mean()，另一个是重复次数 n。再次绘制曲线和样本点，就能看到图 9-33 所示的直线了。由此可以看出，这种池化方法简单粗暴，效果并不好。

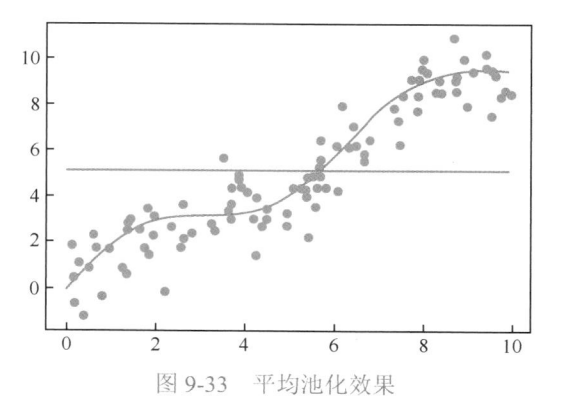

图 9-33　平均池化效果

```
# 平均池化
y_hat = torch.repeat_interleave(y.mean(), n)  # 将y_train中的元素进行复制，输入张量为
y.mean，重复次数为n
plt.plot(x_curve, y_curve)
plt.plot(x, y, 'o')
plt.plot(x_curve, y_hat)
plt.show()
```

接下来我们尝试基于 Nadaraya-Watson 核函数的加权注意力池化。为了得到注意力权重矩阵，先要生成一个形状为 100×100 的矩阵 x_nw，其每行都是相同的值，每列是不同的输入。

```
# nadaraya-watson 核回归
x_nw = x_curve.repeat_interleave(n).reshape((-1, n))
x_nw.shape, x_nw
```

然后把 x_nw 代入 softmax()，得到注意力权重矩阵。这里的 softmax() 函数实现就是之前推导出的结果，dim=1 是指在列的维度上进行运算。因为在 x_nw 中每行是相同的值，每列是不同的值，所以我们需要让每列和向量 x 中的每个元素分别进行运算，最终得到的 attention_weights 也是一个 100×100 的矩阵。

```
# 代入公式得到注意力权重矩阵
attention_weights = nn.functional.softmax(-(x_nw - x)**2 / 2, dim=1)
attention_weights.shape, attention_weights
```

图 9-34 展示的是注意力池化效果，可以看到，比平均池化更接近真实的数据曲线。

```
# y_hat为注意力权重和y值的乘积，是加权平均值
y_hat = torch.matmul(attention_weights, y)
plt.plot(x_curve, y_curve)
plt.plot(x, y, 'o')
plt.plot(x_curve, y_hat)
plt.show()
```

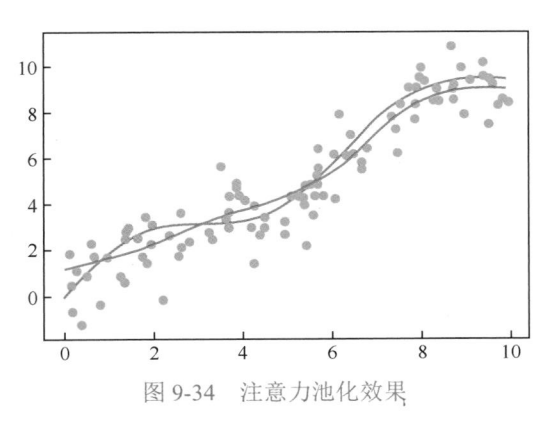

图 9-34　注意力池化效果

最后再看一下注意力热图，如图 9-35 所示，这里行和列的标签是一样的，可以看作自注意力。从图 9-35 可以看出，每点的注意力受其相邻位置的影响大，而受与其距离远的位置的影响小，结论和我们的目标一致。

```
show_attention(None, attention_weights) # 展示注意力热图
```

图 9-35　注意力热图

对于 Nadaraya-Watson 这种非参数模型，我们可以加入参数 w，把它变成可学习参数的注意力池化，用参数 w 乘以 x 和 x_i 的距离即可。

$$f(x) = \sum_{i=1}^{n} \frac{\exp\left(-\dfrac{1}{2}\left(\left(x - x_i\right)w\right)^2\right)}{\sum_{j=1}^{n} \exp\left(-\dfrac{1}{2}\left(\left(x - x_j\right)w\right)^2\right)} y_i$$

$$f(x) = \sum_{i=1}^{n} \text{softmax}\left(-\frac{1}{2}\left(\left(x - x_i\right)w\right)^2\right) y_i$$

注意，这里的参数 w 是通过模型训练出来的。后面我们学习 Tranformer 模型之后，有兴趣的读者可以把注意力权重矩阵拿出来，绘制一下注意力热图，效果与本节开始用 exBERT 展示的类似。

9.3.3 小结

本节介绍的池化是一种对数据进行拟合的方法，可以用一条线来表示一组数据点的分布。当所有点对其他点的关注程度都一样，而没有特别关注某些点时，相当于平均池化。然而，一旦我们采用了某种关注策略，比如每个点更关注离其近的点，不关注离其远的点，就相当于非参数注意力池化。而当我们通过学习来了解每个点更关注哪些点的时候，就变成了参数注意力池化。

在平均池化中，所有数据点被同等看待，得到一个整体的汇聚结果。非参数注意力池化考虑了每个点与其他点的关系，但这种关系是固定的、不可学习的。而参数注意力池化允许模型通过学习来动态调整每个点对其他点的关注程度，使得模型可以自适应地选择性地聚焦于不同的点，从而更好地捕获数据的特征和关系。

池化在计算机视觉和 NLP 等领域中被广泛应用，它能够帮助模型提取和汇聚重要信息，降低计算复杂度，从而提高模型效率和性能。不同类型的池化如平均池化、非参数注意力池化和参数注意力池化，各自适用于不同的情景，为我们提供了多样化的处理方式，从而更好地解决各类实际问题。

9.4 Transformer模型

注意力机制网络中的典型代表莫过于 Transformer，它由谷歌在 2017 年提出，被认为是一种革新性的模型。为什么这么说呢？因为它是现在流行的各类大语言模型（如 BERT、GPT、T5 等）的基础。传统的序列模型（如 RNN）存在梯度消失和梯度爆炸等问题，而 Transformer 模型使用自注意力机制来实现 Seq2Seq 建模，避免了这些问题。在本节中，我们就来详细介绍 Transformer 模型的工作原理和技术细节。

9.4.1 模型结构

Transformer 模型的核心由编码器和解码器组成。如图 9-36 所示，编码器将输入序列编码成一系列向量，解码器则使用这些向量生成输出序列。两者之间通过注意力机制进行交互，使得解码器能够根据输入序列生成输出序列。

这个模型最初应用于机器翻译任务，具体来说，输入一种语言的句子，输出另一种语言的翻译。该模型由 6 个堆叠的编码器、6 个堆叠的解码器以及它们之间的连接组成。这里的数字 6 是随机选定，可以换为其他数字。该模型可看作串联在一起的电池组，通过多次非线性变换在不同的空间中提取更多的信息。

每个编码器的结构相同，但是权重不共享。如图 9-37 所示，每个编码器都由两个子层组成：首先是自注意力层，它能够帮助编码器在编码特定的词时考虑句子中的其他词；然后其输出被"喂"进一个独立的前馈神经网络层。每个编码器中都有相同的前馈神经网络运行。每个解码器也有这两个子层，但在两个子层之间还有一个注意力层，它帮助解码器专注于输入句子的相关部分，类似于 Seq2Seq 模型中的注意力机制。

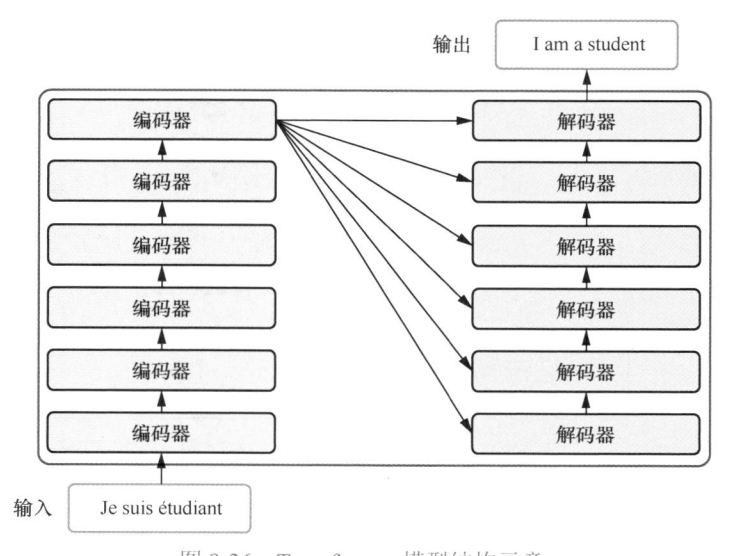

图 9-36 Transformer 模型结构示意

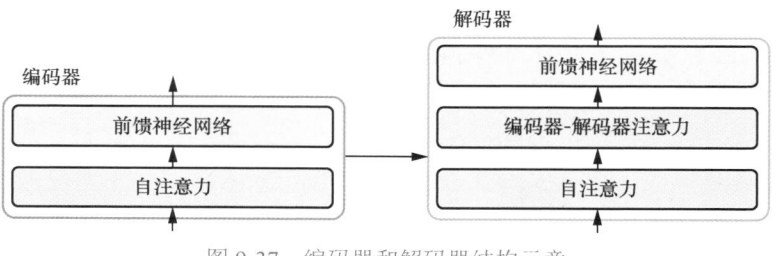

图 9-37 编码器和解码器结构示意

9.4.2 编码器结构

在 NLP 任务中，首先需要使用词嵌入（word embedding）算法将每个词转换为一个 512 维的向量。一个句子或文本片段通常包含多个词，它们被组织成一个列表。列表的大小为训练数据集中句子的最大长度。经过 embedding 操作后，每个词都会经过编码器的两个子层。需要注意的是，每个词的流动路径都是独立的，词之间的依赖关系通过自注意力层来表达。前馈神经网络层之间没有相互计算，因此可以并行计算。换句话说，整个编码器的处理流程如图 9-38所示。

每个位置的词都会先经过自注意力层的处理，再通过独立的前馈神经网络进行处理。我们在之前已经详细介绍了自注意力层的工作原理，其输入是序列，输出是计算了相互关联关系且编码后的序列向量。如图 9-39 所示，这个计算过程采用了线性变换，其中 Q、K、V 都是来自输入向量的线性变换。对于相关内容，可回顾 9.2.4 节。

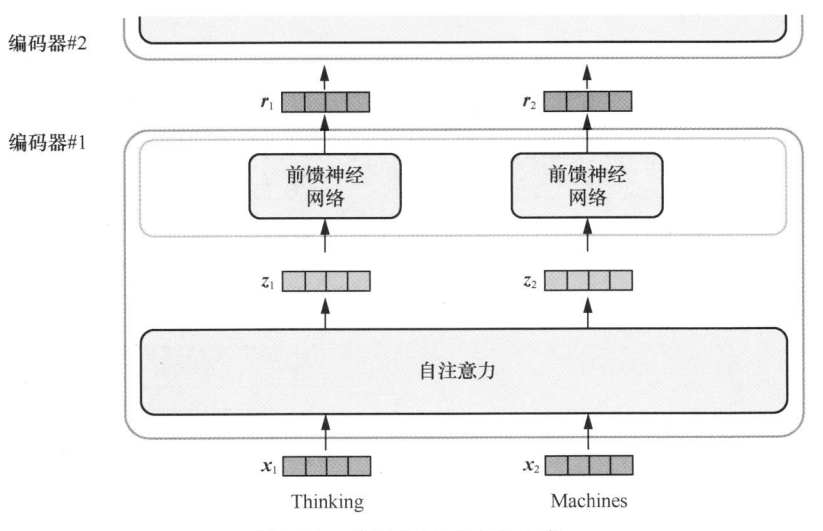

图 9-38 编码器处理流程示意

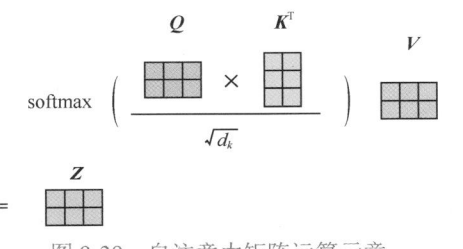

图 9-39 自注意力矩阵运算示意

9.4.3 多头自注意力层

Transformer 模型用到了多头自注意力机制，进一步细化了自注意力层。如图 9-40 所示，一个输入向量会分别生成不同的 $\boldsymbol{Q}$、$\boldsymbol{K}$、$\boldsymbol{V}$ 组合，从而得到不同的注意力权重 $\boldsymbol{Z}$，最后把它们拼接在一起。这种方法的好处是扩展了模型关注不同位置的能力，为注意力层提供了多个所谓的"表示子空间"。某种程度上，这有点像 CNN 中不同的卷积核，用于捕获输入数据的不同维度特征。这样，即使在句子比较长、容易有歧义或者一词多义等情况时，也能更好地提取特征信息。这些 $\boldsymbol{Q}$、$\boldsymbol{K}$、$\boldsymbol{V}$ 变换矩阵都是通过训练得到的，例如 Transformer 模型中使用了 8 个头。

举个例子，如图 9-41 所示，当我们对"it"进行编码时，其中一个注意力头可能会更关注"the animal"，而另一个注意力头可能会更关注"tired"——从某种意义上说，模型将"it"这个词的表示在某些表示子空间中编码为"动物"和"累"。

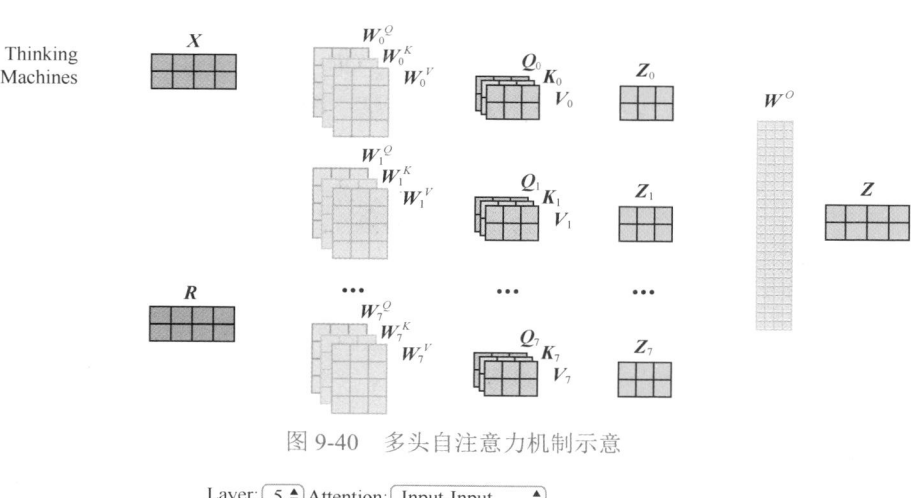

图 9-40 多头自注意力机制示意

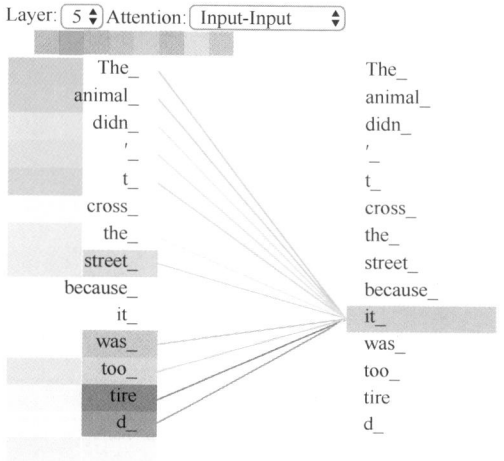

图 9-41 多头自注意力机制效果示意

9.4.4 位置嵌入

为了让模型理解词在句子中的顺序，我们增加了位置编码向量。这些向量遵循特定的模式，可以帮助模型确定每个词的位置，或者确定序列中不同词之间的距离。

如图 9-42 所示，词的输入表示 x 是通过将词嵌入向量和位置编码向量相加得到的。词嵌入向量可以使用多种方法来获取，例如预训练的 Word2Vec、GloVe 等算法，或者在 Transformer 模型中进行训练得到。而位置编码向量是通过使用正弦和余弦函数定义得到的。

$$PE_{(pos,2i)} = \sin\left(pos/10000^{2i/d}\right)$$

$$PE_{(pos,2i+1)} = \cos\left(pos/10000^{2i/d}\right)$$

其中，位置编码向量中的 *pos* 表示词在句子中的位置，*d* 表示位置编码向量的维度（与词嵌入向量的维度相同），$2i$ 表示偶数维度，$2i+1$ 表示奇数维度（即 $2i \leqslant d$, $2i+1 \leqslant d$）。如果初学时对上面这个式子理解起来有困难，可以直接调用函数来实现。当然，除此之外，还有其他多种方式来实现位置编码。

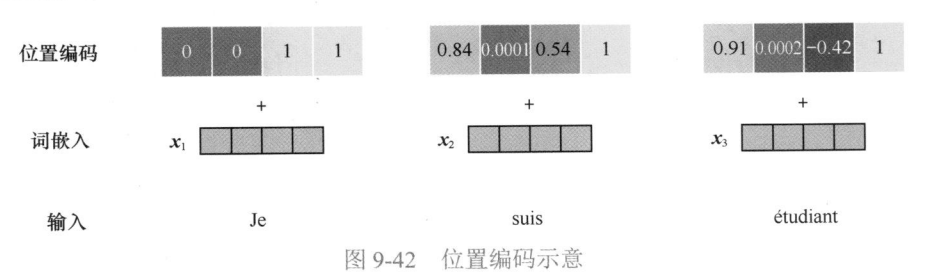

图 9-42　位置编码示意

在之前学习的 RNN 模型中，我们并没有使用位置编码向量。那么为什么在 Transformer 模型中要引入位置信息呢？这是因为 Transformer 模型不使用 RNN 结构，而使用全局信息，所以无法利用词的顺序信息，而这部分信息对于 NLP 非常重要。因此，在 Transformer 模型中使用位置编码向量来保存词在序列中的相对或绝对位置。

9.4.5　残差结构

如图 9-43 所示，每个编码器中的子层和解码器中的子层都使用了残差连接和层归一化。残差连接和层归一化结构的使用可以让网络更容易学习复杂的特征，并避免梯度消失 / 梯度爆炸的问题。

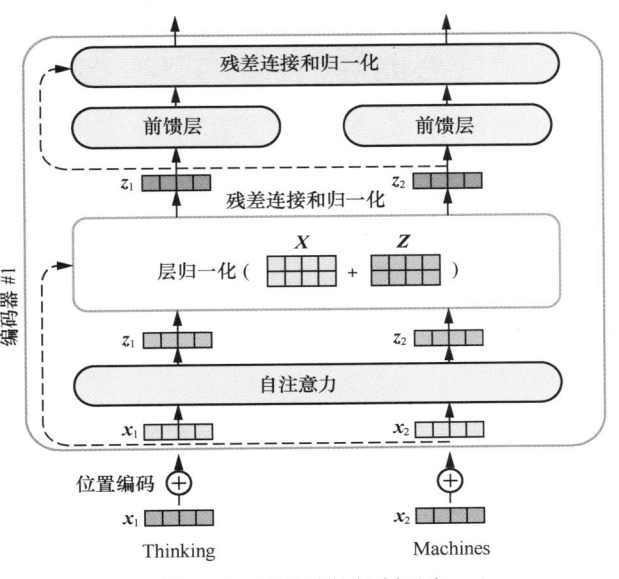

图 9-43　残差连接机制示意

残差连接结构通过将输入信号与网络的输出相加，使得模型更好地适应更复杂的输入信号，同时也使得训练更稳定、收敛更快。总体来说，残差连接是提高网络性能的有力工具，而层归一化结构可以加速模型训练的收敛过程，有助于提高模型的泛化能力和稳定性。

9.4.6 解码器

解码器和编码器有十分类似的网络结构，如图 9-44 所示，不同之处在于解码器需要同时连接编码器的输出，就像 RNN 一样。换句话说，每一时间步的解码都要使用编码器的输出来生成序列中下一个词的表示。通过连接编码器和解码器，模型可以有效地利用编码器对输入序列的理解，从而生成更准确的输出序列。同时，连接编码器和解码器也可以避免信息丢失的问题，提高模型的性能和稳定性。

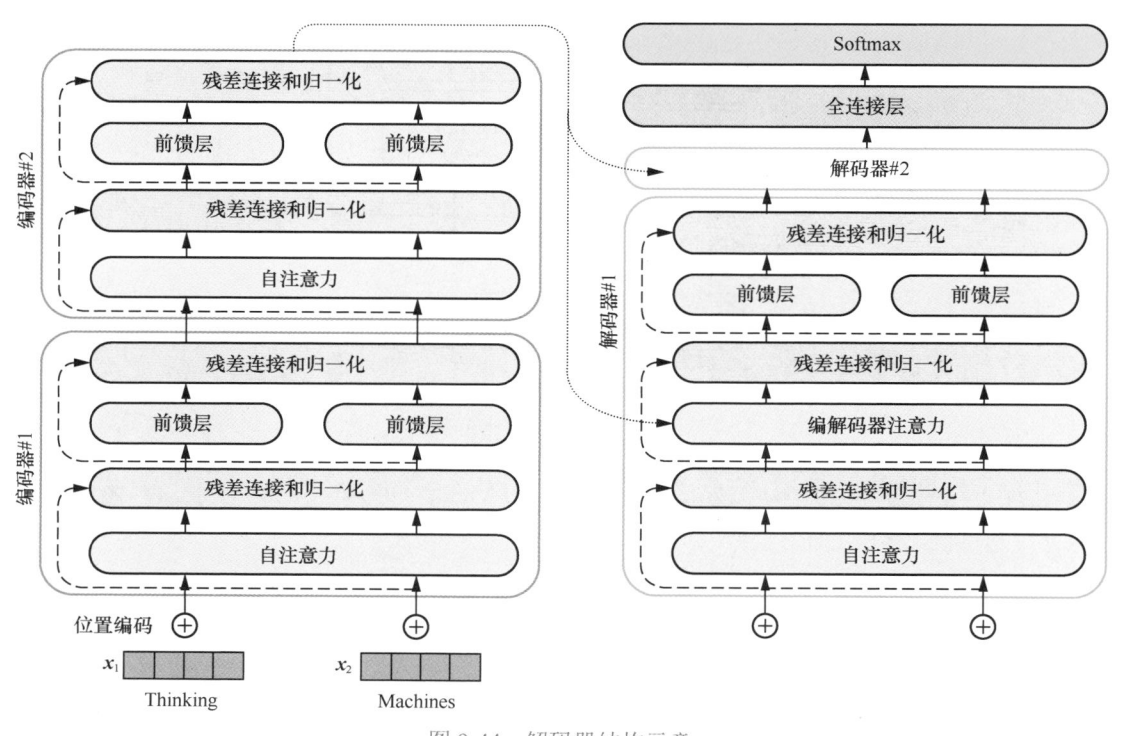

图 9-44　解码器结构示意

大家可能经常在论文中会看到图 9-45（因该图非常经典，故图中保留英文不动），它展示了一个 Transformer 模型的整体结构，可以看出它由多个编码器和解码器堆叠而成。编码器的输出会同时进入多个解码器中，解码器同时会输入上一时间步自己的输出，形成序列式的迭代计算。整个网络结构看起来很复杂，但其实它综合了以前的各种网络结构，特别是引入了多头注意力机制，是一个很有特色的模型。总体来说，Transformer 模型结构的设计比较巧妙，让它在 NLP 等领域取得了很好的表现。

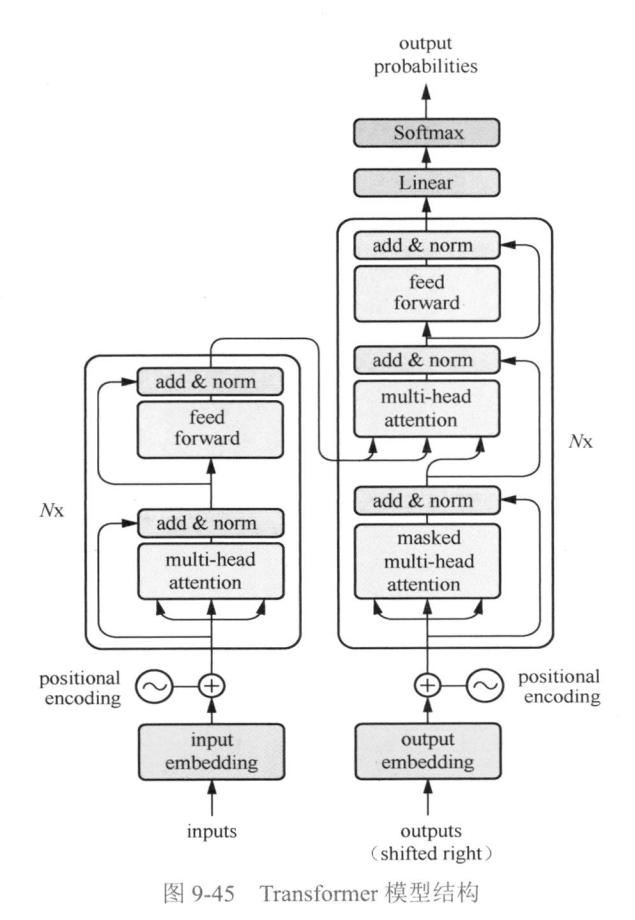

图 9-45 Transformer 模型结构

9.4.7 编解码器的协同工作

现在我们来看一看编码器和解码器是如何协同工作的？

如图 9-46 所示，编码器首先处理输入序列，然后将顶部的输出转换为一组注意力向量 **K** 和 **V**。这些向量将被每个解码器在其"编码器－解码器注意力"层中使用，以帮助解码器将注意力集中在输入序列中的适当位置。在解码阶段，在每一时间步解码器都会输出一个元素，其生成依赖之前的输出和编码器－解码器注意力层中的注意力向量。通过多次迭代计算，解码器可以逐渐生成完整的输出序列。整个处理过程中，编码器和解码器的协同工作是通过多头注意力机制和残差连接等技术来实现的。编解码器的处理流程循环往复，直到一个特殊的到达符号表示解码器已经完成输出。

可以这样说，解码器的自注意力层与编码器的自注意力层类似，但运行方式有所不同。解码器只允许关注输出序列中之前的位置，以避免信息泄露和信息未来化的问题。在每个解码器中，输入序列经过多头注意力层和前馈神经网络层进行编码，然后通过编码器－解码器注意力层与编码器的输出进行交互，以生成输出。整个过程中，使用位置编码向量来保留词在序列中的位置信息。

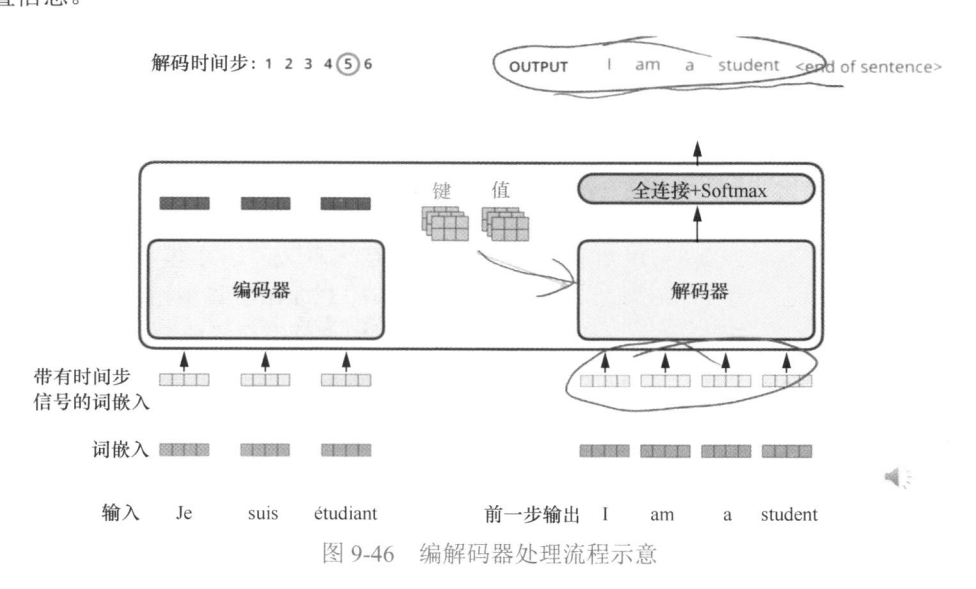

图 9-46 编解码器处理流程示意

9.4.8 线性层和Softmax层

对于解码器的输出浮点向量，如何将其转换为词呢？这就是最后线性层和 Softmax 层所起的作用了。

如图 9-47 所示，线性层是一个全连接神经网络，将解码器堆叠生成的向量映射到一个更大的向量，称为 logits 向量。如果我们的模型知道 1 万个独特的英语单词，那么 logits 向量将有 1 万个单元格，每个单元格对应一个单词的分数。然后，Softmax 层将这些分数转换为概率（全部为正，总和为 1.0），选择具有最高概率的单元格，并将与其关联的单词作为该时间步的输出。

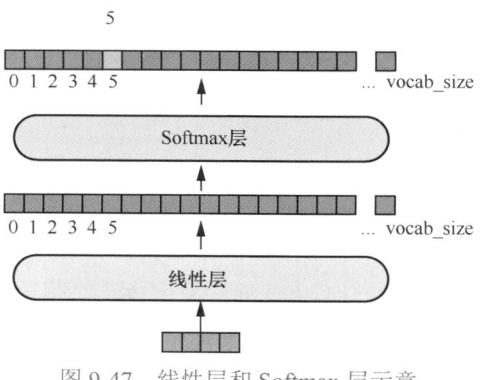

图 9-47 线性层和 Softmax 层示意

9.4.9 优缺点

与 RNN 相比，Transformer 能更好地并行训练。它本身没有词的顺序信息，因此需要在输入中添加位置 Embedding，否则就是词袋模型了。这种模型的主要特点是应用了自注意力结构，模型中的多头注意力包含多个自注意力模块，可以捕获词间多种维度上的相关系数，也就是注意力分数（attention score）。

自从 2017 年 Transformer 模型提出以来，多家大公司展开了竞赛，使得 NLP 领域中的大模型参数量呈指数级爆炸式增长。图 9-48 展示了这期间主要大模型的里程碑事件。无论是 OpenAI 的 GPT 系列还是谷歌的 BERT 等，参数量规模越来越大。2021 年谷歌发布的 Switch Transformer 的参数量已经达到 1.6 万亿。2022 年年底发布的 ChatGPT 模型相较于 GPT-3.5 减少了参数，但也有 1750 亿之多。总之，基于 Transformer 的 NLP 模型已经成为人工智能尤其是深度学习领域重要的一极。

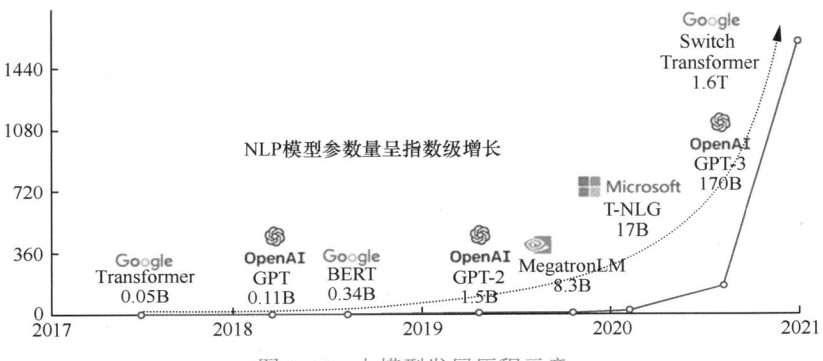

图 9-48　大模型发展历程示意

小　　白：我知道 Transformer 如何处理文本数据了，那么它是如何处理非文本数据的呢？

梗直哥：Transformer 处理文本数据实际上可以看作对序列数据的处理，想用 Transformer 处理图像或者音频，只需要将它们也转化成序列数据，比如图像就是像素序列，音频就是声音频谱序列。

9.4.10 小结

在本节中，我们详细介绍了 Transformer 模型的结构、优缺点和演变的历程。其中重点介绍了编解码器的网络结构和它们之间的协同机制。从典型模块来看，最具特点的就是多头注意力层，尤其是其中的自注意力模块。

此外，位置嵌入、残差结构、线性层和 Softmax 层也是必不可少的。正如前面讲过的，基于 Transformer 的大模型结构已经成为 AI 2.0 发展的必然趋势，也是生成式 AI 发展的重要模型基础，掌握 Transformer 模型对于后续进阶学习非常有帮助。

9.5　Transformer模型的代码实现

在本节中，我们将用示例演示 Transformer 模型是如何实现的。其中部分内容对初学者来说可能有些困难，暂时不明白其中的很多概念也没关系，只需先把模型搭建并运行起来，知道怎么用就可以了。其中所涉及的相关知识，我们在《破解深度学习（核心篇）：模型算法与实现》中设有专门的章节来阐述。

Transformer 最初的代码出现在 "Attention is All You Need" 这篇论文里，原始模型在谷歌开源项目 Tensor2Tensor 中能找到，使用 TensorFlow 编码实现。在本节中，我们改用 PyTorch 实现论文中的 Transformer 结构。如图 9-49 所示，重点内容分别是位置编码、掩码操作、注意力计算、多头注意力、前馈神经网络以及编码器层和解码器层，在接下来的代码中会一一实现。

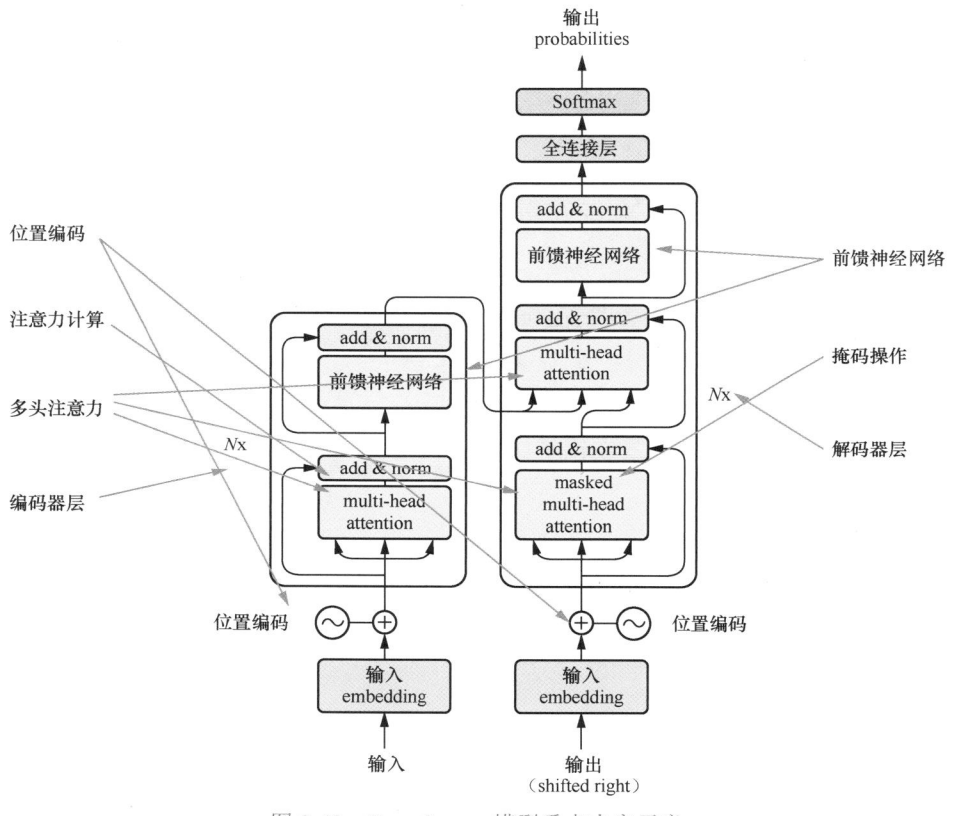

图 9-49　Transformer 模型重点内容示意

9.5.1　任务数据

首先准备数据。这里依然使用第 8 章我们构造的根据读音预测字母的数据集。这里生成了

1000 条数据，并设置 0.9 的错误率，具体代码可以参见 8.7 节。

在数据集构造这部分，我们不再只是划分为源序列和目标序列，而是根据数据的用途，将数据集构造成三个列表，分别是 encoder_input，decoder_input 和 decoder_output。其中 decoder_input 以 <bos> 开头，decoder_output 以 <eos> 结尾。为了封装这三类数据，我们自己构造了一个 Dataset 类。下面的 train_loader 和 test_loader 就是基于这个自定义数据集的。

```python
from torch.utils.data import DataLoader, TensorDataset

#实例化源序列和目标序列词表
src_vocab, tgt_vocab = Vocab(src_tokens), Vocab(tgt_tokens)
src_vocab_size = len(src_vocab)  # 源语言词表大小
tgt_vocab_size = len(tgt_vocab)  # 目标语言词表大小

#增加开始标识<bos>和结尾标识<eos>
encoder_input = torch.tensor([src_vocab[line + ['<pad>']] for line in src_tokens])
decoder_input = torch.tensor([src_vocab[['<bos>'] + line] for line in src_tokens])
decoder_output = torch.tensor([tgt_vocab[line + ['<eos>']] for line in tgt_tokens])

# 训练集和测试集比为8：2, batch_size = 16
train_size = int(len(encoder_input) * 0.8)
test_size = len(encoder_input) - train_size
batch_size = 16

# 自定义数据集函数
class MyDataSet(Data.Dataset):
    def __init__(self, enc_inputs, dec_inputs, dec_outputs):
        super(MyDataSet, self).__init__()
        self.enc_inputs = enc_inputs
        self.dec_inputs = dec_inputs
        self.dec_outputs = dec_outputs

    def __len__(self):
        return self.enc_inputs.shape[0]

    def __getitem__(self, idx):
        return self.enc_inputs[idx], self.dec_inputs[idx], self.dec_outputs[idx]

train_loader = DataLoader(MyDataSet(encoder_input[:train_size], decoder_input[:train_size], decoder_output[:train_size]), batch_size=batch_size)
test_loader = DataLoader(MyDataSet(encoder_input[-test_size:], decoder_input[-test_size:], decoder_output[-test_size:]), batch_size=1)
```

9.5.2 Transformer模型

接下来介绍的是模型构建部分。我们先定义一些函数，都是模型构建中需要用到的操作。位置编码函数传入词表大小和模型 Embedding 的维度，然后利用正弦和余弦函数自动生成位置 Embedding。只要知道词表大小和 Embedding 维度，这个位置编码就是固定的。

```python
def get_sinusoid_encoding_table(n_position, d_model):
    def cal_angle(position, hid_idx):
        return position / np.power(10000, 2 * (hid_idx // 2) / d_model)
```

```
    def get_posi_angle_vec(position):
        return [cal_angle(position, hid_j) for hid_j in range(d_model)]
     sinusoid_table = np.array([get_posi_angle_vec(pos_i) for pos_i in range(n_
position)])
     sinusoid_table[:, 0::2] = np.sin(sinusoid_table[:, 0::2]) # 偶数位用正弦函数
     sinusoid_table[:, 1::2] = np.cos(sinusoid_table[:, 1::2]) # 奇数位用余弦函数
    return torch.FloatTensor(sinusoid_table)
```

下面我们输出一个词表大小为 30、Embedding 维度为 512 的位置编码矩阵。

```
print(get_sinusoid_encoding_table(30, 512))
tensor([[ 0.0000e+00,  1.0000e+00,  0.0000e+00,  ...,  1.0000e+00,
          0.0000e+00,  1.0000e+00],
        ...,
        [-6.6363e-01, -7.4806e-01,  2.9471e-01,  ...,  1.0000e+00,
          3.0062e-03,  1.0000e+00]])
```

掩码操作部分涉及两个操作：第一个是掩蔽没有意义的占位符；第二个是在解码器中掩蔽后面的信息，以免模型未卜先知。第二个函数返回的是一个上三角矩阵。比如我们在中英文翻译时候，会先把"我喜欢猫"整个句子输入编码器中，得到最后一层的输出后，才会在解码器中输入"<bos> I like cat"。但是对于"<bos> I like cat"这个句子，我们不会一次性输入，而是在 T0 时刻先输入"<bos>"预测第一个词"I"；在下一时刻 T1 同时输入"<bos>"和"I"到解码器预测下一个词"like"；以此类推，依次把整个句子输入解码器，预测出"I like cat <eos>"。

```
# 掩蔽没有意义的占位符
def get_attn_pad_mask(seq_q, seq_k):                        # seq_q: [batch_size,
seq_len] ,seq_k: [batch_size, seq_len]
    batch_size, len_q = seq_q.size()
    batch_size, len_k = seq_k.size()
    pad_attn_mask = seq_k.data.eq(0).unsqueeze(1)          # 判断，输入那些含有 P (=0)，
用1标记 ,[batch_size, 1, len_k]
    return pad_attn_mask.expand(batch_size, len_q, len_k)

# 掩蔽未来信息
def get_attn_subsequence_mask(seq):                        # seq: [batch_size, tgt_len]
    attn_shape = [seq.size(0), seq.size(1), seq.size(1)]
     subsequence_mask = np.triu(np.ones(attn_shape), k=1)      # 生成上三角矩阵
,[batch_size, tgt_len, tgt_len]
     subsequence_mask = torch.from_numpy(subsequence_mask).byte()   # [batch_size,
tgt_len, tgt_len]
    return subsequence_mask
```

注意力计算部分同样包含两个操作：缩放点积注意力计算和多头注意力计算。第一个函数 ScaledDotProductAttention() 要完成的是通过 Q 和 K 计算出 scores，然后将 scores 和 V 相乘，得到每个单词的上下文向量。需要注意的是，相乘之后得到的 scores 还不能立刻进行 Softmax() 操作，而需要先与 attn_mask 进行运算，把一些需要掩蔽的信息掩蔽掉，这个 attn_mask 是仅由 True 和 False 组成的张量，维度和 scores 相等。

```
# 缩放点积注意力计算
class ScaledDotProductAttention(nn.Module):
    def __init__(self):
```

```
            super(ScaledDotProductAttention, self)._ _init_ _()
    def forward(self, Q, K, V, attn_mask):
        '''
        Q: [batch_size, n_heads, len_q, d_k]
        K: [batch_size, n_heads, len_k, d_k]
        V: [batch_size, n_heads, len_v(=len_k), d_v]
        attn_mask: [batch_size, n_heads, seq_len, seq_len]
        '''
        scores = torch.matmul(Q, K.transpose(-1, -2)) / np.sqrt(d_k) # scores :
[batch_size, n_heads, len_q, len_k]
        scores.masked_fill_(attn_mask, -1e9) # Fills elements of self tensor with
value where mask is True.
        attn = nn.Softmax(dim=-1)(scores)
        context = torch.matmul(attn, V) # [batch_size, n_heads, len_q, d_v]
        return context, attn
```

下面的 MultiHeadAttention() 模块就是根据 n_heads 设置多个头。在模型里其实就是用头的数量直接乘以 Q、K、V 本身的维度。最后返回的时候做了 LayerNorm() 和 residual 运算，也就是分层归一化和残差连接。这个方法在后面很多地方都会被调用。

```
#多头注意力计算
class MultiHeadAttention(nn.Module):
    def _ _init_ _(self):
        super(MultiHeadAttention, self)._ _init_ _()
        self.W_Q = nn.Linear(d_model, d_k * n_heads, bias=False)
        self.W_K = nn.Linear(d_model, d_k * n_heads, bias=False)
        self.W_V = nn.Linear(d_model, d_v * n_heads, bias=False)
        self.fc = nn.Linear(n_heads * d_v, d_model, bias=False)
    def forward(self, input_Q, input_K, input_V, attn_mask):
        '''
        input_Q: [batch_size, len_q, d_model]
        input_K: [batch_size, len_k, d_model]
        input_V: [batch_size, len_v(=len_k), d_model]
        attn_mask: [batch_size, seq_len, seq_len]
        '''
        residual, batch_size = input_Q, input_Q.size(0)
        # (B, S, D) -proj-> (B, S, D_new) -split-> (B, S, H, W) -trans-> (B, H, S, W)
        Q = self.W_Q(input_Q).view(batch_size, -1, n_heads, d_k).transpose(1,2)
# Q: [batch_size, n_heads, len_q, d_k]
        K = self.W_K(input_K).view(batch_size, -1, n_heads, d_k).transpose(1,2)
# K: [batch_size, n_heads, len_k, d_k]
        V = self.W_V(input_V).view(batch_size, -1, n_heads, d_v).transpose(1,2)
# V: [batch_size, n_heads, len_v(=len_k), d_v]
        attn_mask = attn_mask.unsqueeze(1).repeat(1, n_heads, 1, 1)
# attn_mask : [batch_size, n_heads, seq_len, seq_len]
        # context: [batch_size, n_heads, len_q, d_v], attn: [batch_size, n_heads,
len_q, len_k]
        context, attn = ScaledDotProductAttention()(Q, K, V, attn_mask)
        context = context.transpose(1, 2).reshape(batch_size, -1, n_heads * d_v)
# context: [batch_size, len_q, n_heads * d_v]
        output = self.fc(context) # [batch_size, len_q, d_model]
        return nn.LayerNorm(d_model)(output + residual), attn
```

接下来是前馈神经网络的构建，代码很简单，就是做两次线性变换，最后仍然是做残差连接和分层归一化。

```python
class PoswiseFeedForwardNet(nn.Module):
    def __init__(self):
        super(PoswiseFeedForwardNet, self).__init__()
        self.fc = nn.Sequential(
            nn.Linear(d_model, d_ff, bias=False),
            nn.ReLU(),
            nn.Linear(d_ff, d_model, bias=False))

    def forward(self, inputs):                            # inputs: [batch_size,
seq_len, d_model]
        residual = inputs
        output = self.fc(inputs)
        return nn.LayerNorm(d_model)(output + residual)   # 残差 + LayerNorm()
```

下面的编码器模块分为两部分：一部分是 EncoderLayer()，也就是编码器层；另一部分是
Encoder()，它是整个编码器，实际上是 6 层 EncoderLayer()。EncoderLayer() 中用到了前面定义
的多头注意力和前馈神经网络，这也与论文中的图相对应。Encoder() 里直接用 for 循环将上一
层 EncoderLayer() 的输出作为下一层 EncoderLayer() 的输入，循环次数是 n_layers。

```python
# 编码器层
class EncoderLayer(nn.Module):
    def __init__(self):
        super(EncoderLayer, self).__init__()
        self.enc_self_attn = MultiHeadAttention()  # 多头注意力
        self.pos_ffn = PoswiseFeedForwardNet()  # 前馈神经网络
    def forward(self, enc_inputs, enc_self_attn_mask):
        '''
        enc_inputs: [batch_size, src_len, d_model]
        enc_self_attn_mask: [batch_size, src_len, src_len]
        '''
        # enc_outputs: [batch_size, src_len, d_model], attn: [batch_size, n_heads,
src_len, src_len]
        enc_outputs, attn = self.enc_self_attn(enc_inputs, enc_inputs, enc_inputs,
enc_self_attn_mask) # enc_inputs to same Q,K,V
        enc_outputs = self.pos_ffn(enc_outputs) # enc_outputs: [batch_size, src_
len, d_model]
        return enc_outputs, attn

# 编码器模块
class Encoder(nn.Module):
    def __init__(self):
        super(Encoder, self).__init__()
        self.src_emb = nn.Embedding(src_vocab_size, d_model)
        self.pos_emb = nn.Embedding.from_pretrained(get_sinusoid_encoding_
table(src_vocab_size, d_model), freeze=True)
        self.layers = nn.ModuleList([EncoderLayer() for _ in range(n_layers)])
    def forward(self, enc_inputs):
        '''
        enc_inputs: [batch_size, src_len]
        '''
        word_emb = self.src_emb(enc_inputs) # [batch_size, src_len, d_model]
        pos_emb = self.pos_emb(enc_inputs) # [batch_size, src_len, d_model]
        enc_outputs = word_emb + pos_emb
        enc_self_attn_mask = get_attn_pad_mask(enc_inputs, enc_inputs) # [batch_
size, src_len, src_len]
```

```
            enc_self_attns = []
            for layer in self.layers:
                # enc_outputs: [batch_size, src_len, d_model], enc_self_attn: [batch_
size, n_heads, src_len, src_len]
                enc_outputs, enc_self_attn = layer(enc_outputs, enc_self_attn_mask)
                enc_self_attns.append(enc_self_attn)
            return enc_outputs, enc_self_attns
```

解码器模块与编码器类似，就不过多解释了。值得注意的是，这里有两个 MultiHeadAttention()
层：一个计算自注意力；另一个计算和编码器的注意力。

```
# 解码器层
class DecoderLayer(nn.Module):
    def __init__(self):
        super(DecoderLayer, self).__init__()
        self.dec_self_attn = MultiHeadAttention()
        self.dec_enc_attn = MultiHeadAttention()
        self.pos_ffn = PoswiseFeedForwardNet()
    def forward(self, dec_inputs, enc_outputs, dec_self_attn_mask, dec_enc_attn_
mask):
        '''
        dec_inputs: [batch_size, tgt_len, d_model]
        enc_outputs: [batch_size, src_len, d_model]
        dec_self_attn_mask: [batch_size, tgt_len, tgt_len]
        dec_enc_attn_mask: [batch_size, tgt_len, src_len]
        '''
        # dec_outputs: [batch_size, tgt_len, d_model], dec_self_attn: [batch_size,
n_heads, tgt_len, tgt_len]
        dec_outputs, dec_self_attn = self.dec_self_attn(dec_inputs, dec_inputs,
dec_inputs, dec_self_attn_mask)
         # dec_outputs: [batch_size, tgt_len, d_model], dec_enc_attn: [batch_size,
h_heads, tgt_len, src_len]
        dec_outputs, dec_enc_attn = self.dec_enc_attn(dec_outputs, enc_outputs,
enc_outputs, dec_enc_attn_mask)
        dec_outputs = self.pos_ffn(dec_outputs) # [batch_size, tgt_len, d_model]
        return dec_outputs, dec_self_attn, dec_enc_attn

# 解码器模块
class Decoder(nn.Module):
    def __init__(self):
        super(Decoder, self).__init__()
        self.tgt_emb = nn.Embedding(tgt_vocab_size, d_model)
        self.pos_emb = nn.Embedding.from_pretrained(get_sinusoid_encoding_
table(tgt_vocab_size, d_model),freeze=True)
        self.layers = nn.ModuleList([DecoderLayer() for _ in range(n_layers)])
    def forward(self, dec_inputs, enc_inputs, enc_outputs):
        '''
        dec_inputs: [batch_size, tgt_len]
        enc_intpus: [batch_size, src_len]
        enc_outputs: [batsh_size, src_len, d_model]
        '''
        word_emb = self.tgt_emb(dec_inputs) # [batch_size, tgt_len, d_model]
        pos_emb = self.pos_emb(dec_inputs) # [batch_size, tgt_len, d_model]
        dec_outputs = word_emb + pos_emb
        dec_self_attn_pad_mask = get_attn_pad_mask(dec_inputs, dec_inputs) #
[batch_size, tgt_len, tgt_len]
```

```
            dec_self_attn_subsequent_mask = get_attn_subsequence_mask(dec_inputs) #
[batch_size, tgt_len]
            dec_self_attn_mask = torch.gt((dec_self_attn_pad_mask + dec_self_attn_
subsequent_mask), 0) # [batch_size, tgt_len, tgt_len]
            dec_enc_attn_mask = get_attn_pad_mask(dec_inputs, enc_inputs) # [batch_
size, tgt_len, src_len]
        dec_self_attns, dec_enc_attns = [], []
        for layer in self.layers:
            # dec_outputs: [batch_size, tgt_len, d_model], dec_self_attn: [batch_size,
n_heads, tgt_len, tgt_len], dec_enc_attn: [batch_size, h_heads, tgt_len,src_len]
            dec_outputs, dec_self_attn, dec_enc_attn = layer(dec_outputs, enc_
outputs, dec_self_attn_mask, dec_enc_attn_mask)
            dec_self_attns.append(dec_self_attn)
            dec_enc_attns.append(dec_enc_attn)
        return dec_outputs, dec_self_attns, dec_enc_attns
```

最后定义 Transformer 模型。与传统 Seq2Seq 模型一样，有一个 Encoder() 和一个 Decoder()，然后让 Encoder() 的输出和 Decoder() 做运算，最后返回 dec_logits 的维度是 [batch_size×tgt_len, tgt_vocab_size]，可以理解为：一个句子，这个句子有 batch_size×tgt_len 个词，每个词有 tgt_vocab_size 种可取的值，我们取概率最大的词作为预测结果。

```
class Transformer(nn.Module):
    def __init__(self):
        super(Transformer, self).__init__()
        self.encoder = Encoder()
        self.decoder = Decoder()
        self.projection = nn.Linear(d_model, tgt_vocab_size, bias=False)
    def forward(self, enc_inputs, dec_inputs):
        '''
        enc_inputs: [batch_size, src_len]
        dec_inputs: [batch_size, tgt_len]
        '''
        # tensor to store decoder outputs
            # outputs = torch.zeros(batch_size, tgt_len, tgt_vocab_size).to(self.
device)
            # enc_outputs: [batch_size, src_len, d_model], enc_self_attns: [n_layers,
batch_size, n_heads, src_len, src_len]
        enc_outputs, enc_self_attns = self.encoder(enc_inputs)
            # dec_outpus: [batch_size, tgt_len, d_model], dec_self_attns: [n_layers,
batch_size, n_heads, tgt_len, tgt_len], dec_enc_attn: [n_layers, batch_size, tgt_
len, src_len]
        dec_outputs, dec_self_attns, dec_enc_attns = self.decoder(dec_inputs, enc_
inputs, enc_outputs)
        dec_logits = self.projection(dec_outputs) # dec_logits: [batch_size, tgt_
len, tgt_vocab_size]
        return dec_logits.view(-1, dec_logits.size(-1)), enc_self_attns, dec_self_
attns, dec_enc_attns
```

模型定义完成后，就可以开始训练了。这里定义了一些超参数，它们都和 Transformer 论文中一致，6 层 8 头。我们简单训练 50 轮，看一下损失函数的变化情况。经过 50 轮的训练，损失下降得比较理想，从最初的 2.6 下降到约 0.08。

```
d_model = 512      # 词Embedding的维度
d_ff = 2048        # 前向传播隐藏层维度
```

```
d_k = d_v = 64   # K(=Q)和V的维度
n_layers = 6     # 有多少层encoder和decoder
n_heads = 8      # Multi-Head Attention设置为8
num_epochs = 50  # 训练50轮
# 记录损失变化
loss_history = []

model = Transformer()
criterion = nn.CrossEntropyLoss(ignore_index=0)
optimizer = optim.SGD(model.parameters(), lr=0.001, momentum=0.99)

for epoch in tqdm(range(num_epochs)):
    total_loss = 0
    for enc_inputs, dec_inputs, dec_outputs in train_loader:
        '''
        enc_inputs: [batch_size, src_len]
        dec_inputs: [batch_size, tgt_len]
        dec_outputs: [batch_size, tgt_len]
        '''
        # enc_inputs, dec_inputs, dec_outputs = enc_inputs.to(device), dec_inputs.
to(device), dec_outputs.to(device)
        # outputs: [batch_size * tgt_len, tgt_vocab_size]
        outputs, enc_self_attns, dec_self_attns, dec_enc_attns = model(enc_inputs,
dec_inputs)
        loss = criterion(outputs, dec_outputs.view(-1))
        optimizer.zero_grad()
        loss.backward()
        optimizer.step()
        total_loss += loss.item()
    avg_loss = total_loss/len(train_loader)
    loss_history.append(avg_loss)
    print('Epoch:', '%d' % (epoch + 1), 'loss =', '{:.6f}'.format(avg_loss))
100%|██████████████| 50/50 [17:22<00:00, 20.84s/it]
Epoch: 50 loss = 0.085496
```

绘制损失变化曲线，如图 9-50 所示。

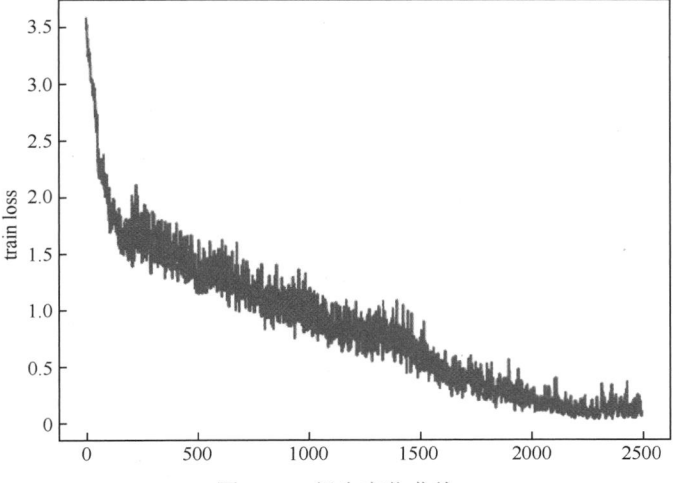

图 9-50　损失变化曲线

```
plt.plot(loss_history)
plt.ylabel('train loss')
plt.show()
```

最后看一下模型预测效果，复用之前的代码，并稍稍调整一下就可以了。可以看到准确率约为 33%，之前用 RNN 的时候准确率是 50.7%，其实并不说明 Transformer 效果不如 RNN，因为我们用的数据集是自行生成的，还加入了随机扰动错误。

```
model.eval()
translation_results = []

correct = 0
error = 0

for enc_inputs, dec_inputs, dec_outputs in test_loader:
    '''
    enc_inputs: [batch_size, src_len]
    dec_inputs: [batch_size, tgt_len]
    dec_outputs: [batch_size, tgt_len]
    '''
    # enc_inputs, dec_inputs, dec_outputs = enc_inputs.to(device), dec_inputs.
to(device), dec_outputs.to(device)
    # outputs: [batch_size * tgt_len, tgt_vocab_size]
    outputs, enc_self_attns, dec_self_attns, dec_enc_attns = model(enc_inputs,
dec_inputs)
    # pred形状为 (seq_len, batch_size, vocab_size) = (1, 1, vocab_size)
    # dec_outputs, dec_self_attns, dec_enc_attns = model.decoder(dec_inputs, enc_
inputs, enc_output)

    outputs = outputs.squeeze()

    pred_seq = []
    for output in outputs:
        next_token_index = output.argmax().item()
        if next_token_index == tgt_vocab['<eos>']:
            break
        pred_seq.append(next_token_index)

    pred_seq = tgt_vocab[pred_seq]
    tgt_seq = dec_outputs.squeeze().tolist()

    # 需要注意在<eos>之前截断
    if tgt_vocab['<eos>'] in tgt_seq:
        eos_idx = tgt_seq.index(tgt_vocab['<eos>'])
        tgt_seq = tgt_vocab[tgt_seq[:eos_idx]]
    else:
        tgt_seq = tgt_vocab[tgt_seq]
    translation_results.append((' '.join(tgt_seq), ' '.join(pred_seq)))

    for i in range(len(tgt_seq)):
        if i >= len(pred_seq) or pred_seq[i] != tgt_seq[i]:
            error += 1
        else:
            correct += 1

print(correct/(correct+error))
```

```
0.3333333333333333
translation_results
[('h x n y e k', 'h y y y k'),
 ('y l z k i t', 't i t j i t y'),
 ('t s x e e v', 's s v e e v'),
 ('e g a m t h', 'f i h h h'),
 ('d b v t l r', 'e r l l r r'),
 ...]
```

9.5.3 小结

本节详细介绍了 Transformer 模型的实现过程。在构建数据集阶段，我们主要关注三个关键值：用于训练 Transformer 的编码器输入（encoder_input）和解码器输入（decoder_input），以及用于优化模型的解码器输出（decoder_output）。在模型构建环节，我们深入了解了如何通过代码实现位置编码、掩码操作和注意力机制等核心功能。值得注意的是，尽管 Transformer 模型特别擅长处理句子间的长距离依赖问题，但在所给出的示例中，这一优势并没有明显体现，这主要是因为我们采用的是完全随机的数据集，数据缺乏明确的序列规律。若应用于翻译类数据集，Transformer 模型的这一优势将更加明显。

总体来说，通过本节对 Transformer 模型的实践操作，我们不仅了解了其关键组件和工作原理，还可以预见到其在实际应用，特别是在处理具有长距离依赖性的自然语言翻译任务时，将发挥出色的性能。